图解西门子PLC、变频器与触摸屏组态技术

蔡杏山 主编

电子工业出版社
Publishing House of Electronics Industry
北京·BEIJING

内 容 简 介

本书介绍了西门子PLC、变频器和触摸屏组态技术，主要内容有PLC入门，西门子S7-200 SMART PLC介绍，S7-200 SMART PLC编程软件的使用，基本指令的使用及应用实例，顺序控制指令的使用及应用实例，功能指令说明及使用举例，PLC通信，变频器的基本结构原理，西门子变频器的接线、操作与参数设置，变频器的典型应用电路，变频器与PLC的综合应用，西门子精彩系列触摸屏（SMART LINE）介绍，西门子WinCC组态软件快速入门，WinCC软件常用对象及功能的使用举例，用触摸屏操作和监控PLC实战。

本书起点较低，内容由浅入深，语言通俗易懂，内容结构的安排符合读者的学习认知规律。另外，本书还配有教学视频，可帮助读者更快、更直观地掌握有关技能。本书可作为PLC、变频器和触摸屏组态技术的自学图书，也可作为职业院校电类专业的PLC、变频器和触摸屏组态技术教材。

未经许可，不得以任何方式复制或抄袭本书之部分或全部内容。
版权所有，侵权必究。

图书在版编目（CIP）数据

图解西门子PLC、变频器与触摸屏组态技术 / 蔡杏山主编. —北京：电子工业出版社，2020.1
ISBN 978-7-121-38147-8

Ⅰ. ①图… Ⅱ. ①蔡… Ⅲ. ①PLC技术－图解 ②变频器－图解 ③触摸屏－图解 Ⅳ. ①TM571.61-64 ②TN773-64 ③TP334-64

中国版本图书馆CIP数据核字（2019）第273450号

责任编辑：张　楠　　　　文字编辑：刘真平
印　　刷：涿州市般润文化传播有限公司
装　　订：涿州市般润文化传播有限公司
出版发行：电子工业出版社
　　　　　北京市海淀区万寿路173信箱　邮编：100036
开　　本：787×1092　1/16　印张：26.5　字数：678.4千字
版　　次：2020年1月第1版
印　　次：2024年1月第5次印刷
定　　价：99.00元

凡所购买电子工业出版社图书有缺损问题，请向购买书店调换。若书店售缺，请与本社发行部联系，联系及邮购电话：（010）88254888，88258888。
质量投诉请发邮件至zlts@phei.com.cn，盗版侵权举报请发邮件至dbqq@phei.com.cn。
本书咨询联系方式：（010）88254579。

PLC 又称可编程序控制器，其外形像一只有很多接线端子和一些接口的箱子，接线端子分为输入端子、输出端子和电源端子，接口分为通信接口和扩展接口。通信接口用于连接计算机、变频器或触摸屏等设备，扩展接口用于连接一些特殊功能模块，增强 PLC 的控制功能。当用户从输入端子给 PLC 发送命令（如按下输入端子外接的开关）时，PLC 内部的程序运行，再从输出端子输出控制信号，去驱动外围的执行部件（如接触器线圈），从而完成控制要求。PLC 输出怎样的控制信号由内部的程序决定，该程序一般是在计算机中用专门的编程软件编写，再下载到 PLC 的。

变频器是一种电动机驱动设备，在工作时，先将工频（50Hz 或 60Hz）交流电源转换为频率可变的交流电源并提供给电动机，只要改变输出交流电源的频率，就能改变电动机的转速。由于变频器输出电源的频率可以连续变化，故电动机的转速也可以连续变化，从而实现电动机的无级变速调节。

触摸屏是一种带触摸显示功能的数字输入/输出设备，又称人机界面（HMI）。当触摸屏与 PLC 连接起来后，在触摸屏上不但可以对 PLC 进行操作，还可以实时监视 PLC 内部一些软元件的工作状态。要使用触摸屏操作和监视 PLC，须在计算机中用专门的组态软件为触摸屏制作（又称组态）相应的操作和监视画面，再把画面下载到触摸屏。

本书主要有以下特点。

◆ **基础起点低**。读者只需具有初中文化程度即可阅读本书。

◆ **语言通俗易懂**。书中少用专业化的术语，遇到较难理解的内容用形象的比喻说明，尽量避免复杂的理论分析和烦琐的公式推导，阅读起来感觉会十分顺畅。

◆ **内容解说详细**。考虑到自学时一般无人指导，因此在编写过程中对书中的知识点进行详细解说，让读者能轻松理解所学内容。

◆ **采用图文并茂的表现方式**。书中大量采用读者喜欢的直观形象的图表方式表现内容，使阅读变得非常轻松，不易疲劳。

◆ **内容安排符合认识规律**。本书按照循序渐进、由浅入深的原则来确定各章节内容的先后顺序，读者只需从前往后阅读，便会水到渠成。

◆ **突出显示知识要点**。为了帮助读者掌握书中的知识要点，书中用阴影和文字加粗的方法突出显示知识要点，指示学习重点。

◆ **网络免费辅导**。读者在阅读时如遇到难以理解的问题，可以登录易天电学网：www.xxITee.com，观看有关辅导材料或向老师提问，也可以在该网站了解相关新书信息。

本书在编写过程中得到了许多教师的支持，在此一并表示感谢。由于我们水平有限，书中的错误和疏漏在所难免，望广大读者和同仁予以批评指正。

编　者

第1章 PLC入门

1.1 概述 ·· 1
1.1.1 PLC的定义 ································ 1
1.1.2 PLC的分类 ································ 1
1.1.3 PLC的特点 ································ 2
1.2 PLC控制与继电器控制比较 ············ 3
1.2.1 继电器正转控制线路 ················ 3
1.2.2 PLC正转控制线路 ···················· 3
1.2.3 PLC、继电器和单片机控制系统的比较 ································ 5
1.3 PLC的组成与工作原理 ···················· 5
1.3.1 PLC的组成框图 ························ 5
1.3.2 PLC内部组成单元说明 ············ 6
1.3.3 PLC的工作方式 ························ 9
1.4 PLC的编程语言 ······························ 10
1.4.1 梯形图（LAD）······················· 10
1.4.2 功能块图（FBD）··················· 11
1.4.3 指令语句表（STL）················ 11
1.5 PLC应用系统开发举例 ···················· 11
1.5.1 PLC应用系统开发的一般流程 ······ 11
1.5.2 PLC控制电动机正、反转的开发实例 ··· 11

第2章 西门子S7-200 SMART PLC介绍

2.1 PLC硬件介绍 ···································· 15
2.1.1 两种类型的CPU模块 ············ 16
2.1.2 CPU模块面板各部件说明 ······ 16
2.1.3 CPU模块的接线 ······················ 16
2.1.4 信号板的安装使用与地址分配 ······ 18
2.1.5 S7-200 SMART常用模块及附件与订货号含义 ······················ 21
2.2 PLC的软元件 ···································· 23
2.2.1 输入继电器（I）和输出继电器（Q）······ 23
2.2.2 辅助继电器（M）、特殊辅助继电器（SM）和状态继电器（S）······ 24
2.2.3 定时器（T）、计数器（C）和高速计数器（HC）······················ 25
2.2.4 累加器（AC）、变量存储器（V）和局部变量存储器（L）······ 25
2.2.5 模拟量输入寄存器（AI）和模拟量输出寄存器（AQ）·········· 25

第3章 S7-200 SMART PLC编程软件的使用

3.1 软件的安装、卸载与软件窗口介绍 ······ 26
3.1.1 软件的安装与启动 ·················· 26
3.1.2 软件的卸载 ······························ 28
3.1.3 软件窗口组件说明 ·················· 29
3.2 程序的编写与下载 ·························· 32
3.2.1 项目创建与保存 ······················ 32
3.2.2 PLC硬件组态（配置）············ 33
3.2.3 程序的编写 ······························ 33
3.2.4 PLC与计算机的连接及通信设置 ······ 38
3.3 程序的编辑与注释 ·························· 44
3.3.1 程序的编辑 ······························ 44
3.3.2 程序的注释 ······························ 46
3.4 程序的监控与调试 ·························· 49
3.4.1 用梯形图监控调试程序 ·········· 49
3.4.2 用状态图表的表格监控调试程序 ······ 52
3.4.3 用状态图表的趋势图监控调试程序 ··· 54
3.5 软件的一些常用设置及功能使用 ········ 55

3.5.1 软件的一些对象设置 …………… 55
3.5.2 硬件组态（配置） …………… 56
3.5.3 用存储卡备份、复制程序和刷新固件… 57

第 4 章 基本指令的使用及应用实例

4.1 位逻辑指令 …………………………… 62
    4.1.1 触点指令 …………………… 62
    4.1.2 线圈指令 …………………… 63
    4.1.3 立即指令 …………………… 64
    4.1.4 RS 触发器指令 ……………… 65
    4.1.5 空操作指令 ………………… 66
4.2 定时器 ………………………………… 67
    4.2.1 通电延时型定时器（TON） … 67
    4.2.2 断电延时型定时器（TOF） … 68
    4.2.3 记忆型通电延时定时器（TONR）… 69
4.3 计数器 ………………………………… 71
    4.3.1 加计数器（CTU） ………… 71
    4.3.2 减计数器（CTD） ………… 72
    4.3.3 加减计数器（CTUD） ……… 73
4.4 常用的基本控制线路及梯形图 ……… 75
    4.4.1 启动、自锁和停止控制线路与梯形图 ………………………… 75
    4.4.2 正、反转联锁控制线路与梯形图 … 76
    4.4.3 多地控制线路与梯形图 …… 77
    4.4.4 定时控制线路与梯形图 …… 79
    4.4.5 长定时控制线路与梯形图 … 81
    4.4.6 多重输出控制线路与梯形图 … 82
    4.4.7 过载报警控制线路与梯形图 … 84
    4.4.8 闪烁控制线路与梯形图 …… 85
4.5 基本指令应用实例 …………………… 86
    4.5.1 喷泉的 PLC 控制线路与程序详解… 86
    4.5.2 交通信号灯的 PLC 控制线路与程序详解 …………………… 89
    4.5.3 多级传送带的 PLC 控制线路与程序详解 …………………… 92
    4.5.4 车库自动门的 PLC 控制线路与程序详解 …………………… 95

第 5 章 顺序控制指令的使用及应用实例

5.1 顺序控制与状态转移图 ……………… 98
5.2 顺序控制指令 ………………………… 99
    5.2.1 指令名称及功能 …………… 99
    5.2.2 指令使用举例 ……………… 99
    5.2.3 指令使用注意事项 ………… 101
5.3 顺序控制的几种方式 ………………… 101
    5.3.1 选择性分支方式 …………… 101
    5.3.2 并行分支方式 ……………… 104
5.4 顺序控制指令应用实例 ……………… 106
    5.4.1 液体混合装置的 PLC 控制线路与程序详解 ………………… 106
    5.4.2 简易机械手的 PLC 控制线路与程序详解 ………………… 110
    5.4.3 大小铁球分拣机的 PLC 控制线路与程序详解 ……………… 115

第 6 章 功能指令说明及使用举例

6.1 功能指令使用基础 …………………… 121
    6.1.1 数据类型 …………………… 121
    6.1.2 寻址方式 …………………… 122
6.2 传送指令 ……………………………… 125
    6.2.1 单一数据传送指令 ………… 125
    6.2.2 字节立即传送指令 ………… 126
    6.2.3 数据块传送指令 …………… 127
    6.2.4 字节交换指令 ……………… 128
6.3 比较指令 ……………………………… 128
    6.3.1 字节触点比较指令 ………… 129
    6.3.2 整数触点比较指令 ………… 129
    6.3.3 双字整数触点比较指令 …… 130
    6.3.4 实数触点比较指令 ………… 131
    6.3.5 字符串触点比较指令 ……… 132
    6.3.6 比较指令应用举例 ………… 132
6.4 数学运算指令 ………………………… 133
    6.4.1 加减乘除运算指令 ………… 133
    6.4.2 浮点数函数运算指令 ……… 138
6.5 逻辑运算指令 ………………………… 139
    6.5.1 取反指令 …………………… 139
    6.5.2 与指令 ……………………… 140
    6.5.3 或指令 ……………………… 141
    6.5.4 异或指令 …………………… 142

6.6 移位与循环指令 143
　6.6.1 左移位与右移位指令 143
　6.6.2 循环左移位与右移位指令 145
　6.6.3 移位寄存器指令 146
6.7 转换指令 148
　6.7.1 标准转换指令 148
　6.7.2 ASCII 码转换指令 152
　6.7.3 字符串转换指令 158
　6.7.4 编码与解码指令 161
6.8 表格指令 162
　6.8.1 填表指令 162
　6.8.2 查表指令 163
　6.8.3 先进先出和后进先出指令 164
　6.8.4 存储区填充指令 165
6.9 字符串指令 165
　6.9.1 字符串长度、复制和连接指令 166
　6.9.2 复制子字符串指令 167
　6.9.3 字符串与字符搜索指令 167
6.10 时钟指令 169
　6.10.1 时钟指令说明 169
　6.10.2 时钟指令使用举例 170
6.11 程序控制指令 172
　6.11.1 跳转与标签指令 172
　6.11.2 循环指令 172
　6.11.3 条件结束、停止和监视定时器复位指令 174
6.12 子程序与子程序指令 175
　6.12.1 子程序 175
　6.12.2 子程序指令 175
　6.12.3 带参数的子程序调用指令 178
6.13 中断指令及相关内容说明 180
　6.13.1 中断事件与中断优先级 180
　6.13.2 中断指令 183
6.14 高速计数器指令及相关内容说明 185
　6.14.1 高速计数器指令说明 186
　6.14.2 高速计数器的计数模式 186
　6.14.3 高速计数器分配的输入端子及在各工作模式下的功能 189
　6.14.4 高速计数器输入端子滤波时间的设置 190
　6.14.5 高速计数器的控制字节 191
　6.14.6 高速计数器计数值的读取与设置 192
　6.14.7 高速计数器的状态字节 193
　6.14.8 高速计数器的编程步骤与举例 194
6.15 高速脉冲输出指令及相关内容说明 196
　6.15.1 指令说明 196
　6.15.2 高速脉冲输出的控制字节、参数设置和状态位 196
　6.15.3 PTO 脉冲的产生与使用 198
　6.15.4 PWM 脉冲的产生与使用 202
6.16 PID 指令及相关内容说明 205
　6.16.1 PID 控制 205
　6.16.2 PID 指令介绍 206
　6.16.3 PID 指令应用举例 208

第 7 章 PLC 通信

7.1 通信基础知识 211
　7.1.1 通信方式 211
　7.1.2 通信传输介质 214
7.2 PLC 以太网通信 215
　7.2.1 S7-200 SMART CPU 模块以太网连接的设备类型 215
　7.2.2 IP 地址的设置 216
　7.2.3 以太网通信指令 221
　7.2.4 PLC 以太网通信实例详解 224
7.3 RS485/RS232 端口自由通信 228
　7.3.1 RS232C、RS422A 和 RS485 接口电路结构 228
　7.3.2 RS485/RS232 各引脚功能定义 230
　7.3.3 获取端口地址（GET_ADDR）指令和设置端口地址（SET_ADDR）指令 231
　7.3.4 发送（XMT）和接收（RCV）指令 231
　7.3.5 PLC 与打印机之间的通信（自由端口模式） 236

第 8 章 变频器的基本结构原理

8.1 异步电动机的两种调速方式 240

VII

8.2 变频器的基本结构及原理 241
　　8.2.1 交-直-交型变频器的结构与原理 241
　　8.2.2 交-交型变频器的结构与原理 242
8.3 变频调速控制方式 242
　　8.3.1 压/频控制方式 242
　　8.3.2 转差频率控制方式 243
　　8.3.3 矢量控制方式 245
　　8.3.4 直接转矩控制方式 246
　　8.3.5 控制方式比较 247

第 9 章 西门子变频器的接线、操作与参数设置

9.1 MM440 变频器的内部结构及外部接线 248
　　9.1.1 外形和型号（订货号）含义 248
　　9.1.2 内部结构及外部接线图 249
　　9.1.3 主电路的外部端子接线 250
　　9.1.4 控制电路外部端子的典型接线 251
　　9.1.5 数字量输入端子的接线及参数设置 251
　　9.1.6 模拟量输入端子的接线及参数设置 253
　　9.1.7 数字量输出端子的接线及参数设置 255
　　9.1.8 模拟量输出端子的接线及参数设置 255
9.2 变频器的停车、制动及再启动方式 256
　　9.2.1 电动机的铭牌数据与变频器对应参数 256
　　9.2.2 变频器的停车方式 257
　　9.2.3 变频器的制动方式 257
　　9.2.4 变频器的再启动方式 258
9.3 用面板和外部端子操作调试变频器 259
　　9.3.1 用 SDP（状态显示板）和外部端子操作调试变频器 259
　　9.3.2 用 BOP（基本操作板）操作调试变频器 260
　　9.3.3 用 AOP（高级操作板）操作调试变频器 262
9.4 MM440 变频器的参数调试及常规操作 263
　　9.4.1 变频器所有参数的复位 263
　　9.4.2 变频器参数快速调试步骤及说明 264
　　9.4.3 变频器的常规操作 264
9.5 西门子 MM440、MM430 和 MM420 变频器的主要区别与技术规格 267
　　9.5.1 MM440、MM430 和 MM420 变频器的主要区别 267
　　9.5.2 MM420 变频器的主要技术规格 267
　　9.5.3 MM430 变频器的主要技术规格 268
　　9.5.4 MM440 变频器的主要技术规格 270

第 10 章 变频器的典型应用电路

10.1 用变频器输入端子控制电动机正反转和面板键盘调速的电路 272
　　10.1.1 电路接线 272
　　10.1.2 参数设置 272
　　10.1.3 操作过程及电路说明 273
10.2 变频器输入端子控制电动机正反转和电位器调速的电路 274
　　10.2.1 电路接线 274
　　10.2.2 参数设置 274
　　10.2.3 操作过程及电路说明 274
10.3 变频器的多段速控制功能及应用电路 275
　　10.3.1 变频器多段速控制的三种方式 275
　　10.3.2 变频器多段速控制应用电路 276
10.4 变频器的 PID 控制电路 277
　　10.4.1 MM440 变频器的 PID 原理图及有关参数 277
　　10.4.2 MM440 变频器的 PID 控制恒压供水电路 278

第 11 章 变频器与 PLC 的综合应用

11.1 PLC 控制变频器驱动电动机延时正反转的电路 282
　　11.1.1 PLC 输入/输出（I/O）端子的分配 282
　　11.1.2 电路接线 282
　　11.1.3 变频器参数设置 282
　　11.1.4 PLC 控制程序及说明 283

11.2 PLC 控制变频器实现多段速运行的电路 ································· 284
　　11.2.1 PLC 输入/输出（I/O）端子的分配 ························· 284
　　11.2.2 电路接线 ································· 285
　　11.2.3 变频器参数设置 ························· 285
　　11.2.4 PLC 控制程序及说明 ················· 286
11.3 PLC 以 USS 协议通信控制变频器的应用实例 ································· 287
　　11.3.1 S7-200 PLC 与 MM440 变频器串口通信的硬件连接 ················· 287
　　11.3.2 USS 协议通信知识 ····················· 288
　　11.3.3 在 S7-200 PLC 编程软件中安装 USS 通信库 ··························· 289
　　11.3.4 USS 通信指令说明 ····················· 290
　　11.3.5 S7-200 PLC 以 USS 协议通信控制 MM440 变频器的应用实例 ··········· 297

第 12 章 西门子精彩系列触摸屏（SMART LINE）介绍

12.1 触摸屏基础知识 ································· 301
　　12.1.1 基本组成 ································· 301
　　12.1.2 四种类型的触摸屏及工作原理 ····· 301
　　12.1.3 常用类型触摸屏的性能比较 ········· 304
12.2 西门子精彩系列触摸屏（SMART LINE）简介 ································· 305
　　12.2.1 SMART LINE 触摸屏的特点 ········ 305
　　12.2.2 常用型号及外形 ························· 305
　　12.2.3 触摸屏主要部件说明 ··················· 306
　　12.2.4 技术规格 ································· 307
12.3 触摸屏与其他设备的连接 ··················· 308
　　12.3.1 触摸屏的供电接线 ····················· 308
　　12.3.2 触摸屏与组态计算机（PC）的以太网连接 ································· 309
　　12.3.3 触摸屏与西门子 PLC 的连接 ······· 309
　　12.3.4 触摸屏与三菱、施耐德和欧姆龙 PLC 的连接 ························· 310
12.4 触摸屏的操作设置 ····························· 312
　　12.4.1 触摸屏的屏幕键盘 ····················· 312
　　12.4.2 触摸屏的启动 ····························· 312
　　12.4.3 触摸屏的控制面板 ····················· 313
　　12.4.4 触摸屏的数据备份和恢复 ··········· 313
　　12.4.5 触摸屏的以太网参数设置 ··········· 315
　　12.4.6 触摸屏的画面方向、设备信息、触摸位置校准和许可信息的设置与查看 ································· 316
　　12.4.7 触摸屏屏幕保护程序的设置 ········ 318
　　12.4.8 触摸屏密码的设置 ····················· 318
　　12.4.9 触摸屏传送通道的开启 ··············· 319
　　12.4.10 触摸屏声音的设置 ··················· 319

第 13 章 西门子 WinCC 组态软件快速入门

13.1 WinCC flexible SMART V3 软件的安装与卸载 ································· 320
　　13.1.1 系统要求 ································· 320
　　13.1.2 软件的免费下载 ························· 321
　　13.1.3 软件的安装 ································· 321
　　13.1.4 软件的启动及卸载 ····················· 325
13.2 用 WinCC 软件组态一个简单的项目 ································· 326
　　13.2.1 项目的创建与保存 ····················· 326
　　13.2.2 组态变量 ································· 328
　　13.2.3 组态画面 ································· 330
　　13.2.4 项目的模拟运行 ························· 334

第 14 章 WinCC 软件常用对象及功能的使用举例

14.1 IO 域的使用举例 ······························· 336
　　14.1.1 组态任务 ································· 336
　　14.1.2 组态过程 ································· 336
　　14.1.3 运行测试 ································· 340
14.2 按钮的使用举例 ································· 340
　　14.2.1 组态任务 ································· 340
　　14.2.2 组态过程 ································· 341
　　14.2.3 运行测试 ································· 344
14.3 文本列表和图形列表的使用举例 ······ 345

14.3.1 组态任务 ……………………… 345
14.3.2 组态过程 ……………………… 345
14.3.3 运行测试 ……………………… 350
14.4 变量控制对象动画的使用举例 …… 351
14.4.1 组态任务 ……………………… 351
14.4.2 组态过程 ……………………… 352
14.4.3 运行测试 ……………………… 355
14.4.4 仿真调试 ……………………… 355
14.5 指针变量的使用举例 ……………… 356
14.5.1 组态任务 ……………………… 356
14.5.2 组态过程 ……………………… 357
14.5.3 运行测试 ……………………… 360
14.6 开关和绘图工具的使用举例 ……… 361
14.6.1 组态任务 ……………………… 361
14.6.2 组态过程 ……………………… 362
14.6.3 运行测试 ……………………… 366
14.7 报警功能的使用举例 ……………… 366
14.7.1 报警基础知识 ………………… 366
14.7.2 组态任务 ……………………… 368
14.7.3 组态过程 ……………………… 368
14.7.4 运行测试 ……………………… 373
14.8 棒图和趋势图的使用举例 ………… 374
14.8.1 组态任务 ……………………… 374
14.8.2 组态过程 ……………………… 375
14.8.3 运行测试 ……………………… 379
14.9 画面的切换使用举例 ……………… 380
14.9.1 建立画面 ……………………… 380
14.9.2 用拖放生成按钮的方式设置画面切换 ……………………………… 381
14.9.3 用按钮配合画面切换函数来实现指定画面的切换 ………………… 382
14.9.4 用按钮配合画面切换函数来实现任意编号画面的切换 …………… 383

第15章 用触摸屏操作和监控PLC实战

15.1 明确要求、规划变量和线路 ……… 385
15.1.1 控制要求 ……………………… 385
15.1.2 选择PLC和触摸屏型号并分配变量 …………………………… 385
15.1.3 设备连接与电气线路 ………… 385
15.2 编写和下载PLC程序 ……………… 386
15.2.1 编写PLC程序 ………………… 386
15.2.2 PLC与计算机的连接与设置 …… 387
15.2.3 下载和上传PLC程序 ………… 389
15.3 组态和下载触摸屏画面项目 ……… 391
15.3.1 创建触摸屏画面项目文件 …… 391
15.3.2 组态触摸屏与PLC的连接 …… 392
15.3.3 组态变量 ……………………… 393
15.3.4 组态指示灯 …………………… 393
15.3.5 组态按钮 ……………………… 394
15.3.6 组态状态值监视器 …………… 397
15.3.7 组态说明文本 ………………… 397
15.3.8 下载项目到触摸屏 …………… 398
15.3.9 无法下载项目的常见原因及解决方法 ……………………………… 400
15.3.10 用ProSave软件更新触摸屏版本 …………………………… 402
15.4 触摸屏连接PLC实际操作测试 …… 404
15.4.1 触摸屏和PLC用网线通信的硬件连接与通信设置 ……………… 404
15.4.2 触摸屏和PLC用串口线通信的硬件连接与通信设置 …………… 405
15.4.3 触摸屏连接PLC进行操作测试 … 406

附录A 西门子S7-200 SMART CPU SR20/ST20 技术规范 …………… 409

附录B 西门子S7-200 SMART CPU SR40/ST40/CR40 技术规范 …… 412

第1章 PLC入门

1.1 概 述

1.1.1 PLC的定义

PLC是英文Programmable Logic Controller的缩写，意为可编程序逻辑控制器。世界上第一台PLC于1969年由美国数字设备公司（DEC）研制成功，随着技术的发展，PLC的功能大大增强，不仅限于逻辑控制，因此美国电气制造协会NEMA于1980年对它进行重命名，称为可编程控制器（Programmable Controller），简称PC。但由于PC容易和个人计算机（Personal Computer，PC）混淆，故人们仍习惯将PLC当作可编程序控制器的缩写。

由于可编程序控制器一直在发展中，至今尚未对其下最后的定义。国际电工学会（IEC）对PLC的最新定义要点如下。

（1）是一种专为工业环境下应用而设计的数字电子设备；

（2）内部采用了可编程序的存储器，可进行逻辑运算、顺序控制、定时、计数和算术运算等操作；

（3）通过数字量或模拟量输入端接收外部信号或操作指令，内部程序运行后从数字量或模拟量输出端输出需要的信号；

（4）可以通过扩展接口连接扩展单元，以增强和扩展功能，还可以通过通信接口与其他设备进行通信。

1.1.2 PLC的分类

PLC的种类很多，下面按结构形式、控制规模和实现功能对PLC进行分类。

1. 按结构形式分类

按硬件的结构形式不同，PLC可分为整体式和模块式。

整体式PLC又称箱式PLC，图1-1所示是一种常见的整体式PLC，其外形像一个长方形的箱体，这种PLC的CPU、存储器、I/O接口等都安装在一个箱体内。整体式PLC的结构简单、体积小、价格低。小型PLC一般采用整体式结构。

模块式PLC又称组合式PLC，其外形如图1-2所示，它有一个总线基板，基板上有很多总线插槽，其中由CPU、存储器和电源构成的一个模块通常固定安装在某个插槽中，其他功能模块安装在其他不同的插槽内。模块式PLC配置灵活，可通过增减模块来组成不同规模的系统，安装维修方便，但价格较贵。大、中型PLC一般采用模块式结构。

2. 按控制规模分类

I/O点数（输入/输出端子数量）是衡量PLC控制规模的重要参数，根据I/O点数多少，可将 PLC 分为小型、中型和大型三类。

图 1-1　整体式 PLC

图 1-2　模块式 PLC（组合式 PLC）

（1）小型 PLC：其 I/O 点数小于 256 点，采用 8 位或 16 位单 CPU，用户存储器容量小。

（2）中型 PLC：其 I/O 点数在 256～2048 点之间，采用双 CPU，用户存储器容量较大。

（3）大型 PLC：其 I/O 点数大于 2048 点，采用 16 位、32 位多 CPU，用户存储器容量很大。

3．按实现功能分类

根据 PLC 的功能强弱不同，可将 PLC 分为低档、中档、高档三类。

（1）低档 PLC。它具有逻辑运算、定时、计数、移位及自诊断、监控等基本功能，有些还有少量模拟量输入/输出、算术运算、数据传送和比较、通信等功能。低档 PLC 主要用于逻辑控制、顺序控制或少量模拟量控制的单机控制系统。

（2）中档 PLC。它除了具有低档 PLC 的功能外，还具有较强的模拟量输入/输出、算术运算、数据传送和比较、数制转换、远程 I/O、子程序、通信联网等功能，有些还增设中断控制、PID 控制等功能。中档 PLC 适用于比较复杂的控制系统。

（3）高档 PLC。它除了具有中档 PLC 的功能外，还增加了带符号算术运算、矩阵运算、位逻辑运算、平方根运算及其他特殊功能函数的运算、制表及表格传送功能等。高档 PLC 具有很强的通信联网功能，一般用于大规模过程控制或构成分布式网络控制系统，实现工厂控制自动化。

1.1.3　PLC 的特点

PLC 是一种专为工业应用而设计的控制器，它主要有以下特点。

1）可靠性高，抗干扰能力强

为了适应工业应用要求，PLC 从硬件和软件方面采用了大量的技术措施，以便能在恶劣的环境下长时间可靠运行，现在大多数 PLC 的平均无故障运行时间可达几十万小时。

2）通用性强，控制程序可变，使用方便

PLC 可利用齐全的各种硬件装置来组成各种控制系统，用户不必自己再设计和制作硬件装置。用户在硬件确定以后，在生产工艺流程改变或生产设备更新的情况下，无须大量改变 PLC 的硬件设备，只需更改程序就可以满足要求。

3）功能强，适应范围广

现代 PLC 不仅有逻辑运算、计时、计数、顺序控制等功能，还具有数字和模拟量的输入/输出、功率驱动、通信、人机对话、自检、记录显示等功能，既可控制一台生产机械、一条生产线，又可控制一个生产过程。

4）编程简单，易用易学

目前大多数 PLC 采用梯形图编程方式，梯形图语言的编程元件符号和表达方式与继电器控制电路原理图非常接近，这样使大多数工厂企业电气技术人员非常容易接受和掌握。

5）系统设计、调试和维修方便

PLC 用软件来取代继电器控制系统中大量的中间继电器、时间继电器、计数器等器件，使控制柜的设计安装接线工作量大为减少。另外，PLC 的用户程序可以通过计算机在实验室仿真调试，减少了现场的调试工作量。此外，由于 PLC 结构模块化及很强的自我诊断能力，维修也极为方便。

1.2 PLC 控制与继电器控制比较

PLC 控制是在继电器控制的基础上发展起来的，为了让读者能初步了解 PLC 控制方式，本节以电动机正转控制为例对两种控制系统进行比较。

1.2.1 继电器正转控制线路

图 1-3 所示是一种常见的继电器正转控制线路，可以对电动机进行正转和停转控制，右图为主电路，左图为控制电路。

电路原理说明如下。

按下启动按钮 SB1，接触器 KM 线圈得电，主电路中的 KM 主触点闭合，电动机得电运转，与此同时，控制电路中的 KM 常开自锁触点也闭合，锁定 KM 线圈得电（即 SB1 断开后 KM 线圈仍可得电）。

图 1-3 继电器正转控制线路

按下停止按钮 SB2，接触器 KM 线圈失电，KM 主触点断开，电动机失电停转，同时 KM 常开自锁触点也断开，解除自锁（即 SB2 闭合后 KM 线圈无法得电）。

1.2.2 PLC 正转控制线路

图 1-4 所示是一种采用 S7-200 SMART PLC 的正转控制线路，该 PLC 的型号为 CPU SR20（AC/DC/继电器），采用 220V 交流电源（AC）供电，输入端使用 24V 直流电源（DC），输出端内部采用继电器输出（R），PLC 的点数为 20 点（12 个输入端、8 个输出端）。图 1-4 所示线路可以实现与图 1-3 所示的继电器正转控制线路相同的功能。PLC 正转控制线路也可分作主电路和控制电路两部分，PLC 与外接的输入、输出部件构成控制电路，主电路与继电器正转控制主电路相同。

在组建 PLC 控制系统时，要给 PLC 输入端子连接输入部件（如开关），给输出端子连接输出部件，并给 PLC 提供电源。在图 1-4 中，PLC 输入端子连接 SB1（启动）、SB2（停止）按钮和24V直流电源（24V DC），输出端子连接接触器KM线圈和220V交流电源（220V AC），电源端子连接220V交流电源供电，在内部由电源电路转换成5V和24V的直流电压，5V供给内部电路使用，24V会送到L+、M端子输出，可以提供给输入端子使用。PLC硬件连接完成后，在计算机中使用PLC编程软件编写图示的梯形图程序，并用通信电缆将计算机与PLC连接起来，再将程序写入PLC。

图1-4 采用S7-200 SMART PLC的正转控制线路

图1-4所示的PLC正转控制线路的硬、软件工作过程说明如下。

当按下启动按钮SB1时，有电流流过I0.0端子（即DIa.0端子）内部的输入电路，电流途径是24V+→SB1→I0.0端子入→I0.0输入电路→1M端子出→24V−。I0.0输入电路有电流流过，会使程序中的I0.0常开触点闭合，程序中左母线的模拟电流（也称能流）经闭合的I0.0常开触点、I0.1常闭触点流经Q0.0线圈到达右母线（程序中的右母线通常不显示出来），程序中的Q0.0线圈得电，一方面会使程序中的Q0.0常开自锁触点闭合，另一方面会控制Q0.0输出电路，使之输出电流流过Q0.0硬件继电器的线圈。该继电器触点被吸合，有电流流过主电路中的接触器KM线圈，电流途径是交流220V一端→1L端子入→内部Q0.0硬件继电器触点→Q0.0端子（即DQa.0端子）出→接触器KM线圈→交流220V另一端，接触器KM线圈通电产生磁场使KM主触点闭合，电动机得电运转。

当按下停止按钮 SB2 时,有电流流过 I0.1 端子(即 DIa.1 端子)内部的 I0.1 输入电路,程序中的 I0.1 常闭触点断开,Q0.0 线圈失电,一方面会使程序中的 Q0.0 常开自锁触点断开解除通电自锁,另一方面会控制 Q0.0 输出电路,使之停止输出电流,Q0.0 硬件继电器线圈无电流流过,其触点断开,主电路中的接触器 KM 线圈失电,KM 主触点断开,电动机停转。

1.2.3 PLC、继电器和单片机控制系统的比较

PLC 控制与继电器控制相比,具有改变程序就能变换控制功能的优点,但在简单控制时成本较高,另外,利用单片机也可以实现控制。PLC、继电器和单片机控制系统的比较见表 1-1。

表 1-1 PLC、继电器和单片机控制系统的比较

比较内容	PLC 控制系统	继电器控制系统	单片机控制系统
功 能	用程序可以实现各种复杂控制	用大量继电器布线逻辑实现循序控制	用程序实现各种复杂控制,功能最强
改变控制内容	修改程序较简单容易	改变硬件接线,工作量大	修改程序,技术难度大
可靠性	平均无故障工作时间长	受机械触点寿命限制	一般比 PLC 差
工作方式	顺序扫描	顺序控制	中断处理,响应最快
接 口	直接与生产设备相连	直接与生产设备相连	要设计专门的接口
环境适应性	可适应一般工业生产现场环境	环境差,会降低可靠性和寿命	要求有较好的环境,如机房、实验室、办公室
抗干扰	一般不用专门考虑抗干扰问题	能抗一般电磁干扰	要专门设计抗干扰措施,否则易受干扰影响
维 护	现场检查、维修方便	定期更换继电器,维修费时	技术难度较高
系统开发	设计容易、安装简单、调试周期短	图样多,安装接线工作量大,调试周期长	系统设计复杂,调试计算难度大,需要有系统的计算机知识
通用性	较好,适用面广	一般是专用	要进行软、硬件技术改造才能作为他用
硬件成本	比单片机控制系统高	少于 30 个继电器时成本较低	一般比 PLC 低

1.3 PLC 的组成与工作原理

1.3.1 PLC 的组成框图

PLC 种类很多,但结构大同小异,典型的 PLC 控制系统组成框图如图 1-5 所示。在组建 PLC 控制系统时,需要给 PLC 的输入端子连接有关的输入设备(如按钮、触点和行程开关等),给输出端子连接有关的输出设备(如指示灯、电磁线圈和电磁阀等)。如果需要 PLC 与其他设备通信,可在 PLC 的通信接口连接其他设备;如果希望增强 PLC 的功能,可给 PLC 的扩展接口接上扩展单元。

图 1-5 典型的 PLC 控制系统组成框图

1.3.2 PLC 内部组成单元说明

从图 1-5 可以看出，PLC 内部主要由 CPU、存储器、输入接口、输出接口、通信接口、扩展接口和电源等组成。

1. CPU

CPU 又称中央处理器，为 PLC 的控制中心，它通过总线（包括数据总线、地址总线和控制总线）与存储器和各种接口连接，以控制它们有条不紊地工作。CPU 的性能对 PLC 的工作速度和效率有很大的影响，故大型 PLC 通常采用高性能的 CPU。

CPU 的主要功能有：

❶ 接收通信接口送来的程序和信息，并将其存入存储器。

❷ 采用循环检测（即扫描检测）方式不断检测输入接口送来的状态信息，以判断输入设备的输入状态。

❸ 逐条运行存储器中的程序，并进行各种运算，再将运算结果存储下来，然后通过输出接口输出，以对输出设备进行有关控制。

❹ 监测和诊断内部各电路的工作状态。

2. 存储器

存储器的功能是存储程序和数据。PLC 通常配有 ROM（只读存储器）和 RAM（随机存储器）两种存储器，ROM 用来存储系统程序，RAM 用来存储用户程序和程序运行时产生的数据。

系统程序由厂家编写并固化在 ROM 存储器中，用户无法访问和修改系统程序。系统程序主要包括系统管理程序和指令解释程序。系统管理程序的功能是管理整个 PLC，让内部各个电路能有条不紊地工作。指令解释程序的功能是将用户编写的程序翻译成 CPU 可以识别和执行的程序。

用户程序是由用户编写并输入存储器的程序，为了方便调试和修改，用户程序通常存放在 RAM 中，由于断电后 RAM 中的程序会丢失，所以 RAM 专门配有后备电池供电。有些 PLC 采用 EEPROM（电可擦写只读存储器）来存储用户程序，由于 EEPROM 存储器中的信息可使用电信号擦写，并且掉电后内容不会丢失，因此采用这种存储器后可不要备用电池。

3. 输入／输出接口

输入／输出接口（即输入／输出电路）又称 I/O 接口或 I/O 模块，是 PLC 与外围设备之间的连接桥梁。PLC 通过输入接口电路检测输入设备的状态，以此作为对输出设备控制的依据，同时又通过输出接口电路对输出设备进行控制。

PLC 的 I/O 接口能接收的输入和输出信号个数称为 PLC 的 I/O 点数。I/O 点数是选择 PLC 的重要依据之一。

PLC 外围设备提供或需要的信号电平是多种多样的，而 PLC 内部 CPU 只能处理标准电平信号，所以 I/O 接口要能进行电平转换；另外，为了提高 PLC 的抗干扰能力，I/O 接口一般具有光电隔离和滤波功能；此外，为了便于了解 I/O 接口的工作状态，I/O 接口还带有状态指示灯。

1）输入接口

PLC 的输入接口分为数字量输入接口和模拟量输入接口。数字量输入接口用于接收"1""0"数字信号或开关通断信号，又称开关量输入接口；模拟量输入接口用于接收模拟量信号（连续变化的电压或电流）。模拟量输入接口通常采用 A/D 转换电路，将模拟量信号转换成数字信号。数字量输入接口电路如图 1-6 所示。

当闭合按钮 SB 后，24V 直流电源产生的电流

图 1-6　数字量输入接口电路

流过 I0.0 端子内部电路，电流途径是：24V 正极→按钮 SB→I0.0 端子入→R1→发光二极管 VD1→光电耦合器中的一个发光二极管→1M 端子出→24V 负极，光电耦合器的光敏管受光导通，这样给内部电路输入一个 ON 信号，即 I0.0 端子输入为 ON（或称输入为 1）。由于光电耦合器内部是通过光线传递的，故可以将外部电路与内部电路进行有效的电气隔离。

输入指示灯 VD1、VD2 用于指示输入端子是否有输入。R2、C 为滤波电路，用于滤除通过输入端子窜入的干扰信号，R1 为限流电阻。1M 端为同一组数字量（如 I0.0～I0.7）的公共端。从图 1-6 中不难看出，DC 24V 电源的极性可以改变（即 24V 也可以正极接 1M 端）。

2）输出接口

PLC 的输出接口也分为数字量输出接口和模拟量输出接口。模拟量输出接口电路通常采用 D/A 转换电路，将数字量信号转换成模拟量信号；数字量输出接口电路采用的电路形式较多，根据使用的输出开关器件不同，可分为继电器输出型接口电路、晶体管输出型接口电路和双向晶闸管输出型接口电路。

图 1-7 所示为继电器输出型接口电路。当 PLC 内部电路输出 ON 信号（或称输出为

图 1-7 继电器输出型接口电路

ON）时，会输出电流流经继电器 KA 线圈，继电器常开触点 KA 闭合，负载有电流通过，电流途径是：DC 电源（或 AC 电源）的一端→负载→Q0.1 端子入→内部闭合的继电器 KA 触点→1L 端子出→ DC 电源（或 AC 电源）的另一端。R2、C 和压敏电阻 RV 用来吸收继电器触点断开时负载线圈产生的瞬间反峰电压。由于继电器触点无极性，所以输出端外部电源可以是直流电源，也可以是交流电源。

继电器输出型接口电路的特点是可以驱动交流或直流负载，允许通过的电流大，但其响应时间长，通断变化频率低。

图 1-8 所示为晶体管输出型接口电路，它采用光电耦合器与晶体管配合使用。当 PLC 内部电路输出 ON 信号（或称输出为 ON）时，会输出电流流过光电耦合器的发光管使之发光，光敏管受光导通，晶体管 VT 的 G 极电压下降。由于 VT 为耗尽型 P 沟道晶体管，当

图 1-8 晶体管输出型接口电路

G 极为高电压时截止，为低电压时导通，因此光电耦合器导通时 VT 也导通，相当于 1L+、Q0.2 端子内部接通，有电流流过负载，电流途径是：DC 电源正极→负载→1L+端子入→导通的晶体管 VT→Q0.2 端子出→DC 电源负极。由于晶体管有极性，所以输出端外部只能接直流电源，并且晶体管的漏极只能接电源正极，源极接电源的负极。

晶体管输出型接口电路反应速度快，通断频率高（可达 20～200kHz），但只能用于驱动直流负载，且过流能力差。

图 1-9 所示为双向晶闸管输出型接口电路，它采用双向晶闸管型光电耦合器。当 PLC 内部电路输出 ON 信号（或称输出为 ON）时，会输出电流流过光电双向晶闸管内部的发光管，内部双向晶闸管受

图 1-9 双向晶闸管输出型接口电路

光导通,电流可以从上往下流过晶闸管,也可以从下往上流过晶闸管。由于交流电源的极性是周期性变化的,所以晶闸管输出接口电路外部通常接交流电源。

双向晶闸管输出型接口电路的响应速度快,动作频率高,一般用于驱动交流负载。

4. 通信接口

PLC 配有通信接口,可通过通信接口与编程器、打印机、其他 PLC、计算机等设备实现通信。PLC 与编程器或写入器连接,可以接收编程器或写入器输入的程序;PLC 与打印机连接,可将过程信息、系统参数等打印出来;PLC 与人机界面(如触摸屏)连接,可以在人机界面直接操作 PLC 或监视 PLC 的工作状态;PLC 与其他 PLC 连接,可组成多机系统或连成网络,实现更大规模的控制;PLC 与计算机连接,可组成多级分布式控制系统,实现控制与管理相结合。

5. 扩展接口

为了提升 PLC 的性能,增强 PLC 的控制功能,可以通过扩展接口给 PLC 增加一些专用功能模块,如高速计数模块、闭环控制模块、运动控制模块、中断控制模块等。

6. 电源

PLC 一般采用开关电源供电,与普通电源相比,PLC 电源的稳定性好、抗干扰能力强。PLC 的电源对电网提供的电源稳定度要求不高,一般允许电源电压在其额定值 ±15% 的范围内波动。有些 PLC 还可以通过端子向外提供直流 24V 稳压电源。

1.3.3 PLC 的工作方式

PLC 是一种由程序控制运行的设备,其工作方式与微型计算机不同。微型计算机运行到结束指令时,程序运行结束;PLC 运行程序时,会按顺序依次逐条执行存储器中的程序指令,当执行完最后的指令后,并不会马上停止,而是又从头开始再次执行存储器中的程序,如此周而复始,PLC 的这种工作方式称为循环扫描方式。

PLC 的一般工作过程如图 1-10 所示。

PLC 通电后,首先进行系统初始化,将内部电路恢复到初始状态,然后进行自我诊断,检测内部电路是否正常,以确保系统能正常运行,诊断结束后对通信接口进行扫描,若接有外部设备则与之通信。通信接口无外设或通信完成后,系统开始进行输入采样,检测输入端的输入状态(输入端外部开关闭合时输入为 ON,断开时输入为 OFF),并将这些状态值写入输入映像寄存器(也称输入继电器)。然后开始从头到尾执行用户程序,程序执行结束后,将得到的输出值写入输出映像寄存器(该过程称为输出刷新),输出映像寄存器通过输出电路使输出端内部的硬件继电器、晶体管或晶闸管导通或断开,从而产生控制输出。以上过程完成后,系统又返回,重新开始自我诊断,以后不断重复上述过程。

PLC 有两个工作状态:RUN(运行)状态和 STOP(停止)

图 1-10 PLC 的一般工作过程

状态。当PLC工作在RUN状态时，系统会执行用户程序；当PLC工作在STOP状态时，系统不执行用户程序。PLC正常工作时应处于RUN状态，而在向PLC写入程序时，应让PLC处于STOP状态。PLC的两种工作状态可通过面板上的开关切换。

PLC工作在RUN状态时，自我诊断至输出刷新过程会反复循环执行，执行一次所需要的时间称为扫描周期，一般为1～100ms。扫描周期与用户程序的长短、指令的种类和CPU执行指令的速度有很大的关系。

1.4 PLC的编程语言

PLC是一种由软件驱动的控制设备，PLC软件由系统程序和用户程序组成。系统程序由PLC制造厂商设计编制，并写入PLC内部的ROM中，用户无法修改。用户程序是由用户根据控制需要编制的程序，再写入PLC存储器中。

写一篇相同内容的文章，既可以采用中文，也可以采用英文，还可以使用法文。同样，编制PLC用户程序也可以使用多种语言。PLC常用的编程语言主要有**梯形图（LAD）、功能块图（FBD）和指令语句表（STL）**等，其中梯形图语言最为常用。

1.4.1 梯形图（LAD）

梯形图采用类似传统继电器控制电路的符号来编程，用梯形图编制的程序具有形象、直观、实用的特点，因此这种编程语言成为电气工程人员应用最广泛的PLC编程语言。

下面对相同功能的继电器控制电路与梯形图程序进行比较，具体如图1-11所示。

图1-11（a）所示为继电器控制电路，当SB1闭合时，继电器KA0线圈得电，KA0自锁触点闭合，锁定KA0线圈得电；当SB2断开时，KA0线圈失电，KA0自锁触点断开，解除锁定；当SB3闭合时，继电器KA1线圈得电。

图1-11（b）所示为梯形图程序，当常开触点I0.1闭合时，左母线产生的能流（可理解为电流）经I0.1和常闭触点I0.2流经输出继电器Q0.0线圈到达右母线（西门子PLC梯形图程序省去右母线），Q0.0自锁触点闭合，锁定Q0.0线圈得电；当常闭触点I0.2断开时，Q0.0线圈失电，Q0.0自锁触点断开，解除锁定；当常开触点I0.3闭合时，继电器Q0.1线圈得电。

(a) 继电器控制电路　　　　　　　　(b) 梯形图程序

图1-11 继电器控制电路与梯形图程序的比较

不难看出，两种图的表达方式很相似，**不过梯形图程序使用的继电器是由软件实现的，使用和修改灵活方便**；而继电器控制电路采用实际元件，拆换元件更改线路比较麻烦。

1.4.2 功能块图（FBD）

功能块图采用了类似数字逻辑电路的符号来编程，对于具有数字电路基础的人很容易掌握这种语言。图 1-12 所示为功能相同的梯形图程序与功能块图程序，在功能块图中，左端为输入端，右端为输出端，输入、输出端的小圆圈表示"非运算"。

(a) 梯形图程序　　　　　　　　　　(b) 功能块图程序

图 1-12　梯形图程序与功能块图程序的比较

1.4.3 指令语句表（STL）

语句表语言与微型计算机采用的汇编语言类似，也采用助记符形式编程。在使用简易编程器对 PLC 进行编程时，一般采用语句表语言，这主要是因为简易编程器显示屏很小，难以采用梯形图语言编程。图 1-13 所示为功能相同的梯形图程序与指令语句表程序。不难看出，指令语句表就像是描述绘制梯形图的文字，它主要由指令助记符和操作数组成。

(a) 梯形图程序　　　　　　　　　　(b) 指令语句表程序

图 1-13　梯形图程序与指令语句表程序的比较

1.5　PLC 应用系统开发举例

1.5.1　PLC 应用系统开发的一般流程

PLC 应用系统开发的一般流程如图 1-14 所示。

1.5.2　PLC 控制电动机正、反转的开发实例

下面以开发一个电动机正、反转控制线路为例，来说明 PLC 应用系统的开发过程。

1. 明确系统的控制要求

系统控制要求如下：

（1）通过 3 个按钮分别控制电动机连续正转、反转和停转。

图 1-14　PLC 应用系统开发的一般流程

(2) 采用热继电器对电动机进行过载保护。

(3) 正、反转控制时能进行联锁控制保护。

2．确定输入/输出设备，并为其分配合适的 I/O 端子

这里选用 S7-200 SMART PLC 作为控制中心，具体采用的 PLC 型号为 CPU-SR20，PLC 有关端子连接的输入/输出设备及功能见表 1-2。

表 1-2 PLC 有关端子连接的输入/输出设备及功能

输入			输出		
输入设备	对应 PLC 端子	功能说明	输出设备	对应 PLC 端子	功能说明
SB1	I0.0	正转控制	KM1 线圈	Q0.0	驱动电动机正转
SB2	I0.1	反转控制	KM2 线圈	Q0.1	驱动电动机反转
SB3	I0.2	停转控制			
FR 常开触点	I0.3	过热保护			

3．绘制系统控制线路图

绘制 PLC 控制电动机正、反转线路图，如图 1-15 所示。

图 1-15 PLC 控制电动机正、反转线路图

4．编写 PLC 控制程序

在计算机中安装 STEP 7-Micro/WIN SMART 软件（S7-200 SMART PLC 的编程软件），并使用该软件编写图 1-16 所示的梯形图程序。STEP 7-Micro/WIN SMART 软件的使用将在第 3 章详细介绍。

下面对照图 1-15 所示线路图来说明图 1-16 所示梯形图程序的工作原理。

1）正转控制

当按下 PLC 的 I0.0 端子外接按钮 SB1 时，该端子对应的内部输入继电器 I0.0 得电，

程序中的 I0.0 常开触点闭合，输出继电器 Q0.0 线圈得电，一方面使程序中的 Q0.0 常开自锁触点闭合，锁定 Q0.0 线圈供电；另一方面使程序段 2 中的 Q0.0 常闭触点断开，Q0.1 线圈无法得电。此外，还使 Q0.0 端子内部的硬触点闭合，Q0.0 端子外接的 KM1 线圈得电，它一方面使 KM1 常闭联锁触点断开，KM2 线圈无法得电；另一方面使 KM1 主触点闭合，电动机得电正向运转。

图 1-16 用 STEP 7-Micro/WIN SMART 软件编写的电动机正、反转控制梯形图程序

2）反转控制

当按下 I0.1 端子外接按钮 SB2 时，该端子对应的内部输入继电器 I0.1 得电，程序中的 I0.1 常开触点闭合，输出继电器 Q0.1 线圈得电，一方面使程序中的 Q0.1 常开自锁触点闭合，锁定 Q0.1 线圈供电；另一方面使程序段 1 中的 Q0.1 常闭触点断开，Q0.0 线圈无法得电。此外，还使 Q0.1 端子内部的硬触点闭合，Q0.1 端子外接的 KM2 线圈得电，它一方面使 KM2 常闭联锁触点断开，KM1 线圈无法得电；另一方面使 KM2 主触点闭合，电动机两相供电切换，反向运转。

3）停转控制

当按下 I0.2 端子外接按钮 SB3 时，该端子对应的内部输入继电器 I0.2 得电，程序段 1、2 中的两个 I0.2 常闭触点均断开，Q0.0、Q0.1 线圈均无法得电，Q0.0、Q0.1 端子内部的硬触点均断开，KM1、KM2 线圈均无法得电，KM1、KM2 主触点均断开，电动机失电停转。

4）过热保护

当电动机过热运行时，热继电器 FR 发热元件使 I0.3 端子外接的 FR 常开触点闭合，该端子对应的内部输入继电器 I0.3 得电，程序段 1、2 中的两个 I0.3 常闭触点均断开，Q0.0、Q0.1 线圈均无法得电，Q0.0、Q0.1 端子内部的硬触点均断开，KM1、KM2 线圈均无法得电，KM1、KM2 主触点均断开，电动机失电停转。

电动机正、反转控制梯形图程序写好后，需要对该程序进行编译，具体的编译操作过程见 3.2 节相应内容。

5. 连接 PC 与 PLC

S7-200 SMART PLC 具有以太网通信功能，当需要将计算机中编写好的程序下载到 PLC 时，可以使用图 1-17 所示的普通网线将计算机与 PLC 连接起来，网线一端插入 PLC

的以太网端口（R45 端口），另一端插入编程计算机的以太网端口。另外，给 PLC 的 L1、N 端接上 220V 交流电源，再在计算机的 STEP 7-Micro/WIN SMART 软件中执行下载程序操作，就可以将编写好的程序写入 PLC，具体下载操作过程将在后续章节进行介绍。

图 1-17　普通网线（S7-200 SMART PLC 与计算机的通信电缆）

6. 模拟测试运行

PLC 写入控制程序后，通常先进行模拟测试运行，如果运行结果与要求一致，再将 PLC 接入系统线路。

PLC 的模拟测试运行操作如图 1-18 所示。在 PLC、L1、N 端连接 220V 交流电源，为整个 PLC 供电；将 PLC 的 24V 电压输出的 M 端与输入的 1M 端连接在一起，然后把一根导线的一端固定接在 DC 24V 电压输出的 L+ 端，另一端接触输入的 I0.0 端（即 DIa.0 端），这样相当于将 I0.0 端的外接按钮 SB1 闭合（见图 1-15 所示线路），正常 PLC 上 I0.0 端对应的输入指示灯变亮，表示 I0.0 端有输入，PLC

图 1-18　PLC 的模拟测试运行操作

内部的程序运行，运行结果正常 Q0.0 端（即 DQa.0 端）会产生输出，Q0.0 端对应的输出指示灯会变亮。再用同样的方法测试 SB2、SB3、FR 触点闭合时，PLC 输出端的输出情况（查看相应输出端对应的指示灯亮灭状态），正常输出结果与预期一致。如果不一致，应检查编写的程序是否有问题，改正后重新下载到 PLC 再进行测试。另外，导线接触不良或 PLC 本身硬件有问题也会导致测试不正常。

大多数 PLC 面板上有 RUN/STOP 切换开关，测试时应将切换开关置于 RUN 处，这样 PLC 接通电源启动后就会运行内部的程序。S7-200 SMART PLC 面板上没有 RUN/STOP 切换开关，需要在编程软件中将 PLC 上电启动后的模式设为 RUN，具体设置方法在后面章节介绍。

7. 安装系统控制线路，并进行现场调试

模拟测试运行通过后，就可以按照绘制的系统控制线路图将 PLC 及外围设备安装在实际现场。线路安装完成后，还要进行现场调试，观察是否达到控制要求。若达不到要求，需检查是硬件问题还是软件问题，并解决这些问题。

8. 系统投入运行

系统现场调试通过后，可试运行一段时间，若无问题发生则可正式投入运行。

第 2 章　西门子 S7–200 SMART PLC 介绍

S7-200 SMART PLC 是在 S7-200 PLC 之后推出的整体式 PLC，其软、硬件都有所增强和改进，主要特点如下。

（1）机型丰富。CPU 模块的 I/O 点最多可达 60 点（S7-200 PLC 的 CPU 模块 I/O 点最多为 40 点）。另外，CPU 模块分为经济型（CR 系列）和标准型（SR、ST 系列），产品配置更灵活，可最大限度地为用户节省成本。

（2）编程指令绝大多数与 S7-200 PLC 相同，只有少数几条指令不同，已掌握 S7-200 PLC 指令的用户几乎不用怎么学习，就可以为 S7-200 SMART PLC 编写程序。

（3）CPU 模块除了可以连接扩展模块外，还可以直接安装信号板，来增加更多的通信端口或少量的 I/O 点数。

（4）CPU 模块除了有 RS485 端口外，还增加了以太网端口（俗称网线端口），可以用普通的网线连接计算机的网线端口来下载或上传程序。CPU 模块也可以通过以太网端口与西门子触摸屏、其他带有以太网端口的西门子 PLC 等进行通信。

（5）CPU 模块集成了 Micro SD 卡槽，用户用市面上的 Micro SD 卡（常用的手机存储卡）就可以更新内部程序和升级 CPU 固件（类似手机的刷机）。

（6）采用 STEP 7-Micro/WIN SMART 编程软件，软件体积小（安装包不到 200MB），可免费安装使用，无须序列号，且软件界面友好，操作更人性化。

2.1　PLC 硬件介绍

S7-200 SMART PLC 是一种类型 PLC 的统称，可以是一台 CPU 模块（又称主机单元、基本单元等），也可以是由 CPU 模块、信号板和扩展模块组成的系统，如图 2-1 所示。CPU 模块可以单独使用，而信号板和扩展模块不能独立使用，必须与 CPU 模块连接在一起才可使用。

图 2-1　S7-200 SMART PLC 的 CPU 模块、信号板和扩展模块

2.1.1 两种类型的 CPU 模块

S7-200 SMART PLC 的 CPU 模块分为标准型和经济型两类，标准型具体型号有 SR20/SR30/SR40/SR60（继电器输出型）和 ST20/ST30/ST40/ST60（晶体管输出型）；经济型只有继电器输出型（CR40/CR60），没有晶体管输出型。S7-200 SMART 经济型 CPU 模块价格便宜，但只能单机使用，不能安装信号板，也不能连接扩展模块，由于只有继电器输出型，故无法实现高速脉冲输出。

S7-200 SMART 两种类型 CPU 模块的主要功能比较见表 2-1。

表 2-1 S7-200 SMART 两种类型 CPU 模块的主要功能比较

S7-200 SMART CPU 模块	经济型		标准型							
	CR40	CR60	SR20	SR30	SR40	SR60	ST20	ST30	ST40	ST60
高速计数	4 路 100kHz		4 路 200kHz							
高速脉冲输出	不支持		不支持				2 路 100kHz		3 路 100kHz	
通信端口数量	2		2~4							
扩展模块数量	不支持扩展模块		6							
最大开关量 I/O	40	60	216	226	236	256	216	226	236	256
最大模拟量 I/O	无		49							

2.1.2 CPU 模块面板各部件说明

S7-200 SMART CPU 模块面板大同小异，以 ST20 标准型晶体管输出型 CPU 模块，该模块上有输入/输出端子、输入/输出指示灯、运行状态指示灯、通信状态指示灯、RS485 和以太网通信端口、信号板安装插孔和扩展模块连接插口，模块面板各部件说明如图 2-2 所示。

2.1.3 CPU 模块的接线

1. 输入/输出端的接线方式

1）输入端的接线方式

S7-200 SMART PLC 的数字量（或称开关量）输入采用 24V 直流电压输入，由于内部输入电路使用了双向发光管的光电耦合器，故外部可采用两种接线方式，如图 2-3 所示。接线时可任意选择一种方式，实际接线时多采用图 2-3（a）所示的漏型输入接线方式。

2）输出端的接线方式

S7-200 SMART PLC 的数字量（或称开关量）输出有两种类型：继电器输出型和晶体管输出型。对于继电器输出型 PLC，外部负载电源可以是交流电源（5~250V），也可以是直流电源（5~30V）；对于晶体管输出型 PLC，外部负载电源必须是直流电源（20.4~28.8V），由于晶体管有极性，故电源正极必须接到输出公共端（1L+ 端，内部接到晶体管的漏极）。PLC 输出端的两种接线方式如图 2-4 所示。

图 2-2 S7-200 SMART ST20 型 CPU 模块面板各部件说明

图 2-3 PLC 输入端的两种接线方式

图 2-4 PLC 输出端的两种接线方式

2. CPU 模块的接线实例

S7-200 SMART PLC 的 CPU 模块型号很多，这里以 SR30 CPU 模块（30 点继电器输出型）和 ST30 CPU 模块（30 点晶体管输出型）为例进行说明，两者接线如图 2-5 所示。

2.1.4 信号板的安装使用与地址分配

S7-200 SMART CPU 模块上可以安装信号板，不会占用多余空间，安装、拆卸方便快捷。安装信号板可以给 CPU 模块扩展少量的 I/O 点数或扩展更多的通信端口。

1. 信号板的安装

S7-200 SMART CPU 模块上有一个专门安装信号板的位置，在安装信号板时先将该位置的保护盖取下来,可以看见信号板安装插孔,将信号板的插针对好插孔插入即可将信号板安装在 CPU 模块上。信号板的安装如图 2-6 所示。

(a) 继电器输出型CPU模块接线（以SR30为例）

(b) 晶体管输出型CPU模块接线（以ST30为例）

图 2-5　S7-200 SMART CPU 模块的接线

(a) 拆下输入、输出端子的保护盖

(b) 用一字螺丝刀插入信号板保护盖旁的缺口，撬出信号板保护盖

(c) 将信号板的插针对好CPU模块上的信号板安装插孔并压入

(d) 信号板安装完成

图 2-6　信号板的安装

2. 常用信号板的型号

S7-200 SMART PLC 常用信号板型号及说明如表 2-2 所示。

表 2-2　S7-200 SMART PLC 常用信号板型号及说明

型 号	规 格	说 明
SB DT04	2DI/2DO 晶体管输出	提供额外的数字量 I/O 扩展，支持 2 路数字量输入和 2 路数字量晶体管输出
SB AE01	1AI	提供额外的模拟量 I/O 扩展，支持 1 路模拟量输入，精度为 12 位
SB AQ01	1AO	提供额外的模拟量 I/O 扩展，支持 1 路模拟量输出，精度为 12 位
SB CM01	RS232/RS485	提供额外的 RS232 或 RS485 串行通信接口，在软件中简单设置即可实现转换
SB BA01	实时时钟保持	支持普通的 CR1025 纽扣电池，能保持时钟运行约 1 年

3. 信号板的使用与地址分配

在 CPU 模块上安装信号板后，还需要在 STEP 7-Micro/WIN SMART 编程软件中进行设置（又称组态），才能使用信号板。信号板的使用设置（组态）与自动地址分配如图 2-7 所示。在编程软件左方的项目树区域双击"系统块"，弹出图示的"系统块"对话框，选择"SB"项，并单击其右边的下拉按钮，会出现 5 个信号板选项，这里选择"SB

DT04（2DI/2DQ Transis）"信号板，系统自动将 I7.0、I7.1 分配给信号板的两个输入端，将 Q7.0、Q7.1 分配给信号板的两个输出端。单击"确定"按钮即完成信号板组态，然后就可以在编程时使用 I7.0、I7.1 和 Q7.0、Q7.1 了。

图 2-7　信号板的使用设置（组态）与自动地址分配

2.1.5　S7-200 SMART 常用模块及附件与订货号含义

1. 常用模块及附件

S7-200 SMART 常用模块包括 CPU 模块、扩展模块和信号板等。S7-200 SMART 常用模块及附件如表 2-3 所示。

表 2-3　S7-200 SMART 常用模块及附件

S7-200 SMART 模块及附件型号		规　格	订货号
CPU 模块	CPU SR20	标准型 CPU 模块，继电器输出，220V AC 供电，12 输入/8 输出	6ES7 288-1SR20-0AA0
	CPU ST20	标准型 CPU 模块，晶体管输出，24V DC 供电，12 输入/8 输出	6ES7 288-1ST20-0AA0
	CPU SR30	标准型 CPU 模块，继电器输出，220V AC 供电，18 输入/12 输出	6ES7 288-1SR30-0AA0
	CPU ST30	标准型 CPU 模块，晶体管输出，24V DC 供电，18 输入/12 输出	6ES7 288-1ST30-0AA0
	CPU SR40	标准型 CPU 模块，继电器输出，220V AC 供电，24 输入/16 输出	6ES7 288-1SR40-0AA0
	CPU ST40	标准型 CPU 模块，晶体管输出，24V DC 供电，24 输入/16 输出	6ES7 288-1ST40-0AA0
	CPU SR60	标准型 CPU 模块，继电器输出，220V AC 供电，36 输入/24 输出	6ES7 288-1SR60-0AA0
	CPU ST60	标准型 CPU 模块，晶体管输出，24V DC 供电，36 输入/24 输出	6ES7 288-1ST60-0AA0
	CPU CR40	标准型 CPU 模块，继电器输出，220V AC 供电，24 输入/16 输出	6ES7 288-1CR40-0AA0
	CPU CR60	标准型 CPU 模块，继电器输出，220V AC 供电，36 输入/24 输出	6ES7 288-1CR60-0AA0
扩展模块	EM DE08	数字量输入模块，8×24V DC 输入	6ES7 288-2DE08-0AA0
	EM DE16	数字量输入模块，16×24V DC 输入	6ES7 288-2DE16-0AA0
	EM DR08	数字量输出模块，8×继电器输出	6ES7 288-2DR08-0AA0
	EM DT08	数字量输出模块，8×24V DC 输出	6ES7 288-2DT08-0AA0
	EM QT16	数字量输出模块，16×24V DC 输出	6ES7 288-2QT16-0AA0

（续表）

S7-200 SMART 模块及附件型号		规　格	订　货　号
扩展模块	EM QR16	数字量输出模块，16× 继电器输出	6ES7 288-2QR16-0AA0
	EM DR16	数字量输入/输出模块，8×24V DC 输入/8× 继电器输出	6ES7 288-2DR16-0AA0
	EM DR32	数字量输入/输出模块，16×24V DC 输入/16× 继电器输出	6ES7 288-2DR32-0AA0
	EM DT16	数字量输入/输出模块，8×24V DC 输入/8×24V DC 输出	6ES7 288-2DT16-0AA0
	EM DT32	数字量输入/输出模块，16×24V DC 输入/16×24V DC 输出	6ES7 288-2DT32-0AA0
	EM AE04	模拟量输入模块，4 输入	6ES7 288-3AE04-0AA0
	EM AE08	模拟量输入模块，8 输入	6ES7 288-3AE08-0AA0
	EM AQ02	模拟量输出模块，2 输出	6ES7 288-3AQ02-0AA0
	EM AQ04	模拟量输出模块，4 输出	6ES7 288-3AQ04-0AA0
	EM AM03	模拟量输入/输出模块，2 输入/1 输出	6ES7 288-3AM03-0AA0
	EM AM06	模拟量输入/输出模块，4 输入/2 输出	6ES7 288-3AM06-0AA0
	EM AR02	热电阻输入模块，2 通道	6ES7 288-3AR02-0AA0
	EM AR04	热电阻输入模块，4 输入	6ES7 288-3AR04-0AA0
	EM AT04	热电阻输入模块，4 通道	6ES7 288-3AT04-0AA0
	EM DP01	PROFIBUS-DP 从站模块	6ES7 288-7DP01-0AA0
信号板	SB CM01	通信信号板，RS485/RS232	6ES7 288-5CM01-0AA0
	SB DT04	数字量扩展信号板，2×24V DC 输入/2×24V DC 输出	6ES7 288-5DT04-0AA0
	SB AE01	模拟量扩展信号板，1×12 位模拟量输入	6ES7 288-5AE01-0AA0
	SB AQ01	模拟量扩展信号板，1×12 位模拟量输出	6ES7 288-5AQ01-0AA0
	SB BA01	电池信号板，支持 CR1025 纽扣电池（电池单独购买）	6ES7 288-5BA01-0AA0
附件	I/O 扩展电缆	S7-200 SMART I/O 扩展电缆，长度 1m	6ES7 288-6EC01-0AA0
	PM207	S7-200 SMART 配套电源，24V DC/3A	6ES7 288-0CD10-0AA0
	PM207	S7-200 SMART 配套电源，24V DC/5A	6ES7 288-0ED10-0AA0
	CSM1277	以太网交换机，4 端口	6GK7 277-1AA00-0AA0
	SCALANCE XB005	以太网交换机，5 端口	6GK5 005-0BA00-1AB2

2．订货号含义

西门子 PLC 一般会在设备上标注型号和订货号等内容，如图 2-8 所示，根据这些内容可以了解一些设备信息。

图 2-8　西门子 PLC 上标注的型号和订货号等信息

西门子 PLC 型号标识比较简单，反映出来的信息量少，更多的设备信息可以通过 PLC 上标注的订货号来了解。西门子 S7-200 PLC 的订货号含义如下。

2.2 PLC 的软元件

PLC 是在继电器控制线路基础上发展起来的，继电器控制线路有时间继电器、中间继电器等，而 PLC 也有类似的器件，这些元件是通过软件实现的，故又称为软元件。PLC 的软元件主要有输入继电器、输出继电器、辅助继电器、定时器、计数器、模拟量输入寄存器和模拟量输出寄存器等。

2.2.1 输入继电器（I）和输出继电器（Q）

1. 输入继电器（I）

输入继电器又称输入过程映像寄存器，其状态与 PLC 输入端子的输入状态有关，当输入端子外接开关接通时，该端子内部对应的输入继电器状态为 ON（或称 1 状态），反之为 OFF（或称 0 状态）。一个输入继电器可以有很多常闭触点和常开触点。输入继电器的表示符号为 I，按八进制方式编址（或称编号），如 I0.0～I0.7、I1.0～I1.7 等。S7-200 SMART PLC 有 256 个输入继电器。

2. 输出继电器（Q）

输出继电器又称输出过程映像寄存器，它通过输出电路来驱动输出端子的外接负载，一个输出继电器只有一个硬件触点（与输出端子连接的物理常开触点），而内部软常开、常闭触点可以有很多个。当输出继电器为 ON 时，其硬件触点闭合，软常开触点闭合，软常闭触点则断开。输出继电器的表示符号为 Q，按八进制方式编址（或称编号），如 Q0.0～Q0.7、Q1.0～Q1.7 等。S7-200 SMART PLC 有 256 个输出继电器。

2.2.2 辅助继电器（M）、特殊辅助继电器（SM）和状态继电器（S）

1. 辅助继电器（M）

辅助继电器又称标志存储器或位存储器，它类似于继电器控制线路中的中间继电器。与输入/输出继电器不同，辅助继电器不能接收输入端子送来的信号，也不能驱动输出端子。辅助继电器表示符号为 M，按八进制方式编址（或称编号），如 M0.0～M0.7、M1.0～M1.7 等。S7-200 SMART PLC 有 256 个辅助继电器。

2. 特殊辅助继电器（SM）

特殊辅助继电器是一种具有特殊功能的继电器，用来显示某些状态、选择某些功能、进行某些控制或产生一些信号等。特殊辅助继电器表示符号为 SM。一些常用特殊辅助继电器的功能见表 2-4。

表 2-4　一些常用特殊辅助继电器的功能

特殊辅助继电器	功　能
SM0.0	PLC 运行时该位状态始终为 ON，该位对应的触点始终闭合
SM0.1	PLC 首次扫描循环时该位为 ON，用途之一是初始化程序
SM0.2	如果保留性数据丢失，该位为一次扫描循环打开。该位可用作错误内存位或激活特殊启动顺序的机制
SM0.3	从电源开启进入 RUN（运行）模式时，该位为一次扫描循环打开。该位可用于在启动操作之前提供机器预热时间
SM0.4	该位提供时钟脉冲，该脉冲在 1min 的周期时间内 OFF（关闭）30s，ON（打开）30s。该位提供便于使用的延迟或 1min 时钟脉冲
SM0.5	该位提供时钟脉冲，该脉冲在 1s 的周期时间内 OFF（关闭）0.5s，ON（打开）0.5s。该位提供便于使用的延迟或 1s 时钟脉冲
SM0.6	该位是扫描循环时钟，本次扫描打开，下次扫描关闭。该位可用作扫描计数器输入
SM0.7	该位表示"模式"开关的当前位置（关闭="终止"位置，打开="运行"位置）。开关位于 RUN（运行）位置时，可以使用该位启用自由端口模式，可通过转换至"终止"位置的方法重新启用带 PC/编程设备的正常通信
SM1.0	某些指令执行，使操作结果为零时，该位为 ON
SM1.1	某些指令执行，出现溢出结果或检测到非法数字数值时，该位为 ON
SM1.2	某些指令执行，数学操作产生负结果时，该位为 ON

3. 状态继电器（S）

状态继电器又称顺序控制继电器，是编制顺序控制程序的重要器件，它通常与顺控指令（又称步进指令）一起使用以实现顺序控制功能。状态继电器的表示符号为 S。

2.2.3 定时器（T）、计数器（C）和高速计数器（HC）

1．定时器（T）

定时器是一种按时间动作的继电器，相当于继电器控制系统中的时间继电器。一个定时器可以有很多常开触点和常闭触点，其定时单位有 1ms、10ms、100ms 三种。定时器的表示符号为 T。S7-200 SMART PLC 有 256 个定时器，其中断电保持型定时器有 64 个。

2．计数器（C）

计数器是一种用来计算输入脉冲个数并产生动作的继电器，一个计数器可以有很多常开触点和常闭触点。计数器可分为递加计数器、递减计数器和双向计数器（又称递加/递减计数器）。计数器的表示符号为 C。S7-200 SMART PLC 有 256 个计数器。

3．高速计数器（HC）

一般计数器的计数速度受 PLC 扫描周期的影响，不能太快。而**高速计数器可以对较 PLC 扫描速度更快的事件进行计数**。高速计数器的当前值是一个双字（32 位）的整数，且为只读值。高速计数器的表示符号为 HC。S7-200 SMART PLC 有 4 个高速计数器。

2.2.4 累加器（AC）、变量存储器（V）和局部变量存储器（L）

1．累加器（AC）

累加器是用来暂时存储数据的寄存器，可以存储运算数据、中间数据和结果。累加器的表示符号为 AC。S7-200 SMART PLC 有 4 个 32 位累加器（AC0～AC3）。

2．变量存储器（V）

变量存储器主要用于存储变量。它可以存储程序执行过程中的中间运算结果和设置参数。变量存储器的表示符号为 V。

3．局部变量存储器（L）

局部变量存储器主要用来存储局部变量。局部变量存储器与变量存储器很相似，主要区别在于后者存储的变量全局有效，即全局变量可以被任何程序（主程序、子程序和中断程序）访问，而局部变量只局部有效，局部变量存储器一般用在子程序中。局部变量存储器的表示符号为 L。S7-200 SMART PLC 有 64 字节（1 字节由 8 位组成）的局部变量存储器。

2.2.5 模拟量输入寄存器（AI）和模拟量输出寄存器（AQ）

模拟量输入端子送入的模拟信号经模/数转换电路转换成 1 个字（1 个字由 16 位组成，可用 W 表示）的数字量，该数字量存入一个模拟量输入寄存器。模拟量输入寄存器的表示符号为 AI，其编号以字（W）为单位，故必须采用偶数形式，如 AIW0、AIW2、AIW4 等。

一个模拟量输出寄存器可以存储 1 个字的数字量，该数字量经数/模转换电路转换成模拟信号从模拟量输出端子输出。模拟量输出寄存器的表示符号为 AQ，其编号以字（W）为单位，采用偶数形式，如 AQW0、AQW2、AQW4 等。

S7-200 SMART PLC 有 56 个字的 AI 和 56 个字的 AQ。

第3章　S7–200 SMART PLC 编程软件的使用

STEP 7-Micro/WIN SMART 是 S7-200 SMART PLC 的编程组态软件，可在 Windows XP SP3、Windows 7 操作系统上运行，支持梯形图（LAD）、指令语句表（STL）、功能块图（FBD）编程语言，部分语言程序之间可自由转换。它在继承了 STEP 7-Micro/WIN 软件（S7-200 PLC 的编程软件）优点的同时，增加了更多的人性化设计，使编程容易上手，项目开发更加高效。本章介绍目前最新的 STEP 7-Micro/WIN SMART V2.2 版本。

3.1　软件的安装、卸载与软件窗口介绍

3.1.1　软件的安装与启动

1. 软件的安装

STEP 7-Micro/WIN SMART 软件的安装文件大小不到 200MB，安装时不需要序列号。**为了能顺利进行安装，建议在安装软件前关闭计算机的安全防护软件**（如 360 安全卫士）。

在安装时，打开 STEP 7-Micro/WIN SMART 软件的安装文件夹，如图 3-1(a) 所示。双击其中的"setup.exe"文件，弹出对话框，要求选择软件的安装语言，选择"中文（简体）"；单击"确定"按钮，开始安装软件，安装时会弹出如图 3-1 (b) 所示的对话框，选择"我接受许可证协定和有关安全的信息的所有条件"；单击"下一步"按钮，出现如图 3-1 （c）所示的对话框，要求选择软件的安装目的地文件夹（即软件的安装路径），单击"浏览…"按钮可以更改安装路径，这里保持默认路径；单击"下一步"按钮，软件开始正式安装，显示安装进度，如图 3-1 （d）所示。如果计算机安装过 STEP 7-Micro/WIN SMART 软件（或未卸载干净），可能会弹出如图 3-1(e) 所示的对话框，提示无法继续安装，不用理会，单击"确定"按钮继续安装（如果不能继续安装，则要按对话框中的说明将先前安装的软件卸载干净）。软件安装需要

(a) 在软件安装文件中双击"setup.exe"文件并在弹出的对话框中选择"中文（简体）"

图 3-1　STEP 7- Micro/WIN SMART 软件的安装

一定的时间,最后会出现如图3-1(f)所示的安装完成对话框,有两个选项,可根据自己的需要选择。这里两项都不选,单击"完成"按钮,即完成STEP 7-Micro/WIN SMART软件的安装。

(b) 选择"我接受许可证协定和有关安全的信息的所有条件"

(c) 单击"浏览…"按钮可以更改安装路径,这里保持默认路径

(d) 显示安装进度

(e) 如果先前安装过本软件但未卸载干净,会出现图示对话框

(f) 提示软件安装完成

图3-1 STEP 7-Micro/WIN SMART 软件的安装(续)

2. 软件的启动

STEP 7-Micro/WIN SMART 软件启动可采用两种方法：一是直接双击计算机桌面上的"STEP 7-Micro/WIN SMART"图标，如图 3-2（a）所示；二是从"开始"菜单启动，如图 3-2（b）所示。STEP 7-Micro/WIN SMART 软件启动后，其软件窗口如图 3-3 所示。

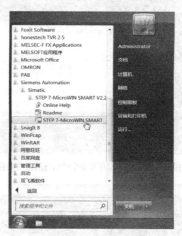

(a) 双击计算机桌面上的软件图标启动　　　　　(b) 从"开始"菜单启动

图 3-2　STEP 7-Micro/WIN SMART 软件的启动

图 3-3　STEP 7-Micro/WIN SMART 软件窗口

3.1.2　软件的卸载

STEP 7-Micro/WIN SMART 软件的卸载可使用计算机的控制面板。以 Windows 7 操作系统为例，通过"开始"菜单打开控制面板，在控制面板窗口中双击"程序和功能"，打开如图 3-4（a）所示的"程序和功能"窗口，在"卸载或更改程序"栏中双击"STEP 7-Micro/WIN SMART V2.2"项，会弹出询问是否卸载程序信息的对话框。单击"是"按钮即开始卸载软件，最后会出现"卸载完成"对话框，如图 3-4（b）所示，单击"完成"按钮即结束软件的卸载。

(a) 从控制面板的"程序和功能"窗口卸载软件

(b) "卸载完成"对话框

图 3-4　STEP 7- Micro/WIN SMART 软件的卸载

3.1.3　软件窗口组件说明

图 3-5 所示为 STEP 7-Micro/WIN SMART 软件窗口组件，下面对软件窗口各组件进行说明。

（1）文件工具：是"文件"菜单的快捷按钮，单击后会出现纵向文件菜单，提供最常用的新建、打开、另存为、关闭等选项。

（2）快速访问工具栏：有 4 个图标按钮，分别为新建、打开、保存和打印工具。单击右边的倒三角小按钮会弹出菜单，可以进行定义更多的工具、更改工具栏的显示位置、最小化功能区（即最小化下方的横向条形菜单）等操作。

图 3-5　STEP 7-Micro/WIN SMART 软件窗口组件

（3）菜单栏：由"文件"、"编辑"、"视图"、"PLC"、"调试"、"工具"和"帮助"7个菜单组成。单击某个菜单，该菜单所有的选项会在下方的横向条形菜单区显示出来。

（4）条形菜单：以横向条形方式显示菜单选项，当前内容为"文件"菜单的选项。在菜单栏单击不同的菜单，条形菜单内容会发生变化。在条形菜单上右击会弹出快捷菜单，选择"最小化功能区"即可隐藏条形菜单以节省显示空间，单击菜单栏的某个菜单，条形菜单会显示出来，然后又会自动隐藏。

（5）标题栏：用于显示当前项目的文件名称。

（6）程序编辑器：用于编写 PLC 程序。单击左上方的" MAIN "和" SBR_0 "、" INT_0 "可以切换到主程序编辑器、子程序编辑器和中断程序编辑器。默认打开主程序编辑器（MAIN），编程语言为梯形图（LAD）。单击菜单栏中的"视图"，再单击条形菜单区的"STL"，则将编程语言设为指令语句表（STL）；单击条形菜单区的"FBD"，则将编程语言设为功能块图（FBD）。

（7）工具栏：提供了一些常用的工具，使操作更快捷。程序编辑器处于不同编程语言时，工具栏上的工具会有一些不同。当鼠标移到某工具上时，会出现提示框，说明该工具的名称及功能，如图 3-6 所示（编程语言为梯形图 LAD 时）。

图 3-6　工具栏的各个工具（编程语言为梯形图 LAD 时）

(8) 自动隐藏按钮：用于隐藏/显示窗口。当按钮图标为纵向纺锤形时，窗口显示；单击会使按钮图标变成横向纺锤形，同时该按钮控制的窗口会移到软件窗口的边缘隐藏起来，当鼠标移到边缘隐藏部位时，窗口又会移出来。

(9) 导航栏：位于项目指令树上方，由符号表、状态图表、数据块、系统块、交叉引用和通信6个按钮组成，单击图标时可以打开相应图表或对话框。利用导航栏可以快速访问项目指令树中的对象，单击一个导航栏按钮相当于展开项目指令树中的某项并双击该项中的相应内容。

(10) 项目指令树：用于显示所有项目对象和编程指令。在编程时，先单击某个指令包前的+号，可以看到该指令包内所有的指令，可以采用拖放的方式将指令移到程序编辑器中，也可以双击指令将其插入程序编辑器当前光标所在位置。选择操作项目对象采用双击方式，对项目对象进行更多的操作可采用右键快捷菜单来实现。

(11) 状态栏：用于显示光标在窗口的行列位置、当前编辑模式（INS 为插入，OVR 为覆盖）和计算机与 PLC 的连接状态等。在状态栏上右击，在弹出的快捷菜单中可设置状态栏的显示内容。

(12) 符号表/状态图表/数据块：以重叠的方式显示符号表、状态图表和数据块窗口，单击窗口下方的选项卡可切换不同的显示内容。当前窗口显示的为符号表，单击符号表下方的选项卡，可以切换到其他表格（如系统符号表、I/O 符号表）。单击该窗口右上角的纺锤形按钮，可以将窗口隐藏到左下角。

(13) 变量表/交叉引用/输出窗口：以重叠的方式显示变量表、交叉引用和输出窗口，单击窗口下方的选项卡可切换不同的显示内容，当前窗口显示的为变量表。单击该窗口右上角的纺锤形按钮，可以将窗口隐藏到左下角。

(14) 梯形图缩放工具：用于调节程序编辑器中的梯形图显示大小。可以单击"+""–"按钮来调节大小，每单击一次，显示大小改变5%，调节范围为50%～150%，也可以拖动滑块来调节大小。

在使用 STEP 7-Micro/WIN SMART 软件过程中，可能会使窗口组件排列混乱，这时可进行视图复位操作，将各窗口组件恢复到安装时的状态。视图恢复操作如图 3-7 所示，单击菜单栏中的"视图"，在下方的横向条形菜单中单击"组件"的下拉按钮，在弹出的

图 3-7　视图恢复操作

菜单中选择"复位视图",然后关闭软件并重新启动,即可将各窗口组件恢复到初始状态。符号表/状态图表/数据块和变量表/交叉引用/输出窗口初始时只显示选项卡部分,需要用鼠标向上拖动程序编辑器下边框才能使之显示出来,如图 3-8 所示。

图 3-8　拖动窗口边框来调节显示区域

3.2　程序的编写与下载

3.2.1　项目创建与保存

STEP 7-Micro/WIN SMART 软件启动后会自动建立一个名为"项目 1"的文件,如果需要更改文件名并保存下来,可单击"文件"菜单下的"保存"按钮,弹出"另存为"对话框,如图 3-9 所示,选择文件的保存路径再输入文件名"例 1",文件扩展名默认为".smart",然后单击"保存"按钮,即将项目更名为"例 1.smart"并保存下来。

图 3-9　项目的保存

3.2.2 PLC 硬件组态（配置）

PLC 可以是一台 CPU 模块，也可以是由 CPU 模块、信号板（SB）和扩展模块（EM）组成的系统。PLC 硬件组态又称 PLC 配置，是指编程前先在编程软件中设置 PLC 的 CPU 模块、信号板和扩展模块的型号，使之与实际使用的 PLC 一致，以确保编写的程序能在实际硬件中运行。

在 STEP 7- Micro/WIN SMART 软件中组态 PLC 硬件使用系统块。PLC 硬件组态（配置）如图 3-10 所示，双击项目指令树中的"系统块"，弹出"系统块"对话框，由于当前使用的 PLC 是一台 ST20 型的 CPU 模块，故在对话框的"CPU"行的"模块"列中单击下拉按钮，出现所有 CPU 模块型号，从中选择"CPU ST20（DC/DC/DC）"；在"版本"列中选择 CPU 模块的版本号（实际模块上有版本号标注），如果不知道版本号，可选择最低版本号；模块型号选定后，"输入"（起始地址）、"输出"（起始地址）和"订货号"列的内容会自动生成，单击"确定"按钮即可完成 PLC 硬件组态。

图 3-10 PLC 硬件组态（配置）

如果 CPU 模块上安装了信号板，还需要设置信号板的型号。在"SB"行的"模块"列空白处单击，会出现下拉按钮，单击下拉按钮，会出现所有信号板型号，从中选择正确的型号；再在"SB"行的"版本"列选择信号板的版本号，"输入"、"输出"和"订货号"列的内容也会自动生成。如果 CPU 模块还连接了多台扩展模块（EM），则可根据连接的顺序用同样的方法在"EM1"、"EM2"等行设置各个扩展模块。选中某行的"模块"列，按键盘上的"Delete"（删除）键，可以将该行"模块"列的设置内容删掉。

3.2.3 程序的编写

下面以编写图 3-11 所示的程序为例，来说明如何在 STEP 7-Micro/WIN SMART 软件中编写梯形图程序。梯形图程序的编写过程见表 3-1。

图 3-11 待编写的梯形图程序

表 3-1 梯形图程序的编写过程

序 号	操 作 说 明
1	在 STEP 7-Micro/WIN SMART 软件的项目指令树中,展开位逻辑指令,双击其中的常开触点,如图所示,程序编辑器的光标位置马上插入一个常开触点,并出现下拉菜单,可以从中选择触点的符号,其中符号"CPU_输入 0"对应着 I0.0(绝对地址),也可以直接输入 I0.0,回车后即插入一个 I0.0 常开触点
2	在程序编辑器插入一个常开触点后,同时会出现一个符号信息表,列出元件的符号与对应的绝对地址。如果不希望显示符号信息表,可单击工具栏上的"符号信息表"工具,如图所示,即可将符号信息表隐藏起来

(续表)

序号	操作说明
3	梯形图程序的元件默认会同时显示符号和绝对地址。如果仅希望显示绝对地址，可单击工具栏上"切换寻址"工具旁边的下拉按钮，在下拉菜单中选择"仅绝对"，如图所示，这样常开触点旁只显示"I0.0"，"CPU_输入0"不再显示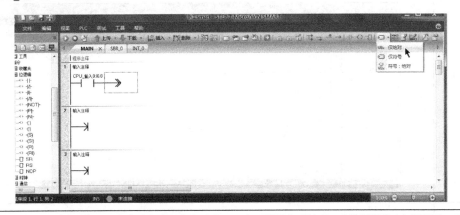
4	在项目指令树中双击位逻辑指令的常闭触点，在 I0.0 常开触点之后插入一个常闭触点，如图所示，再输入触点的绝对地址 I0.1，或在下拉菜单中选择触点的符号"CPU_输入1"，回车后即生成一个 I0.1 常闭触点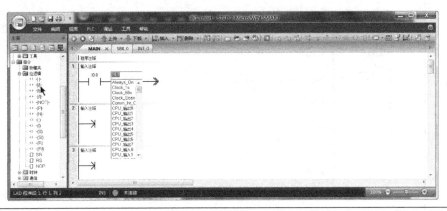
5	用同样的方法在 I0.1 常闭触点之后插入一个 I0.2 常闭触点，然后在项目指令树中双击位逻辑指令的输出线圈，在 I0.2 常闭触点之后插入一个线圈，如图所示，再输入触点的绝对地址 Q0.0，或在下拉菜单中选择线圈的符号"CPU_输出0"，回车后即生成一个 Q0.0 线圈

（续表）

序号	操 作 说 明
6	在I0.0常开触点下方插入一个Q0.0常开触点，然后单击工具栏上的"插入向上垂直线"，如图所示，就会在Q0.0触点右边插入一根向上垂直线，与I0.0触点右边的线连接起来
7	将光标定位在I0.2常闭触点上，然后单击工具栏上的"插入分支"工具，如图所示，会在I0.2触点右边向下插入一根向下分支线
8	将光标定位在向下分支线箭头处，然后在项目指令树中展开定时器，双击其中的TON（接通延时定时器），在向下分支线右边插入一个定时器元件，如图所示

(续表)

序号	操作说明
9	在定时器元件上方输入定时器地址 T37，在定时器元件左下角输入定时值 50，T37 是一个 100ms 的定时器，其定时时间为 50×100ms=5000ms=5s
10	在程序段 2 插入一个 T37 常开触点和一个 Q0.1 线圈，如图所示
11	程序编写完成后，可以对其进行编译。梯形图程序是一种图形化的程序，PLC 不能读懂这种程序，编译就是将梯形图程序翻译成 PLC 可以接收的代码，同时还可以检查程序是否有错误。编译时，单击工具栏上的"编译"工具，如图所示，编程软件则立即对梯形图程序进行编译

(续表)

序号	操作说明
12	程序编译时，在编程软件窗口下方会出现一个输出窗口，窗口中会有一些编译信息，如图所示。如果窗口有"0个错误，0个警告"，则表明编写的程序语法上没有错误；如果提示有错误，通常会有出错位置信息显示，找到错误并改正后，再重新编译，直到无错误和警告为止

3.2.4 PLC与计算机的连接及通信设置

在计算机中用 STEP 7-Micro/WIN SMART 软件编写好 PLC 程序后，如果要将程序写入 PLC（又称下载程序），则需用通信电缆将 PLC 与计算机连接起来，并进行通信设置，让两者建立软件上的通信连接。

1. PLC与计算机的硬件通信连接

西门子 S7-200 SMART CPU 模块上有以太网端口（俗称网线接口、RJ45 接口），该端口与计算机上的网线端口相同，两者使用普通市售网线连接起来。另外，PLC 与计算机通信时需要接通电源。西门子 S7-200 SMART PLC 与计算机的硬件通信连接如图 3-12 所示。

2. 通信设置

西门子 S7-200 SMART PLC 与计算机的硬件通信连接好后，还需要在计算机中进行通信设置才能让二者进行通信。

在 STEP 7-Micro/WIN SMART 软件的项目指令树中

图 3-12 西门子 S7-200 SMART PLC 与计算机的硬件通信连接

双击"通信"图标,弹出"通信"对话框,如图 3-13(a)所示;在对话框的"网络接口卡"项中选择与 PLC 连接的计算机网络接口卡(网卡),如图 3-13(b)所示。如果不知道与 PLC 连接的网卡名称,可打开计算机控制面板内的"网络和共享中心"(以操作系统 Windows 7 为例),在"网络和共享中心"窗口的左边单击"更改适配器设置",会出现如图 3-13(c)所示窗口,显示当前计算机的各种网络连接。PLC 与计算机连接采用有线的本地连接,故选择其中的"本地连接",查看并记下该图标显示的网卡名称。

在 STEP 7-Micro/WIN SMART 软件中重新打开"通信"对话框,在"网络接口卡"项中可看到有两个与"本地连接"名称相同的网卡,如图 3-13(b)所示,一般选带"Auto"(自动)的那个。选择后系统会自动搜索该网卡连接的 PLC,搜到 PLC 后,在对话框左边的"找到 CPU"中会显示与计算机连接的 CPU 模块的 IP 地址,如图 3-13(d)所示;在对话框右边显示 CPU 模块的 MAC 地址(物理地址)、IP 地址、子网掩码和网关信息。如果系统未自动搜索,可单击对话框下方的"查找 CPU"按钮进行搜索,搜到 PLC 后单击对话框右下方的"确定"按钮即完成通信设置。

(a) 双击项目指令树中的"通信"图标弹出"通信"对话框

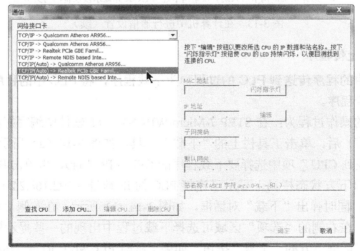

(b) 在"网络接口卡"项中选择与PLC连接的计算机网卡

图 3-13 在计算机中进行通信设置

(c) 在"本地连接"中查看与PLC连接的网卡名称

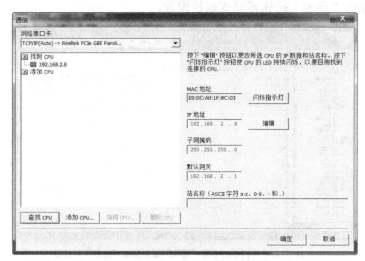

(d) 选择正确的网卡后系统会搜索网卡连接的PLC并显示该设备的有关信息

图 3-13 在计算机中进行通信设置（续）

3. 下载与上传程序

将计算机中的程序传送到 PLC 的过程称为下载程序，将 PLC 中的程序传送到计算机的过程称为上传程序。

下载程序的操作过程为：在 STEP 7-Micro/WIN SMART 软件中编写好程序（或者打开先前编写的程序）后，单击工具栏上的"下载"工具，如图 3-14（a）所示，弹出"通信"对话框，在"找到 CPU"项中选择要下载程序的 CPU（IP 地址），再单击右下角的"确定"按钮，软件窗口下方状态栏马上显示已连接 PLC 的 IP 地址（192.168.2.2）和 PLC 当前运行模式（RUN），同时弹出"下载"对话框，如图 3-14（b）所示；在左侧"块"区域可选择要下载的内容，在右侧的"选项"区域可选择下载过程中出现的一些提示框，这里保持默认选择；单击对话框下方的"下载"按钮，如果下载时 PLC 处于 RUN（运行）模式，会弹出如图 3-14（c）所示的对话框，询问是否将 CPU 置于 STOP 模式（只有在 STOP 模式下才能下载程序）；单击"是"按钮开始下载程序，程序下载完成后，弹出如图 3-14（d）所示的对话框，询问是否将 CPU 置于 RUN 模式，单击"是"按钮即完成程序的下载。

上传程序的操作过程为：在上传程序前先新建一个空项目文件，用于存放从 PLC 上传来的程序，然后单击工具栏上的"上传"工具，后续操作与下载程序类似，这里不再赘述。

(a) 单击工具栏上的"下载"工具弹出"通信"对话框

(b) 软件窗口状态栏显示已连接PLC的IP地址和运行模式并弹出"下载"对话框

(c) 下载前弹出对话框询问是否将CPU置于STOP模式

图 3-14　下载程序

(d) 下载完成后弹出对话框询问是否将CPU置于RUN模式

图 3-14　下载程序（续）

4. 无法下载程序的解决方法

无法下载程序的可能原因有：一是硬件连接不正常，如果 PLC 和计算机之间的硬件连接正常，PLC 上的 LINK（连接）指示灯会亮；二是通信设置不正确。

若因通信设置不当造成无法下载程序，可采用手动设置 IP 地址的方法来解决，具体操作过程如下。

（1）设置 PLC 的 IP 地址。在 STEP 7-Micro/WIN SMART 软件的项目指令树中双击"系统块"图标，弹出"系统块"对话框，如图 3-15 所示，勾选"IP 地址数据固定为

图 3-15　在"系统块"对话框中设置 PLC 的 IP 地址

下面的值，不能通过其他方式更改"，将 IP 地址、子网掩码和默认网关按图示进行设置，IP 地址和默认网关的前三组数要相同，子网掩码固定为 255.255.255.0。单击"确定"按钮完成 PLC 的 IP 地址设置，然后将系统块下载到 PLC，即可使 IP 地址设置生效。

（2）设置计算机的 IP 地址。打开计算机控制面板内的"网络和共享中心"（以操作系统 Windows 7 为例），在"网络和共享中心"窗口的左边单击"更改适配器设置"，在出现的窗口中双击"本地连接"，弹出"本地连接 状态"对话框，如图 3-16（a）所示；单击左下方的"属性"按钮，弹出"本地连接 属性"对话框，如图 3-16（b）所示，从中选择"Internet 协议版本 4（TCP/IPv4）"；再单击"属性"按钮，弹出如图 3-16（c）所示对话框，选择"使用下面的 IP 地址"项，并按图示设置好计算机的 IP 地址、子网掩码和默认网关，计算机与 PLC 的网关应相同，两者的 IP 地址不能相同（两者的 IP 地址前三组数要相同，最后一组数不能相同），子网掩码固定为 255.255.255.0，单击"确定"按钮完成计算机的 IP 地址设置。

有关 IP 地址、子网掩码和网关等内容的说明请见 7.2.2 节。

(a) 双击"本地连接"弹出"本地连接 状态"对话框

(b) 在对话框中选择"Internet协议版本4（TCP/IPv4）"　　(c) 选择"使用下面的IP地址"项

图 3-16　设置计算机的 IP 地址

3.3 程序的编辑与注释

3.3.1 程序的编辑

1. 选择操作

在对程序进行编辑时，需要选择编辑的对象，再进行复制、粘贴、删除和插入等操作。STEP 7-Micro/WIN SMART 软件的一些常用选择操作见表 3-2。

表 3-2 STEP 7-Micro/WIN SMART 软件的一些常用选择操作

操作说明	操作图
◆ 选择某个元件 将鼠标移到 I0.0 常开触点上，单击即选中该触点	
◆ 选择多个元件 如果要选的元件都位于同一行，可先选中左边第一个要选的元件（I0.0），然后按下键盘上的"Shift"键不放，再用鼠标在要选的最后一个元件（Q0.0）上单击，则这两个元件及中间的元件全部被选中，如右图（a）所示。 如果要选的元件位于多行上，可先选中第一行要选的元件（I0.0），然后按下键盘上的"Shift"键不放，再用鼠标在要选的最后一行的最后一个元件（T37）上单击，则以两个元件为对角组成的矩形框内的所有元件全部被选中，如右图（b）所示	
◆ 选择某个程序段 在要选择的程序段左边的灰条上单击，该程序段全部被选中	

2. 删除操作

STEP 7-Micro/WIN SMART 软件的一些常用删除操作见表 3-3。

表 3-3 STEP 7-Micro/WIN SMART 软件的一些常用删除操作

操作说明	操作图
◆删除某个元件 选中某个元件，按下键盘上的"Delete"键即可将选中的对象删掉	
◆删除某行元件 在 Q0.0 触点上右击，在弹出的快捷菜单中执行"删除"→"行"命令，如右图所示，则 Q0.0 触点所在行（水平方向）的所有元件均会被删除（即 Q0.0 触点和 T37 定时器都会被删除）。 ◆删除某列元件 在 Q0.0 触点上右击，在弹出的快捷菜单中执行"删除"→"列"命令，则 Q0.0 触点所在列（垂直方向）的所有元件均会被删除（即 I0.0、Q0.0 和 T37 触点都会被删除）。 ◆删除垂直线 在 Q0.0 触点上右击，在弹出的快捷菜单中执行"删除"→"垂直"命令，则 Q0.0 触点右边的垂直线会被删除	
◆删除程序段 在要删除的程序段左边的灰条上单击，该程序段被全部选中，按下键盘上的"Delete"键即可将该程序段内容全部删掉。 另外，在要删除的程序段区域右击，在弹出的快捷菜单中执行"删除"→"程序段"命令，也可以将该程序段所有内容删掉	

3．插入与覆盖操作

STEP 7-Micro/WIN SMART 软件有插入（INS）和覆盖（OVR）两种编辑模式，在软件窗口的状态栏可以查看当前的编辑模式，如图 3-17 所示。按键盘上的"Insert"键可以切换当前的编辑模式，默认处于插入模式。

图 3-17 状态栏在两种编辑模式下的显示

在软件处于插入模式（INS）时进行插入元件操作，会在光标所在的元件之前插入一个新元件。如图3-18所示，软件窗口下方状态栏出现"INS"，表示当前处于插入模式，用光标选中I0.0常开触点，再用右键快捷菜单进行插入触点操作，会在I0.0常开触点之前插入一个新的常开触点。

图3-18 在插入模式时进行插入元件操作

在软件处于覆盖模式（OVR）时进行插入元件操作，插入的新元件要替换光标处的旧元件，如果新、旧元件是同一类元件，则旧元件的地址和参数会自动赋给新元件。如图3-19所示，软件窗口下方状态栏出现"OVR"，表示当前处于覆盖模式，先用光标选中I0.0常开触点，再用右键快捷菜单插入一个常闭触点，光标处的I0.0常开触点替换成一个常闭触点，其默认地址仍为I0.0。

图3-19 在覆盖模式时进行插入元件操作

3.3.2 程序的注释

为了让程序阅读起来直观易懂，可以对程序进行注释。

1. 程序与程序段的注释

程序与程序段的注释如图3-20所示，在整个程序的注释处输入整个程序的说明文字，在本段程序的注释处输入本程序段的说明文字。单击工具栏上的"POU 注释"工具可以隐藏或显示程序注释，单击工具栏上的"程序段注释"工具可以隐藏或显示程序段注释，如图 3-21 所示。

图 3-20　程序与程序段的注释

图 3-21　程序与程序段注释的隐藏/显示

2. 指令元件的注释

梯形图程序是由一个个指令元件连接起来组成的，对指令元件进行注释有助于读懂程序段和整个程序，指令元件注释可使用符号表。

用符号表对指令元件进行注释如图 3-22 所示。在项目指令树区域展开"符号表"，再双击其中的"I/O 符号"，打开符号表且显示 I/O 符号表，如图 3-22（a）所示。在 I/O 符号表中将地址 I0.0、I0.1、I0.2、Q0.0、Q0.1 默认的符号按图 3-22（b）进行更改，比如地址 I0.0 默认的符号是"CPU_输入0"，现将其改为"启动"，然后单击符号表下方的"表格1"选项卡，切换到表格1，如图 3-22（c）所示。在"地址"栏输入"T37"，在"符号"栏输入"定时5s",注意不能输入"5s定时",因为符号不能以数字开头,如果输入的符号为带下波浪线的红色文字,则表示该符号有语法错误。在符号表中给需要注释的元件输入符号后,单击符号表上方的"将符号应用到项目"按钮,如图3-22(d)所示,程序中的元件旁马上出现符号。比如,I0.0常开触点显示"启动:I0.0",其中"启动"为符号(也即元件注释),"I0.0"为触点的绝对地址(或称元件编号)。如果元件旁未显示符号,可单击菜单栏中的"视图",在横向条形菜单中选择"符号:绝对地址",即可使程序中元件旁同时显示绝对地址和符号;如果选择"符号",则只显示符号,不会显示绝对地址。

(a) 打开符号表　　　　　　　　　　　　　(b) 在I/O表中输入I/O元件的符号

(c) 在表格1中输入其他元件的符号　　　　(d) 单击"将符号应用到项目"按钮使符号生效

图3-22　用符号表对指令元件进行注释

3.4 程序的监控与调试

程序编写完成后,需要检查程序能否达到控制要求。检查方法主要有:一是从头到尾对程序进行分析来判断程序是否正确,这种方法最简单,但要求编程人员有较高的 PLC 理论水平和分析能力;二是将程序写入 PLC,再给 PLC 接上电源和输入/输出设备,通过实际操作来观察程序是否正确,这种方法最直观可靠,但需要用到很多硬件设备并对其接线,工作量大;三是用软件方式来模拟实际操作,同时观察程序运行情况来判断程序是否正确,这种方法不用实际接线又能观察程序运行效果,所以适合大多数人使用,本节就介绍这种方法。

3.4.1 用梯形图监控调试程序

在监控调试程序前,需要先将程序下载到 PLC,让编程软件中打开的程序与 PLC 中的程序保持一致,否则无法进入监控。进入监控调式模式后,PLC 中的程序运行情况会在编程软件中以多种方式同步显示出来。

用梯形图监控调试程序操作过程如下。

(1) 进入程序监控调试模式。

单击"调试"菜单下的"程序状态"工具,如图 3-23(a)所示,梯形图编辑器中的梯形图程序马上进入监控状态,编辑器中的梯形图运行情况与 PLC 内的程序运行保持一致。图 3-23(a)所示梯形图中的元件都处于"OFF"状态,常闭触点 I0.1、I0.2 中有蓝色的方块,表示程序运行时这两个触点处于闭合状态。

(2) 强制 I0.0 常开触点闭合(模拟 I0.0 端子外接启动开关闭合)查看程序运行情况。

在 I0.0 常开触点的符号上右击,在弹出的快捷菜单中选择"强制",会弹出"强制"对话框,将 I0.0 的值强制为"ON",如图 3-23(b)所示;这样 I0.0 常开触点闭合,Q0.0 线圈马上得电(线圈中出现蓝色方块,并且显示 Q0.0=ON,同时可观察到 PLC 上的 Q0.0 指示灯也会亮),如图 3-23(c)所示,定时器上方显示"+20=T37"表示定时器当前计时为 20×100ms=2s,由于还未到设定的计时值(50×100ms=5s),故 T37 定时器状态仍为 OFF,T37 常开触点也为 OFF,仍处于断开状态。5s 计时时间到达后,定时器 T37 状态值马上变为 ON,T37 常开触点状态也变为 ON 而闭合,Q0.1 线圈得电(状态值为 ON),如图 3-23(d)所示。定时器 T37 计到设定值 50(设定时间为 5s)时仍会继续增大,直至计到 32767 停止,在此期间状态值一直为 ON。I0.0 触点旁出现的锁形图表示 I0.0 处于强制状态。

(3) 强制 I0.0 常开触点断开(模拟 I0.0 端子外接启动开关断开)查看程序运行情况。

选中 I0.0 常开触点,再单击工具栏上的"取消强制"工具,如图 3-23(e)所示,I0.0 常开触点中间的蓝色方块消失,表示 I0.0 常开触点已断开,但由于 Q0.0 常开自锁触点闭合,使 Q0.0 线圈、定时器 T37、Q0.1 线圈状态仍为 ON。

(4) 强制 I0.1 常闭触点断开(模拟 I0.1 端子外接停止开关闭合)查看程序运行情况。

在 I0.1 常闭触点的符号上右击,在弹出的快捷菜单中选择"强制",会弹出"强制"

对话框，将 I0.1 的值强制为"ON"，如图 3-23（f）所示，这样 I0.1 常闭触点断开，触点中间的蓝色方块消失，Q0.0 线圈和定时器 T37 状态马上变为 OFF，定时器计时值变为 0，由于 T37 常开触点状态为 OFF 而断开，Q0.1 线圈状态也变为 OFF，如图 3-23（g）所示。

在监控程序运行时，若发现程序存在问题，可停止监控（再次单击"程序状态"工具），对程序进行修改，然后将修改后的程序下载到 PLC，再进行程序监控运行，如此反复进行，直到程序运行符合要求为止。

(a) 单击"调试"菜单下"程序状态"工具后梯形图程序会进入监控状态

(b) 在 I0.0 常开触点的符号上右击并用右键快捷菜单将 I0.0 的值强制为"ON"

图 3-23 梯形图的运行监控调试

第 3 章　S7-200 SMART PLC 编程软件的使用

(c) 将 I0.0 的值强制为 "ON" 时的程序运行情况（定时时间未到 5s）

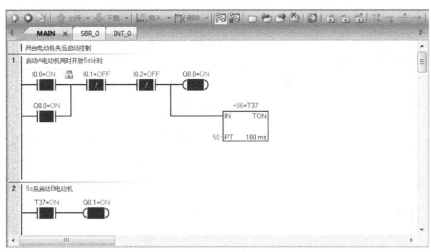

(d) 将 I0.0 的值强制为 "ON" 时的程序运行情况（定时时间已到 5s）

(e) 取消 I0.0 值的强制（I0.0 恢复到 "OFF"）

图 3-23　梯形图的运行监控调试（续）

(f) 将I0.1常闭触点的值强制为"ON"

(g) I0.1常闭触点的值为"ON"时的程序运行情况

图 3-23 梯形图的运行监控调试（续）

3.4.2 用状态图表的表格监控调试程序

除了可以用梯形图监控调试程序外，还可以使用状态图表的表格来监控调试程序。

在项目指令树区域展开"状态图表"，双击其中的"图表1"，打开状态图表，如图3-24（a）所示。在图表1的"地址"栏输入梯形图中要监控调试的元件地址（I0.0、I0.1……），在"格式"栏选择各元件数据类型，I、Q元件都是位元件，只有1位状态位，定时器有状态位和计数值两种数据类型，状态位为1位，计数值为16位（1位符号位、15位数据位）。

为了更好地理解状态图表的监控调试，可以让梯形图和状态图表监控同时进行。先后单击"调试"菜单中的"程序状态"和"图表状态"，启动梯形图和状态图表监控，如图3-24（b）所示，梯形图中的I0.1和I0.2常闭触点中间出现蓝色方块，同时状态图表的"当前值"栏显示出梯形图元件的当前值。比如，I0.0的当前值为2#0（表示二进制数0，即状态值为 OFF)，T37 的状态位值为 2#0，计数值为 +0（表示十进制数 0）。在状态图表 I0.0 的"新值"栏输入 2#1，再单击状态图表工具栏上的"强制"，如图 3-24（c）所示，将 I0.0 值强制为 ON，梯形图中的 I0.0 常开触点强制闭合，Q0.0 线圈得电（状态图表中的 Q0.0 当前值由 2#0 变为 2#1），T37 定时器开始计时（状态图表中的 T37 计数值的当前值不断增大，计到 50 时，T37 的状态位值由 2#0 变为 2#1），Q0.1 线圈马上得电（Q0.0 当前值由 2#0 变为 2#1），如图 3-24（d）所示。在状态图表 T37 计数值的"新值"栏输入 +10，再单击状态图表工具栏上的"写入"，如图 3-24（e）所示，将新值 +10 写入覆盖 T37 的当前计数值，T37 从 10 开始计时，由于 10 小于设定计数值 50，故 T37 状态位当前值由 2#1 变为 2#0，T37 常开触点又断开，Q0.1 线圈失电，如图 3-24（f）所示。

注意：I、AI 元件只能用硬件（如闭合 I 端子外接开关）方式或强制方式赋新值，而 Q、T 等元件既可用强制方式也可用写入方式赋新值。

(a) 打开状态图表并输入要监控的元件地址

(b) 开启梯形图和状态图表监控

(c) 将新值 2#1 强制给 I0.0

(d) I0.0 强制新值后梯形图和状态图表的元件状态

图 3-24　用状态图的表格监控调试程序

(e) 将新值+10写入覆盖T37的当前计数值　　　　(f) T37写入新值后梯形图和状态图表的元件状态

图 3-24　用状态图的表格监控调试程序（续）

3.4.3　用状态图表的趋势图监控调试程序

在状态图表中使用表格监控调试程序容易看出程序元件值的变化情况，而使用状态图表中的趋势图（也称时序图），则易看出元件值随时间变化的情况。

在使用状态图表的趋势图监控程序时，一般先用状态图表的表格输入要监控的元件，再开启梯形图监控（即程序状态监控），单击状态图表工具栏上的"趋势视图"工具，如图 3-25（a）所示，切换到趋势图，然后单击"图表状态"工具，开启状态图表监控，

(a) 单击"趋势视图"工具切换到趋势图　　　　　(b) 单击"图表状态"工具开始趋势图监控

图 3-25　用状态图表的趋势图监控调试程序

如图 3-25（b）所示。可以看到随着时间的推移，I0.2、Q0.0、Q0.1 等元件的状态值一直为 OFF（低电平）。在梯形图或趋势图中用右键快捷菜单将 I0.0 强制为 ON，I0.0 常开触点闭合，Q0.0 线圈马上得电，其状态为 ON（高电平），5s 后 T37 定时器和 Q0.1 线圈状态值同时变为 ON，如图 3-25（c）所示。在梯形图或趋势图中用右键快捷菜单将 I0.1 强制为 ON，I0.1 常闭触点断开，Q0.0、T37、Q0.1 同时失电，其状态均变为 OFF（低电平），如图 3-25（d）所示。

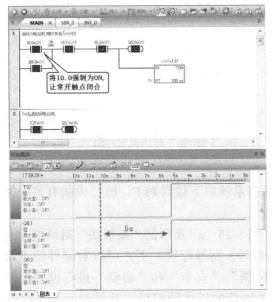

(c) 将I0.0强制为ON时趋势图中元件的状态变化　　　(d) 将I0.1强制为ON时趋势图中元件的状态变化

图 3-25　用状态图表的趋势图监控调试程序（续）

3.5　软件的一些常用设置及功能使用

3.5.1　软件的一些对象设置

在 STEP 7-Micro/WIN SMART 软件中，用户可以根据自己的习惯对很多对象进行设置。在设置时，单击菜单栏中的"工具"，再单击下方横向条形菜单中的"选项"，弹出"Options"（选项）对话框，如图 3-26 所示。对话框左边为可设置的对象，右边为左边选中对象的设置内容。图中左边的"常规"被选中，右边为常规设置内容，在"语言"项默认为"简体中文"，如果将其设为"英语"，则关

图 3-26　单击"工具"菜单中的"选项"即弹出软件常用对象设置对话框

55

闭软件重启后，软件窗口会变为英文界面。如果设置混乱，可以单击右下角的"全部复位"按钮，关闭软件重启后，所有的设置内容全部恢复到初始状态。

在"Options"（选项）对话框中还可以对编程软件进行其他一些设置，图3-27所示为软件的"项目"设置，可以设置项目文件保存的位置等内容。

3.5.2 硬件组态（配置）

图3-27 在"Options"对话框中切换到"项目"可进行有关项目方面的设置

在 STEP 7-Micro/WIN SMART 软件的系统块中可对PLC硬件进行设置，然后将系统块下载到PLC，PLC内的有关硬件就会按系统块的设置工作。

在项目指令树区域双击"系统块"，弹出如图3-28（a）所示的"系统块"对话框，上方为PLC各硬件（CPU模块、信号板、扩展模块）型号配置，下方可以对硬件的"通信"、"数字量输入"、"数字量输出"、"保持范围"、"安全"和"启动"进行设置，默认处于"通信"设置状态，在右边可以对有关通信的以太网端口、背景时间和RS485端口进行设置。

一些PLC的CPU模块上有RUN/STOP开关，可以控制PLC内部程序的运行/停止；而S7-200 SMART CPU模块上没有RUN/STOP开关，CPU模块上电后处于何种模式可以通过系统块设置。在"系统块"对话框的左边单击"启动"项，如图3-28（b）所示，

(a) "系统块"对话框　　　　　　　　　　(b) 在"启动"项中设置CPU模块上电后的工作模式

图3-28 使用系统块配置PLC硬件

然后单击右边"CPU 模式"项的下拉按钮,选择 CPU 模块上电后的工作模式,有 STOP、RUN、LAST 三种模式供选择。LAST 模式表示 CPU 上次断电前的工作模式,当设为该模式时,若 CPU 模块上次断电前为 RUN 模式,则一上电就工作在 RUN 模式。

在系统块中对硬件进行配置后,需要将系统块下载到 CPU 模块,其操作方法与下载程序相同,只不过下载对象要选择"系统块",如图 3-28 (c) 所示。

(c) 系统块设置后需将其下载到CPU模块才能生效

图 3-28 使用系统块配置 PLC 硬件(续)

3.5.3 用存储卡备份、复制程序和刷新固件

S7-200 SMART CPU 模块上有一个 Micro SD 卡槽,可以安插 Micro SD 卡(大多数手机使用的 TF 卡)。使用 Micro SD 卡主要可以:①将一台 CPU 模块的程序复制到另一台 CPU 模块;②给 CPU 模块刷新固件;③将 CPU 模块恢复到出厂设置。

1. 用 Micro SD 卡备份和复制程序

1)备份程序

用 Micro SD 卡备份程序时的操作过程如下。

❶ 在 STEP 7-Micro/WIN SMART 软件中将程序下载到 CPU 模块。

❷ 将一张空白的 Micro SD 卡插入 CPU 模块的卡槽,如图 3-29 (a) 所示。

❸ 单击"PLC"菜单下的"设定",弹出"程序存储卡"对话框,如图 3-29 (b) 所示。选择 CPU 模块要传送给 Micro SD 卡的块,单击"设定"按钮,系统会将 CPU 模块中相应的块传送给 Micro SD 卡。传送完成后,"程序存储卡"对话框中显示"编程已成功完成",如图 3-29 (c) 所示,这样 CPU 模块中的程序就被备份到 Micro SD 卡了,然后从卡槽中拔出 Micro SD 卡(如果不拔出 Micro SD 卡,CPU 模块会始终处于 STOP 模式)。

CPU 模块的程序备份到 Micro SD 卡后,用读卡器读取 Micro SD 卡,会发现原先空白的卡上出现一个"S7_JOB.S7S"文件和一个"SIMATIC.S7S"文件夹(文件夹中含有 5 个文件),如图 3-29 (d) 所示。

(a) 将一张空白的Micro SD卡插入CPU模块的卡槽

图 3-29 用 Micro SD 卡备份 CPU 模块中的程序

(b) 单击"PLC"菜单下的"设定"后弹出"程序存储卡"对话框

(c) 对话框提示程序成功从CPU模块传送到Micro SD卡

(d) 程序备份后在Micro SD卡中会出现一个文件和一个文件夹

图 3-29 用 Micro SD 卡备份 CPU 模块中的程序（续）

2）复制程序

用 Micro SD 卡复制程序比较简单，在断电的情况下将已备份程序的 Micro SD 卡插入另一台 S7-200 SMART CPU 模块的卡槽，然后给 CPU 模块通电，CPU 模块自动将 Micro

SD 卡中的程序复制下来。在复制过程中，CPU 模块上的 RUN、STOP 两个指示灯以 2Hz 的频率交替点亮；当只有 STOP 指示灯闪烁时表示复制结束，此时可拔出 Micro SD 卡。若将 Micro SD 卡插入先前备份程序的 CPU 模块，则可将 Micro SD 卡的程序还原到该 CPU 模块中。

2．用 Micro SD 卡刷新固件

PLC 的性能除了与自身硬件有关外，还与内部的固件（firmware）有关，通常固件版本越高，PLC 性能越强。如果 PLC 的固件版本低，可以用更高版本的固件来替换旧版本固件（刷新固件）。

用 Micro SD 卡对 S7-200 SMART CPU 模块刷新固件的操作过程如下。

❶ 查看 CPU 模块当前的固件版本。在 STEP 7-Micro/WIN SMART 软件中新建一个空白项目，然后执行上传操作，在上传操作成功（表明计算机与 CPU 模块通信正常）后，单击"PLC"菜单下的"PLC"，如图 3-30 (a) 所示，弹出"PLC 信息"对话框，如图 3-30 (b) 所示。在左边的"设备"项中选中当前连接的 CPU 模块型号，在右边可以看到其固件版本为"V02.02.00_00.00.01.00"。

(a) 单击"PLC"菜单下的"PLC"

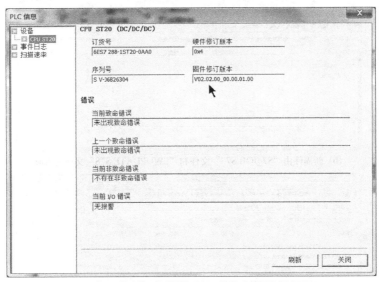

(b) "PLC 信息"对话框显示 CPU 模块当前固件版本

图 3-30　查看 CPU 模块当前的固件版本

❷ 下载新版本固件并复制到 Micro SD 卡。登录西门子下载中心（网址：www.ad.siemens.com.cn/download/），搜索"S7-200 SMART 固件"，找到新版本固件，如图 3-31（a）所示；下

载并解压后，可以看到一个"S7_JOB.S7S"文件和一个"FWUPDATE.S7S"文件夹，如图 3-31（b）所示；打开该文件夹，可以看到多种型号 CPU 模块的固件文件，其中就有当前需刷新固件的 CPU 模块型号，如图 3-31（c）所示；将"S7_JOB.S7S"文件和"FWUPDATE.S7S"文件夹（包括文件夹中的所有文件）复制到一张空白 Micro SD 卡上。

❸ 刷新固件。在断电情况下，将已复制新固件文件的 Micro SD 卡插入 CPU 模块的卡槽，然后给 CPU 模块上电，CPU 模块会自动安装新固件。在安装过程中，CPU 模块上的 RUN、STOP 两个指示灯以 2Hz 的频率交替点亮；当只有 STOP 指示灯闪烁时表示新固件安装结束，此时拔出 Micro SD 卡。

固件刷新后，可以在 STEP 7-Micro/WIN SMART 软件中查看 CPU 模块的版本。如图 3-31（d）所示，在"PLC 信息"对话框中显示其固件版本为"V02.03.00_00.00.00.00"。

(a) 登录西门子下载中心下载新版本固件

(b) 新固件由"S7_JOB.S7S"文件和"FWUPDATE.S7S"文件夹组成

(c) 打开"FWUPDATE.S7S"文件夹查看有无所需CPU型号的固件文件

图 3-31 下载并安装新版本固件

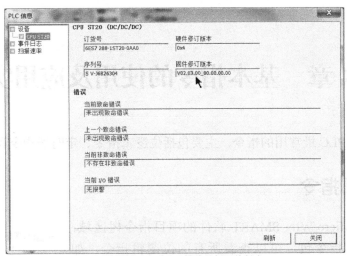

(d) 固件刷新后查看CPU模块的新固件版本

图 3-31　下载并安装新版本固件（续）

3. 用 Micro SD 卡将 PLC 恢复到出厂值

在 PLC 加密而又不知道密码的情况下，如果仍想使用 PLC；或者在 PLC 里面设置了固定的 IP 地址，利用这个 IP 地址无法与计算机通信，导致 IP 地址无法修改时，可以考虑将 PLC 恢复到出厂值。

用 Micro SD 卡将 PLC 恢复到出厂值的操作过程如下。

❶ 编写一个 S7_JOB.S7S 文件并复制到 Micro SD 卡。打开计算机自带的记事本程序，输入一行文字"RESET_TO_FACTORY"，该行文字是让 CPU 模块恢复到出厂值的指令，不要输入双引号，然后将其保存成一个文件名为"S7_JOB.S7S"的文件，如图 3-32 所示，再将该文件复制到一张空白 Micro SD 卡中。

图 3-32　用记事本编写一个含有让 CPU 模块恢复出厂值指令的 S7_JOB.S7S 文件并复制到 Micro SD 卡中

❷ 将 Micro SD 卡插入 CPU 模块将其恢复到出厂值。在断电情况下，将含有 S7_JOB.S7S 文件（该文件写有一行"RESET_TO_FACTORY"文字）的 Micro SD 卡插入 CPU 模块的卡槽，然后给 CPU 模块上电，CPU 模块自动执行 S7_JOB.S7S 文件中的指令，恢复到出厂值。

注意：恢复出厂值会清空 CPU 模块内的程序块、数据块和系统块，不会改变 CPU 模块的固件版本。

第4章 基本指令的使用及应用实例

基本指令是PLC最常用的指令,主要包括位逻辑指令、定时器指令和计数器指令。

4.1 位逻辑指令

在STEP 7-Micro/WIN SMART软件的项目指令树区域,展开"位逻辑"指令包,可以查看所有的位逻辑指令,如图4-1所示。位逻辑指令有16条,可大致分为触点指令、线圈指令、立即指令、RS触发器指令和空操作指令。

4.1.1 触点指令

触点指令可分为普通触点指令和边沿检测触点指令。

1. 普通触点指令

普通触点指令说明如表4-1所示。

图4-1 位逻辑指令

表4-1 普通触点指令说明

指令标识	梯形图符号及名称	说明	可用软元件	举例
─┤ ├─	??.? ─┤ ├─ 常开触点	当??.?位为1时,??.?常开触点闭合,为0时常开触点断开	I、Q、M、SM、T、C、L、S、V	I0.1 A ─┤ ├──● 当I0.1位为1时,I0.1常开触点闭合,左母线的能流通过触点流到A点
─┤/├─	??.? ─┤/├─ 常闭触点	当??.?位为0时,??.?常闭触点闭合,为1时常闭触点断开	I、Q、M、SM、T、C、L、S、V	I0.1 A ─┤/├──● 当I0.1位为0时,I0.1常闭触点闭合,左母线的能流通过触点流到A点
─┤NOT├─	─┤NOT├─ 取反	当该触点左方有能流时,经能流取反后右方无能流,左方无能流时右方有能流		I0.1 A B ─┤ ├──●─┤NOT├──● 当I0.1常开触点断开时,A点无能流,经能流取反后,B点有能流。这里的两个触点组合,功能与一个常闭触点相同

2. 边沿检测触点指令

边沿检测触点指令说明如表 4-2 所示。

表 4-2　边沿检测触点指令说明

指令标识	梯形图符号及名称	说　　明	举　　例
─│P│─	─│P│─ 上升沿检测触点	当该指令前面的逻辑运算结果有一个上升沿（0→1）时，会产生一个宽度为一个扫描周期的脉冲，驱动后面的输出线圈	（I0.4—P—Q0.4；I0.4—N—Q0.5 梯形图及时序图） 当 I0.4 触点由断开转为闭合时，产生一个 0→1 的上升沿，P 触点接通一个扫描周期时间，Q0.4 线圈得电一个周期
─│N│─	─│N│─ 下降沿检测触点	当该指令前面的逻辑运算结果有一个下降沿（1→0）时，会产生一个宽度为一个扫描周期的脉冲，驱动后面的输出线圈	当 I0.4 触点由闭合转为断开时，产生一个 1→0 的下降沿，N 触点接通一个扫描周期时间，Q0.5 线圈得电一个周期

4.1.2 线圈指令

1. 指令说明

线圈指令说明如表 4-3 所示。

表 4-3　线圈指令说明

指令标识	梯形图符号及名称	说　　明	操　作　数
─( )	─(??.?) 输出线圈	当有输入能流时，??.? 线圈得电；能流消失后，??.? 线圈马上失电	
─(S)	─(??.? S ????) 置位线圈	当有输入能流时，将以 ??.? 开始的 ???? 个线圈置位（即让这些线圈都得电）；能流消失后，这些线圈仍保持为 1（即得电）	??.?（软元件）：I、Q、M、SM、T、C、V、S、L，数据类型为布尔型。 ????（软元件的数量）：VB、IB、QB、MB、SMB、LB、SB、AC、*VD、*AC、*LD、常量，数据类型为字节型，范围为 1～255
─(R)	─(??.? R ????) 复位线圈	当有输入能流时，将以 ??.? 开始的 ???? 个线圈复位（即让这些线圈都失电）；能流消失后，这些线圈仍保持为 0（即失电）	

2. 指令使用举例

线圈指令使用如图 4-2 所示。当 I0.4 常开触点闭合时,将 M0.0 ~ M0.2 线圈都置位,即让这 3 个线圈都得电,同时 Q0.4 线圈也得电;I0.4 常开触点断开后,M0.0 ~ M0.2 线圈仍保持得电状态,而 Q0.4 线圈则失电。当 I0.5 常开触点闭合时,将 M0.0 ~ M0.2 线圈都复位,即这 3 个线圈都失电,同时 Q0.5 线圈得电;I0.5 常开触点断开后,M0.0 ~ M0.2 线圈仍保持失电状态,Q0.5 线圈也失电。

图 4-2 线圈指令使用

4.1.3 立即指令

PLC 的一般工作过程是:当操作输入端设备时(如按下 I0.0 端子外接按钮),该端的状态数据"1"存入输入映像寄存器 I0.0 中,PLC 运行时先扫描读出输入映像寄存器的数据,然后根据读取的数据运行用户编写的程序,程序运行结束后将结果送入输出映像寄存器(如 Q0.0),通过输出电路驱动输出端子外接的输出设备(如接触器线圈),然后 PLC 又重复上述过程。PLC 完整运行一个过程需要的时间称为一个扫描周期,在 PLC 执行用户程序阶段时,即使输入设备状态发生变化(如按钮由闭合改为断开),PLC 也不会理会此时的变化,仍按扫描输入映像寄存器阶段读取的数据执行程序,直到下一个扫描周期才读取输入端新状态。

如果希望 PLC 工作时能即时响应输入或即时产生输出,可使用立即指令。立即指令可分为立即触点指令、立即线圈指令。

1. 立即触点指令

立即触点指令又称立即输入指令,它只适用于输入量 I。执行立即触点指令时,PLC 会立即读取输入端子的值,再根据该值判断程序中的触点通/断状态,但并不更新该端子对应的输入映像寄存器的值,其他普通触点的状态仍由扫描输入映像寄存器阶段读取的值决定。

立即触点指令说明如表 4-4 所示。

表 4-4 立即触点指令说明

指令标识	梯形图符号及名称	说明	举例
-|I|-	??.? -| I |- 立即常开触点	当 PLC 的 ??.? 端子输入为 ON 时,??.? 立即常开触点即刻闭合;当 PLC 的 ??.? 端子输入为 OFF 时,??.? 立即常开触点即刻断开	I0.0 I0.2 I0.3 Q0.0 ─| |──|/|──|/|──( ) I0.1 ─| |─ 当 PLC 的 I0.0 端子输入为 ON(如该端子外接开关闭合)时,I0.0 立即常开触点立即闭合,Q0.0 线圈随之得电;如果 PLC 的 I0.1 端子输入为 ON,I0.1 常开触点并不马上闭合,而是要等到 PLC 运行完后续程序并再次执行程序时才闭合。 同样,PLC 的 I0.2 端子输入为 ON 时,可以较 PLC 的 I0.3 端子输入为 ON 时更快使 Q0.0 线圈失电
-|/I|-	??.? -| /I |- 立即常闭触点	当 PLC 的 ??.? 端子输入为 ON 时,??.? 立即常闭触点即刻断开;当 PLC 的 ??.? 端子输入为 OFF 时,??.? 立即常闭触点即刻闭合	

2. 立即线圈指令

立即线圈指令又称立即输出指令，该指令在执行时，将前面的运算结果立即送到输出映像寄存器而即时从输出端子产生输出，输出映像寄存器内容也被刷新。立即线圈指令只能用于输出量 Q，线圈中的 "I" 表示立即输出。

立即线圈指令说明如表 4-5 所示。

表 4-5 立即线圈指令说明

指令标识	梯形图符号及名称	说明	举例
—(I)	—(??.? / I) 立即输出线圈	当有输入能流时，??.? 线圈得电，PLC 的 ??.? 端子立即产生输出；能流消失后，??.? 线圈失电，PLC 的 ??.? 端子立即停止输出	当 I0.0 常开触点闭合时，Q0.0、Q0.1 和 Q0.2～Q0.4 线圈均得电，PLC 的 Q0.1～Q0.4 端子立即产生输出，Q0.0 端子需要在程序运行结束后才产生输出；I0.0 常开触点断开后，Q0.1 端子立即停止输出，Q0.0 端子需要在程序运行结束后才停止输出，而 Q0.2～Q0.4 端子仍保持输出。当 I0.1 常开触点闭合时，Q0.2～Q0.4 线圈均失电，PLC 的 Q0.2～Q0.4 端子立即停止输出
—(SI)	—(??.? / SI / ????) 立即置位线圈	当有输入能流时，将以 ??.? 开始的 ???? 个线圈置位，PLC 从以 ??.? 开始的 ???? 个端子立即产生输出；能流消失后，这些线圈仍保持为 1，其对应的 PLC 端子保持输出	
—(RI)	—(??.? / RI / ????) 立即复位线圈	当有输入能流时，将以 ??.? 开始的 ???? 个线圈复位，PLC 从以 ??.? 开始的 ???? 个端子立即停止输出；能流消失后，这些线圈仍保持为 0，其对应的 PLC 端子仍停止输出	

4.1.4 RS 触发器指令

RS 触发器指令的功能是根据 R、S 端输入状态产生相应的输出，它分为置位优先触发器指令和复位优先触发器指令。

1. 指令说明

RS 触发器指令说明如表 4-6 所示。

表 4-6 RS 触发器指令说明

指令标识	梯形图符号及名称	说明			操作数		
SR	??.? S1 OUT SR R 置位优先触发器	S1 R OUT (??.?) 0 0 保持前一状态 0 1 0 1 0 1 1 1 1 当 S1、R 端同时输入 1 时，OUT=1, ??.?=1			输入/输出	数据类型	可用软元件
					S1、R	BOOL	I, Q, V, M, SM, S, T, C
					S、R1、OUT	BOOL	I, Q, V, M, SM, S, T, C, L
					??.?	BOOL	I, Q, V, M, S

2. 指令使用举例

RS 触发器指令使用如图 4-3 所示。

图 4-3 RS 触发器指令使用

图 4-3（a）使用了 SR 置位优先触发器指令，从右方的时序图可以看出：①当 I0.0 触点闭合（S1=1）、I0.1 触点断开（R=0）时，Q0.0 被置位为 1；②当 I0.0 触点由闭合转为断开（S1=0）、I0.1 触点仍处于断开（R=0）时，Q0.0 仍保持为 1；③当 I0.0 触点断开（S1=0）、I0.1 触点闭合（R=1）时，Q0.0 被复位为 0；④当 I0.0、I0.1 触点均闭合（S1=0、R=1）时，Q0.0 被置位为 1。

图 4-3（b）使用了 RS 复位优先触发器指令，其第①～③种输入、输出情况与 SR 置位优先触发器指令相同，两者的区别在于第④种情况。对于 SR 置位优先触发器指令，当 S1、R 端同时输入 1 时，Q0.0=1；对于 RS 复位优先触发器指令，当 S、R1 端同时输入 1 时，Q0.0=0。

4.1.5 空操作指令

空操作指令的功能是让程序不执行任何操作。由于该指令本身执行时需要一定时间，故可延缓程序执行周期。

空操作指令说明如表 4-7 所示。

表 4-7 空操作指令说明

指令标识	梯形图符号及名称	说　明	举　例
NOP	???? NOP 空操作	空操作指令的功能是让程序不执行任何操作。 N（????）=0～255，执行一次 NOP 指令需要的时间约为 0.22μs，执行 N 次 NOP 的时间约为 0.22μs×N	 当 M0.0 触点闭合时，NOP 指令执行 100 次

4.2 定时器

定时器是一种按时间动作的继电器，相当于继电器控制系统中的时间继电器。一个定时器可有很多个常开触点和常闭触点，其定时单位有 1ms、10ms、100ms 三种。

根据工作方式不同，定时器可分为三种：通电延时型定时器（TON）、断电延时型定时器（TOF）和记忆型通电延时定时器（TONR）。三种定时器的梯形图符号如图 4-4 所示，其有关规格见表 4-8。TON、TOF 是共享型定时器，当将某一编号的定时器用作 TON 时就不能再将它用作 TOF，如将 T32 用作 TON 定时器后，就不能将 T32 用作 TOF 定时器。

```
     T37                T33                T1
   ┌IN  TON┐         ┌IN  TOF┐         ┌IN  TONR┐
+10┤PT 100ms│    +100┤PT  10ms│    +100┤PT   10ms│
   └───────┘         └───────┘         └────────┘
 (a) 通电延时型定时器  (b) 断电延时型定时器  (c) 记忆型通电延时定时器
```

图 4-4 三种定时器的梯形图符号

表 4-8 三种定时器的有关规格

类　型	定时器号	定时单位（ms）	最大定时值（s）
TONR	T0、T64	1	32.767
	T1～T4、T65～T68	10	327.67
	T5～T31、T69～T95	100	3276.7
TON、TOF	T32、T96	1	32.767
	T33～T36、T97～T100	10	327.67
	T37～T63、T101～T255	100	3276.7

4.2.1 通电延时型定时器（TON）

通电延时型定时器（TON）的特点是：当 TON 的 IN 端输入为 ON 时开始计时，计时达到设定时间值后状态变为 1，驱动同编号的触点产生动作，TON 达到设定时间值后会继续计时直到最大值，但后续的计时并不影响定时器的输出状态；在计时期间，若 TON 的

IN 端输入变为 OFF，定时器马上复位，计时值和输出状态值都清 0。

1. 指令说明

通电延时型定时器指令说明如表 4-9 所示。

表 4-9 通电延时型定时器指令说明

指令标识	梯形图符号及名称	说明	参数
TON	???? IN TON ????-PT ??? ms 通电延时型定时器	当 IN 端输入为 ON 时,T×××（上 ????）通电延时型定时器开始计时，计时时间为计时值（PT 值）×???ms。到达计时值后，T××× 定时器的状态变为 1 且继续计时，直到最大值 32767。当 IN 端输入为 OFF 时，T××× 定时器的当前计时值清 0，同时状态也变为 0。 指令上方的 ???? 用于输入 TON 定时器编号，PT 旁的 ???? 用于设置定时值，ms 旁的 ??? 根据定时器编号自动生成，如定时器编号输入 T37，???ms 自动变成 100ms	输入/输出 | 数据类型 | 操作数 Txxx | WORD | 常数(T0~T255) IN | BOOL | I、Q、V、M、SM、S、T、C、L PT | INT | IW、QW、VW、MW、SMW、SW、LW、T、C、AC、AIW、*VD、*LD、*AC、常数

2. 指令使用举例

通电延时型定时器指令使用如图 4-5 所示。当 I0.0 触点闭合时，TON 定时器 T37 的 IN 端输入为 ON，开始计时，计时达到设定值 10（10×100ms=1s）时，T37 状态变为 1，T37 常开触点闭合，线圈 Q0.0 得电，T37 继续计时，直到最大值 32767，然后保持最大值不变；当 I0.0 触点断开时，T37 定时器的 IN 端输入为 OFF，T37 计时值和状态均清 0，T37 常开触点断开，线圈 Q0.0 失电。

图 4-5 通电延时型定时器指令使用

4.2.2 断电延时型定时器（TOF）

断电延时型定时器（TOF）的特点是：当 TOF 的 IN 端输入为 ON 时，TOF 的状态变为 1，同时计时值被清 0；当 TOF 的 IN 端输入变为 OFF 时，TOF 的状态仍保持为 1，同时 TOF 开始计时，当计时值达到设定值后 TOF 的状态变为 0，当前计时值保持设定值不变。

也就是说，TOF 定时器在 IN 端输入为 ON 时状态为 1 且计时值清 0，IN 端变为 OFF

（即输入断电）后状态仍为 1 但从 0 开始计时，计时值达到设定值时状态变为 0，计时值保持设定值不变。

1. 指令说明

断电延时型定时器指令说明如表 4-10 所示。

表 4-10 断电延时型定时器指令说明

指令标识	梯形图符号及名称	说明	参数		
TOF	????—IN TOF ????—PT ???ms 断电延时型定时器	当 IN 端输入为 ON 时，T×××（上 ????）断电延时型定时器的状态变为 1，同时计时值清 0；当 IN 端输入变为 OFF 时，定时器的状态仍为 1，定时器开始计时，到达设定计时值后，定时器的状态变为 0，当前计时值保持不变。指令上方的 ???? 用于输入 TOF 定时器编号，PT 旁的 ???? 用于设置定时值，ms 旁的 ??? 根据定时器编号自动生成	输入/输出	数据类型	操作数
			Txxx	WORD	常数(T0~T255)
			IN	BOOL	I, Q, V, M, SM, S, T, C, L
			PT	INT	IW, QW, VW, MW, SMW, SW, LW, T, C, AC, AIW, *VD, *LD, *AC, 常数

2. 指令使用举例

断电延时型定时器指令使用如图 4-6 所示。当 I0.0 触点闭合时，TOF 定时器 T33 的 IN 端输入为 ON，T33 状态变为 1，同时计时值清 0；当 I0.0 触点由闭合转为断开时，T33 的 IN 端输入为 OFF，T33 开始计时，计时达到设定值 100（100×10ms=1s）时，T33 状态变为 0，当前计时值不变；当 I0.0 触点重新闭合时，T33 状态变为 1，同时计时值清 0。

在 TOF 定时器 T33 通电时状态为 1，T33 常开触点闭合，线圈 Q0.0 得电；在 T33 断电后开始计时，计时达到设定值时状态变为 0，T33 常开触点断开，线圈 Q0.0 失电。

(a) 梯形图   (b) 时序图

图 4-6 断电延时型定时器指令使用

4.2.3 记忆型通电延时定时器（TONR）

记忆型通电延时定时器（TONR）的特点是：当 TONR 输入端（IN）通电时即开始计时，计时达到设定时间值后状态置 1，然后 TONR 会继续计时直到最大值，在后续的计时期间定时器的状态仍为 1；在计时期间，如果 TONR 的输入端失电，其计时值不会复位，而是将失电前瞬间的计时值记忆下来，当输入端再次通电时，TONR 会在记忆值上继续计时,直到最大值。

失电不会使 TONR 状态复位计时清 0,要让 TONR 状态复位计时清 0,必须用复位指令(R)。

1. 指令说明

记忆型通电延时定时器指令说明如表 4-11 所示。

表 4-11 记忆型通电延时定时器指令说明

指令标识	梯形图符号及名称	说 明	参 数		
TONR	???? IN TONR ????-PT ???ms 记忆型通电延时定时器	当 IN 端输入为 ON 时,T×××(上????)记忆型通电延时定时器开始计时,计时时间为计时值(PT值)×???ms。如果未达到计时值时 IN 输入变为 OFF,定时器将当前计时值保存下来。当 IN 端输入再次变为 ON 时,定时器在记忆的计时值上继续计时,到达设置的计时值后,T××× 定时器的状态变为 1 且继续计时,直到最大值 32767。 指令上方的 ???? 用于输入 TONR 定时器编号,PT 旁的 ???? 用于设置定时值,ms 旁的 ??? 根据定时器编号自动生成	输入/输出	数据类型	操作数
			Txxx	WORD	常数(T0~T255)
			IN	BOOL	I、Q、V、M、SM、S、T、C、L
			PT	INT	IW、QW、VW、MW、SMW、SW、LW、T、C、AC、AIW、*VD、*LD、*AC、常数

2. 指令使用举例

记忆型通电延时定时器指令使用如图 4-7 所示。

当 I0.0 触点闭合时,TONR 定时器 T1 的 IN 端输入为 ON,开始计时。如果计时值未达到设定值时 I0.0 触点就断开,则 T1 将当前计时值记忆下来。当 I0.0 触点再次闭合时,T1 在记忆的计时值上继续计时,当计时值达到设定值 100(100×10ms=1s)时,T1 状态变为 1,T1 常开触点闭合,线圈 Q0.0 得电,T1 继续计时,直到最大计时值 32767。在计时期间,如果 I0.1 触点闭合,复位指令(R)执行,T1 被复位,T1 状态变为 0,计时值也被清 0。当触点 I0.1 断开且 I0.0 闭合时,T1 重新开始计时。

图 4-7 记忆型通电延时定时器指令使用

4.3 计数器

计数器的功能是对输入脉冲进行计数。S7-200 系列 PLC 有三种类型的计数器：加计数器 CTU（递增计数器）、减计数器 CTD（递减计数器）和加减计数器 CTUD。计数器的编号为 C0～C255。三种计数器如图 4-8 所示。

(a) 梯形图指令符号

输入/输出	数据类型	操 作 数
Cxx	WORD	常数(C0～C255)
CU、CD、LD、R	BOOL	I、Q、V、M、SM、S、T、C、L
PV	INT	IW、QW、VW、MW、SMW、SW、LW、T、C、AC、AIW、*VD、*LD、*AC、常数

(b) 参数

图 4-8 三种计数器

4.3.1 加计数器（CTU）

加计数器的特点是：当 CTU 输入端（CU）有脉冲输入时开始计数，每来一个脉冲上升沿计数值加 1；当计数值达到设定值（PV）后状态变为 1 且继续计数，直到最大值 32767。如果 R 端输入为 ON 或其他复位指令对计数器执行复位操作，计数器的状态将变为 0，计数值也清 0。

1. 指令说明

加计数器指令说明如表 4-12 所示。

表 4-12 加计数器指令说明

指令标识	梯形图符号及名称	说 明
CTU	???? CU CTU R ????-PV 加计数器	当 R 端输入为 ON 时，对 C×××（上 ????）加计数器复位，计数器状态变为 0，计数值也清 0。 CU 端每输入一个脉冲上升沿，CTU 计数器的计数值就增 1，当计数值达到 PV 值（计数设定值）时，计数器状态变为 1 且继续计数，直到最大值 32767。 指令上方的 ???? 用于输入 CTU 计数器编号，PV 旁的 ???? 用于输入计数设定值，R 为计数器复位端

2. 指令使用举例

加计数器指令使用如图 4-9 所示。当 I0.1 触点闭合时，CTU 计数器的 R（复位）端输入为 ON，CTU 计数器的状态为 0，计数值也清 0。当 I0.0 触点第一次由断开转为闭合时，CTU 的 CU 端输入一个脉冲上升沿，CTU 计数值增 1，计数值为 1，I0.0 触点由闭合转为断开时，CTU 计数值不变；当 I0.0 触点第二次由断开转为闭合时，CTU 计数值又增 1，计数值为 2；当 I0.0 触点第三次由断开转为闭合时，CTU 计数值再增 1，计数值为 3，达到设定值，CTU 的状态变为 1；当 I0.0 触点第四次由断开转为闭合时，CTU 计数值变为 4，其状态仍为 1。如果这时 I0.1 触点闭合，CTU 的 R 端输入为 ON，CTU 复位，状态变为 0，计数值也清 0。CTU 复位后，若 CU 端输入脉冲，CTU 又开始计数。

图 4-9 加计数器指令使用

在 CTU 计数器 C2 的状态为 1 时，C2 常开触点闭合，线圈 Q0.0 得电；计数器 C2 复位后，C2 触点断开，线圈 Q0.0 失电。

4.3.2 减计数器（CTD）

减计数器的特点是：当 CTD 的 LD（装载）端输入为 ON 时，CTD 状态位变为 0，计数值变为设定值，装载后，计数器的 CD 端每输入一个脉冲上升沿，计数值就减 1，当计数值减到 0 时，CTD 的状态变为 1 并停止计数。

1. 指令说明

减计数器指令说明如表 4-13 所示。

表 4-13 减计数器指令说明

指令标识	梯形图符号及名称	说　明
CTD	???? CD　CTD LD ????-PV 减计数器	当 LD 端输入为 ON 时，C×××（上 ????）减计数器状态变为 0，同时计数值变为 PV 值。 CD 端每输入一个脉冲上升沿，CTD 计数器的计数值就减 1，当计数值减到 0 时，计数器状态变为 1 并停止计数。 指令上方的 ???? 用于输入 CTD 计数器编号，PV 旁的 ???? 用于输入计数设定值，LD 为计数值装载控制端

2. 指令使用举例

减计数器指令使用如图 4-10 所示。当 I0.1 触点闭合时，CTD 计数器的 LD 端输入为 ON，CTD 的状态变为 0，计数值变为设定值 3。当 I0.0 触点第一次由断开转为闭合时，CTD 的 CD 端输入一个脉冲上升沿，CTD 计数值减 1，计数值变为 2，I0.0 触点由闭合转为断开时，CTD 计数值不变；当 I0.0 触点第二次由断开转为闭合时，CTD 计数值又减 1，计数值变为 1；当 I0.0 触点第三次由断开转为闭合时，CTD 计数值再减 1，计数值为 0，CTD 的状态变为 1；当 I0.0 触点第四次由断开转为闭合时，CTD 状态（1）和计数值（0）保持不变。如果这时 I0.1 触点闭合，CTD 的 LD 端输入为 ON，CTD 状态也变为 0，同时计数值由 0 变为设定值，在 LD 端输入为 ON 期间，CD 端输入无效。LD 端输入变为 OFF 后，若 CD 端输入脉冲上升沿，CTD 又开始减计数。

图 4-10 减计数器指令使用

在 CTD 计数器 C1 的状态为 1 时，C1 常开触点闭合，线圈 Q0.0 得电；在计数器 C1 装载后状态位为 0，C1 触点断开，线圈 Q0.0 失电。

4.3.3 加减计数器（CTUD）

加减计数器的特点是：

❶ 当 CTUD 的 R 端（复位端）输入为 ON 时，CTUD 状态变为 0，同时计数值清 0。

❷ 在加计数时，CU 端（加计数端）每输入一个脉冲上升沿，计数值就增 1，CTUD 加计数的最大值为 32767，在达到最大值时再来一个脉冲上升沿，计数值会变为 -32768。

❸ 在减计数时，CD 端（减计数端）每输入一个脉冲上升沿，计数值就减 1，CTUD 减计数的最小值为 -32768，在达到最小值时再来一个脉冲上升沿，计数值会变为 32767。

❹ 不管是加计数还是减计数，只要计数值等于或大于设定值，CTUD 的状态就为 1。

1. 指令说明

加减计数器指令说明如表 4-14 所示。

表 4-14 加减计数器指令说明

指令标识	梯形图符号及名称	说　明
CTUD	????　 CU　CTUD CD R ????　PV 加减计数器	当 R 端输入为 ON 时，C××× (上????) 加减计数器状态变为 0，同时计数值清 0。 CU 端每输入一个脉冲上升沿，CTUD 计数器的计数值就增 1，当计数值增到最大值 32767 时，CU 端再输入一个脉冲上升沿，计数值会变为 -32768。 CD 端每输入一个脉冲上升沿，CTUD 计数器的计数值就减 1，当计数值减到最小值 -32768 时，CD 端再输入一个脉冲上升沿，计数值会变为 32767。 不管是加计数还是减计数，只要当前计数值等于或大于 PV 值 (设定值)，CTUD 的状态就为 1。 指令上方的 ???? 用于输入 CTUD 计数器编号，PV 旁的 ???? 用于输入计数设定值，CU 为加计数输入端，CD 为减计数输入端，R 为计数器复位端

2. 指令使用举例

加减计数器指令使用如图 4-11 所示。

(a) 梯形图　　　　　　　　　　(b) 时序图

图 4-11　加减计数器指令使用

当 I0.2 触点闭合时，CTUD 计数器 C48 的 R 端输入为 ON，CTUD 的状态变为 0，同时计数值清 0。

当 I0.0 触点第一次由断开转为闭合时，CTUD 计数值增 1，计数值为 1；当 I0.0 触点第二次由断开转为闭合时，CTUD 计数值又增 1，计数值为 2；当 I0.0 触点第三次由断开转为闭合时，CTUD 计数值再增 1，计数值为 3；当 I0.0 触点第四次由断开转为闭合时，CTUD 计数值再增 1，计数值为 4，达到计数设定值，CTUD 的状态变为 1。当 CU 端继续输入时，CTUD 计数值继续增大。如果 CU 端停止输入，而在 CD 端使用 I0.1 触点输入脉冲，每输入一个脉冲上升沿，CTUD 的计数值就减 1，当计数值减到小于设定值 4 时，CTUD 的状态变为 0；如果 CU 端又有脉冲输入，又会开始加计数，计数值达到设定值时，CTUD 的状态又变为 1。在加计数或减计数时，一旦 R 端输入为 ON，CTUD 状态和计数值都变为 0。

在 CTUD 计数器 C48 的状态为 1 时，C48 常开触点闭合，线圈 Q0.0 得电；在 C48 状态为 0 时，C48 触点断开，线圈 Q0.0 失电。

4.4 常用的基本控制线路及梯形图

4.4.1 启动、自锁和停止控制线路与梯形图

启动、自锁和停止控制是 PLC 最基本的控制功能，它既可以采用输出线圈指令，也可以采用置位、复位指令来实现。

1. 采用输出线圈指令实现启动、自锁和停止控制

采用输出线圈指令实现启动、自锁和停止控制的线路与梯形图如图 4-12 所示。

图 4-12 采用输出线圈指令实现启动、自锁和停止控制的线路与梯形图

当按下启动按钮 SB1 时，PLC 内部梯形图程序中的启动触点 I0.0 闭合，输出线圈 Q0.0 得电，PLC 输出端子 Q0.0 内部的硬触点闭合，Q0.0 端子与 1L 端子之间内部硬触点闭合，接触器线圈 KM 得电，主电路中的 KM 主触点闭合，电动机得电启动。

输出线圈 Q0.0 得电后，除了会使 Q0.0、1L 端子之间的硬触点闭合外，还会使自锁触点 Q0.0 闭合，在启动触点 I0.0 断开后，依靠自锁触点闭合可使线圈 Q0.0 继续得电，电动机就会继续运转，从而实现自锁控制功能。

当按下停止按钮 SB2 时，PLC 内部梯形图程序中的停止触点 I0.1 断开，输出线圈 Q0.0 失电，Q0.0、1L 端子之间的内部硬触点断开，接触器线圈 KM 失电，主电路中的

KM 主触点断开，电动机失电停转。

2．采用置位、复位指令实现启动、自锁和停止控制

采用置位、复位指令（R、S）实现启动、自锁和停止控制的线路与图 4-12（a）相同，梯形图如图 4-13 所示。

当按下启动按钮 SB1 时，梯形图中的启动触点 I0.0 闭合，"S Q0.0, 1"指令执行，指令执行结果将输出继电器线圈 Q0.0 置 1，相当于线圈 Q0.0 得电，Q0.0、1L 端子之间的内部硬触点接通，接触器线圈 KM 得电，主电路中的 KM 主触点闭合，电动机得电启动。

图 4-13 采用置位、复位指令实现启动、自锁和停止控制的梯形图

线圈 Q0.0 置位后，松开启动按钮 SB1，启动触点 I0.0 断开，但线圈 Q0.0 仍保持"1"态，即仍维持得电状态，电动机就会继续运转，从而实现自锁控制功能。

当按下停止按钮 SB2 时，梯形图程序中的停止触点 I0.1 闭合，"R Q0.0, 1"指令被执行，指令执行结果将输出线圈 Q0.0 复位（即置 0），相当于线圈 Q0.0 失电，Q0.0、1L 端子之间的内部硬触点断开，接触器线圈 KM 失电，主电路中的 KM 主触点断开，电动机失电停转。

采用置位、复位指令和输出线圈指令都可以实现启动、自锁和停止控制，两者的 PLC 外部接线相同，仅梯形图程序不同。

4.4.2 正、反转联锁控制线路与梯形图

正、反转联锁控制线路与梯形图如图 4-14 所示。

1）正转联锁控制

按下正转按钮 SB1，梯形图程序中的正转触点 I0.0 闭合，线圈 Q0.0 得电，Q0.0 自锁触点闭合，Q0.0 联锁触点断开，Q0.0 端子与 1L 端子间的内硬触点闭合，Q0.0 自锁触点闭合，使线圈 Q0.0 在 I0.0 触点断开后仍可得电；Q0.0 联锁触点断开，使线圈 Q0.1 即使在 I0.1 触点闭合（误操作 SB2 引起）时也无法得电，实现联锁控制；Q0.0 端子与 1L 端子间的内硬触点闭合，接触器 KM1 线圈得电，主电路中的 KM1 主触点闭合，电动机得电正转。

2）反转联锁控制

按下反转按钮 SB2，梯形图程序中的反转触点 I0.1 闭合，线圈 Q0.1 得电，Q0.1 自锁触点闭合，Q0.1 联锁触点断开，Q0.1 端子与 1L 端子间的内硬触点闭合，Q0.1 自锁触点闭合，使线圈 Q0.1 在 I0.1 触点断开后继续得电；Q0.1 联锁触点断开，使线圈 Q0.0 即使在 I0.0 触点闭合（误操作 SB1 引起）时也无法得电，实现联锁控制；Q0.1 端子与 1L 端子间的内硬触点闭合，接触器 KM2 线圈得电，主电路中的 KM2 主触点闭合，电动机得电反转。

3）停转控制

按下停止按钮 SB3，梯形图程序中的两个停止触点 I0.2 均断开，线圈 Q0.0、Q0.1 均失电，接触器 KM1、KM2 线圈均失电，主电路中的 KM1、KM2 主触点均断开，电动机失电停转。

4）过热保护

如果电动机长时间过载运行，流过热继电器 FR 的电流会因长时间过流发热而动作，

FR 触点闭合，PLC 的 I0.3 端子有输入，梯形图程序中的两个热保护常闭触点 I0.3 均断开，线圈 Q0.0、Q0.1 均失电，接触器 KM1、KM2 线圈均失电，主电路中的 KM1、KM2 主触点均断开，电动机失电停转，从而防止电动机长时间过流运行而烧坏。

图 4-14　正、反转联锁控制线路与梯形图

4.4.3　多地控制线路与梯形图

多地控制线路与梯形图如图 4-15 所示，其中图 4-15（b）所示为单人多地控制梯形图，图 4-15（c）所示为多人多地控制梯形图。

1）单人多地控制

单人多地控制线路与梯形图如图 4-15（a）、(b）所示。

❶ 甲地启动控制。在甲地按下启动按钮 SB1 时，I0.0 常开触点闭合，线圈 Q0.0 得电，Q0.0 常开自锁触点闭合，Q0.0 端子内硬触点闭合，Q0.0 常开自锁触点闭合锁定 Q0.0 线圈供电，Q0.0 端子内硬触点闭合使接触器线圈 KM 得电，主电路中的 KM 主触点闭合，电动机得电运转。

❷ 甲地停止控制。在甲地按下停止按钮 SB2 时，I0.1 常闭触点断开，线圈 Q0.0 失电，Q0.0 常开自锁触点断开，Q0.0 端子内硬触点断开，接触器线圈 KM 失电，主电路中的 KM 主触点断开，电动机失电停转。

乙地和丙地的启 / 停控制与甲地控制相同，利用图 4-15（b）所示梯形图可以实现在任何一地进行启 / 停控制，也可以在一地进行启动，在另一地控制停止。

2）多人多地控制

多人多地控制线路与梯形图如图 4-15（a）、(c) 所示。

❶ 启动控制。在甲、乙、丙三地同时按下按钮 SB1、SB3、SB5，I0.0、I0.2、I0.4 三个常开触点均闭合，线圈 Q0.0 得电，Q0.0 常开自锁触点闭合，Q0.0 端子的内硬触点闭合，Q0.0 线圈供电锁定，接触器线圈 KM 得电，主电路中的 KM 主触点闭合，电动机得电运转。

❷ 停止控制。在甲、乙、丙三地按下 SB2、SB4、SB6 中的某个停止按钮时，I0.1、I0.3、I0.5 三个常闭触点中的某个断开，线圈 Q0.0 失电，Q0.0 常开自锁触点断开，Q0.0 端子内硬触点断开，Q0.0 常开自锁触点断开使 Q0.0 线圈供电切断，Q0.0 端子的内硬触点断开使接触器线圈 KM 失电，主电路中的 KM 主触点断开，电动机失电停转。

图 4-15（c）所示梯形图可以实现多人在多地同时按下启动按钮才能启动功能，在任意一地都可以进行停止控制。

图 4-15　多地控制线路与梯形图

4.4.4 定时控制线路与梯形图

定时控制方式很多，下面介绍两种典型的定时控制线路与梯形图。

1. 延时启动定时运行控制线路与梯形图

延时启动定时运行控制线路与梯形图如图 4-16 所示，其实现的功能是：按下启动按钮 SB1 3s 后，电动机开始运行；松开启动按钮 SB1 后，运行 5s 会自动停止。

图 4-16 延时启动定时运行控制线路与梯形图

线路与梯形图说明如下。

2. 多定时器组合控制线路与梯形图

图 4-17 所示是一种典型的多定时器组合控制线路与梯形图，其实现的功能是：按下启动按钮 SB1 后电动机 B 马上运行，30s 后电动机 A 开始运行，70s 后电动机 B 停转，100s 后电动机 A 停转。

图 4-17 一种典型的多定时器组合控制线路与梯形图

线路与梯形图说明如下（[ ]中的数字为对应网络号，下同）。

按下启动按钮SB1→I0.0常开触点闭合→辅助继电器M0.0线圈得电
- [1]M0.0自锁触点闭合→锁定M0.0线圈供电
- [6]M0.0常开触点闭合→Q0.1线圈得电→Q0.1端子内硬触点闭合→接触器KM2线圈得电→电动机B运转
- [2]M0.0常开触点闭合→定时器T50开始30s计时

→30s后→定时器T50动作→
- [5]T50常开触点闭合→Q0.0线圈得电→KM1线圈得电→电动机A启动运行
- [3]T50常开触点闭合→定时器T51开始40s计时

→40s后，定时器T51动作→
- [6]T51常闭触点断开→Q0.1线圈失电→KM2线圈失电→电动机B停转
- [4]T51常开触点闭合→定时器T52开始30s计时

→30s后，定时器T52动作→[1]T52常闭触点断开→M0.0线圈失电→
- [1]M0.0自锁触点断开→解除M0.0线圈供电
- [6]M0.0常开触点断开
- [2]M0.0常开触点断开→定时器T50复位

- [5]T50常开触点断开→Q0.0线圈失电→KM1线圈失电→电动机A停转
- [3]T50常开触点断开→定时器T51复位→[4]T51常开触点断开→定时器T52复位→[1]T52常闭触点恢复闭合

4.4.5 长定时控制线路与梯形图

西门子S7-200 SMART PLC的最大定时时间为3276.7s（约54min），采用定时器和计数器组合可以延长定时时间。定时器与计数器组合延长定时控制线路与梯形图如图4-18所示。

(a) PLC接线图

图4-18 定时器与计数器组合延长定时控制线路与梯形图

(b) 梯形图

图 4-18 定时器与计数器组合延长定时控制线路与梯形图（续）

线路与梯形图说明如下。

图 4-18 中的定时器 T50 定时单位为 0.1s（100ms），它与计数器 C10 组合使用后，其定时时间 $T=30000×0.1s×30000=90000000s=25000h$。若需重新定时，可将开关 QS 断开，让 [2]I0.0 常闭触点闭合，对计数器 C10 执行复位，然后再闭合 QS，则会重新开始 25000h 定时。

4.4.6 多重输出控制线路与梯形图

多重输出控制线路与梯形图如图 4-19 所示。

(a) PLC接线图

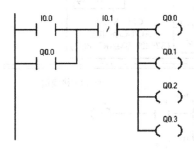

(b) 梯形图

图 4-19 多重输出控制线路与梯形图

线路与梯形图说明如下。

1) 启动控制

按下启动按钮SB1→I0.0常开触点闭合

Q0.0自锁触点闭合，锁定输出线圈Q0.0~Q0.3供电
Q0.0线圈得电→Q0.0端子内硬触点闭合→KM1线圈得电→KM1主触点闭合→电动机A得电运转
Q0.1线圈得电→Q0.1端子内硬触点闭合→HL1灯点亮
Q0.2线圈得电→Q0.2端子内硬触点闭合→KM2线圈得电→KM2主触点闭合→电动机B得电运转
Q0.3线圈得电→Q0.3端子内硬触点闭合→HL2灯点亮

2) 停止控制

按下停止按钮SB2→I0.0常闭触点断开

Q0.0自锁触点断开，解除对输出线圈Q0.0~Q0.3的供电
Q0.0线圈失电→Q0.0端子内硬触点断开→KM1线圈失电→KM1主触点断开→电动机A失电停转
Q0.1线圈失电→Q0.1端子内硬触点断开→HL1灯熄灭
Q0.2线圈失电→Q0.2端子内硬触点断开→KM2线圈失电→KM2主触点断开→电动机B失电停转
Q0.3线圈失电→Q0.3端子内硬触点断开→HL2灯熄灭

4.4.7 过载报警控制线路与梯形图

过载报警控制线路与梯形图如图 4-20 所示。

图 4-20 过载报警控制线路与梯形图

线路与梯形图说明如下。

1）启动控制

按下启动按钮 SB1 → [1]I0.1 常开触点闭合→置位指令执行→Q0.1 线圈被置位，即 Q0.1 线圈得电→ Q0.1 端子内硬触点闭合→接触器 KM 线圈得电→ KM 主触点闭合→电动机得电运转。

2）停止控制

按下停止按钮 SB2 → [2]I0.2 常开触点闭合→复位指令执行→Q0.1 线圈被复位（置0），即 Q0.1 线圈失电→ Q0.1 端子内硬触点断开→接触器 KM 线圈失电→ KM 主触点断开→电动机失电停转。

3）过热保护及报警控制

在正常工作时，FR过热保护触点闭合→ { [2]I0.0常闭触点断开，Q0.1复位指令无法执行
[3]I0.0常开触点闭合，下降沿检测（N触点）无效，M0.0状态为0
[5]I0.0常闭触点断开，上升沿检测（P触点）无效，M0.1状态为0 }

当电动机过载运行时，热继电器FR发热元件动作，过热保护触点断开

[2]I0.0常闭触点闭合→执行Q0.1复位指令→Q0.1线圈失电→Q0.1端子内硬触点断开→KM线圈失电→KM主触点断开→电动机失电停转

[3]I0.0常开触点由闭合转为断开，产生一个脉冲下降沿→N触点有效，M0.0线圈得电一个扫描周期→[4]M0.0常开触点闭合→定时器T50开始10s计时，同时Q0.0线圈得电→Q0.0线圈得电一方面使[4]Q0.0自锁触点闭合来锁定供电，另一方面使报警灯通电点亮

[5]I0.0常闭触点由断开转为闭合，产生一个脉冲上升沿→P触点有效，M0.1线圈得电一个扫描周期→[6]M0.1常开触点闭合→Q0.2线圈得电→Q0.2线圈得电一方面使[6]Q0.2自锁触点闭合来锁定供电，另一方面使报警铃通电发声

10s后，定时器T50置1→ { [6]T50常闭触点断开→Q0.2线圈失电→报警铃失电，停止报警声
[4]T50常闭触点断开→定时器T50复位，同时Q0.0线圈失电→报警灯失电熄灭 }

4.4.8 闪烁控制线路与梯形图

闪烁控制线路与梯形图如图 4-21 所示。

线路与梯形图说明如下。

将开关 QS 闭合→ I0.0 常开触点闭合→定时器 T50 开始 3s 计时→ 3s 后，定时器 T50 动作，T50 常开触点闭合→定时器 T51 开始 3s 计时，同时 Q0.0 得电，Q0.0 端子内硬触点闭合，灯 HL 点亮→ 3s 后，定时器 T51 动作，T51 常闭触点断开→定时器 T50 复位，T50 常开触点断开→ Q0.0 线圈失电，同时定时器 T51 复位→ Q0.0 线圈失电使灯 HL 熄灭；定时器 T51 复位使 T51 常闭触点闭合，由于开关 QS 仍处于闭合状态，I0.0 常开触点也处于闭合状态，定时器 T50 又重新开始 3s 计时（此期间 T50 触点断开，灯处于熄灭状态）。

以后重复上述过程，灯 HL 保持 3s 亮、3s 灭的频率闪烁发光。

图 4-21 闪烁控制线路与梯形图

4.5 基本指令应用实例

4.5.1 喷泉的 PLC 控制线路与程序详解

1. 明确系统控制要求

系统要求用两个按钮来控制 A、B、C 三组喷头工作(通过控制三组喷头的泵电动机来实现),三组喷头排列如图 4-22 所示。系统控制要求具体如下。

当按下启动按钮后,A 组喷头先喷 5s 后停止,然后 B、C 组喷头同时喷;5s 后,B 组喷头停止,C 组喷头继续喷 5s 再停止;而后 A、B 组喷头喷 7s,C 组喷头在这 7s 的前

2s 内停止，后 5s 内喷水；接着 A、B、C 三组喷头同时停止 3s，以后重复前述过程。按下停止按钮后，三组喷头同时停止喷水。图 4-23 所示为 A、B、C 三组喷头工作时序图。

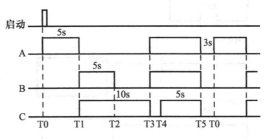

图 4-22　A、B、C 三组喷头排列图

图 4-23　A、B、C 三组喷头工作时序图

2．确定输入 / 输出设备，并为其分配合适的 I/O 端子

喷泉控制采用的输入 / 输出设备和对应的 PLC 端子见表 4-15。

表 4-15　喷泉控制采用的输入 / 输出设备和对应的 PLC 端子

输入			输出		
输入设备	对应 PLC 端子	功能说明	输出设备	对应 PLC 端子	功能说明
SB1	I0.0	启动控制	KM1 线圈	Q0.0	驱动 A 组电动机工作
SB2	I0.1	停止控制	KM2 线圈	Q0.1	驱动 B 组电动机工作
			KM3 线圈	Q0.2	驱动 C 组电动机工作

3．绘制喷泉控制线路图

图 4-24 所示为喷泉控制线路图。

图 4-24　喷泉控制线路图

4．编写 PLC 控制程序

启动编程软件，编写满足控制要求的梯形图程序，如图 4-25 所示。

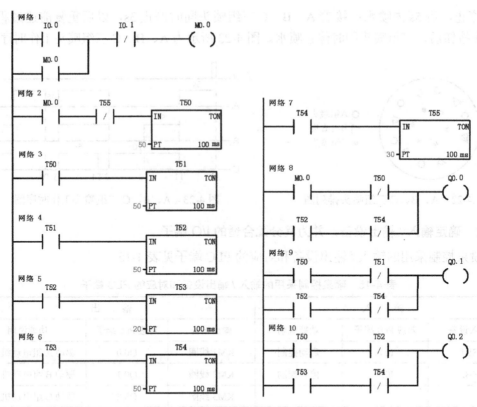

图 4-25 喷泉控制梯形图程序

下面对照图 4-24 所示的控制线路来说明梯形图工作原理。

1) 启动控制

按下启动按钮SB1→I0.0常开触点闭合→辅助继电器M0.0线圈得电
- [1]M0.0自锁触点闭合,锁定M0.0线圈供电
- [8]M0.0常开触点闭合,Q0.0线圈得电→KM1线圈得电→电动机A运转→A组喷头工作
- [2]M0.0常开触点闭合,定时器T50开始5s计时

5s后,定时器T50动作→
- [8]T50常闭触点断开→Q0.0线圈失电→电动机A停转→A组喷头停止工作
- [9]T50常开触点闭合→Q0.1线圈得电→电动机B运转→B组喷头工作
- [10]T50常开触点闭合→Q0.2线圈得电→电动机C运转→C组喷头工作
- [3]T50常开触点闭合,定时器T51开始5s计时

5s后,定时器T51动作→
- [9]T51常闭触点断开→Q0.1线圈失电→电动机B停转→B组喷头停止工作
- [4]T51常开触点闭合,定时器T52开始5s计时

5s后,定时器T52动作→
- [8]T52常开触点闭合→Q0.0线圈得电→电动机A运转→A组喷头开始工作
- [9]T52常开触点闭合→Q0.1线圈得电→电动机B运转→B组喷头开始工作
- [10]T52常闭触点断开→Q0.2线圈失电→电动机C停转→C组喷头停止工作
- [5]T52常开触点闭合,定时器T53开始2s计时

2s后,定时器T53动作→
- [10]T53常开触点闭合→Q0.2线圈得电→电动机C运转→C组喷头开始工作
- [6]T53常开触点闭合,定时器T54开始5s计时

5s后,定时器T54动作→
- [8]T54常闭触点断开→Q0.0线圈失电→电动机A停转→A组喷头停止工作
- [9]T54常闭触点断开→Q0.1线圈失电→电动机B停转→B组喷头停止工作
- [10]T54常闭触点断开→Q0.2线圈失电→电动机C停转→C组喷头停止工作
- [7]T54常开触点闭合,定时器T55开始3s计时

→3s后，定时器T55动作→[2]T55常闭触点断开→定时器T50复位

[8]T50常闭触点闭合→Q0.0线圈得电→电动机A运转
[10]T50常开触点断开
[3]T50常开触点断开→定时器T51复位，T51所有触点复位，其中[4]T51常开触点断开使定时器T52复位→T52所有触点复位，其中[5]T52常开触点断开使定时器T53复位→T53所有触点复位，其中[6]T53常开触点断开使定时器T54复位→T54所有触点复位，其中[7]T54常开触点断开使定时器T55复位→[2]T55常闭触点闭合，定时器T50开始5s计时，以后会重复前面的工作过程

2）停止控制

按下停止按钮SB2→I0.1常闭触点断开→M0.0线圈失电→
[1]M0.0自锁触点断开，解除自锁
[2]M0.0常开触点断开→定时器T50复位

→T50所有触点复位，其中[3]T50常开触点断开→定时器T51复位→T51所有触点复位，其中[4]T51常开触点断开使定时器T52复位→T52所有触点复位，其中[5]T52常开触点断开使定时器T53复位→T53所有触点复位，其中[6]T53常开触点断开使定时器T54复位→T54所有触点复位，其中[7]T54常开触点断开使定时器T55复位→T55所有触点复位→[2]T55常闭触点闭合→由于定时器T50~T55所有触点复位，Q0.0~Q0.2线圈均无法得电→KM1~KM3线圈失电→电动机A、B、C均停转

4.5.2 交通信号灯的PLC控制线路与程序详解

1. 明确系统控制要求

系统要求用两个按钮来控制交通信号灯工作，交通信号灯排列如图4-26所示。系统控制要求具体如下。

当按下启动按钮后，南北红灯亮25s，在南北红灯亮25s的时间里，东西绿灯先亮20s再以1次/s的频率闪烁3次，接着东西黄灯亮2s，25s后南北红灯熄灭，熄灭时间维持30s，在这30s时间里，东西红灯一直亮，南北绿灯先亮25s，然后以1次/s频率闪烁3次，接着南北黄灯亮2s。以后重复该过程。按下停止按钮后，所有的灯都熄灭。交通信号灯的工作时序如图4-27所示。

图4-26 交通信号灯排列

图4-27 交通信号灯的工作时序

2. 确定输入/输出设备，并为其分配合适的I/O端子

交通信号灯控制采用的输入/输出设备和对应的PLC端子见表4-16。

表 4-16　交通信号灯控制采用的输入/输出设备和对应的 PLC 端子

输入			输出		
输入设备	对应 PLC 端子	功能说明	输出设备	对应 PLC 端子	功能说明
SB1	I0.0	启动控制	南北红灯	Q0.0	驱动南北红灯亮
SB2	I0.1	停止控制	南北绿灯	Q0.1	驱动南北绿灯亮
			南北黄灯	Q0.2	驱动南北黄灯亮
			东西红灯	Q0.3	驱动东西红灯亮
			东西绿灯	Q0.4	驱动东西绿灯亮
			东西黄灯	Q0.5	驱动东西黄灯亮

3．绘制交通信号灯控制线路图

图 4-28 所示为交通信号灯控制线路图。

图 4-28　交通信号灯控制线路图

4．编写 PLC 控制程序

启动编程软件，编写满足控制要求的梯形图程序，如图 4-29 所示。

图 4-29　交通信号灯控制梯形图程序

图 4-29 交通信号灯控制梯形图程序（续）

在图 4-29 所示的梯形图中，采用了一个特殊的辅助继电器 SM0.5，称为触点利用型特殊继电器，它利用 PLC 自动驱动线圈，用户只能利用它的触点，即在梯形图里只能画它的触点。SM0.5 能产生周期为 1s 的时钟脉冲，其高低电平持续时间各为 0.5s。以图 4-29 所示梯形图网络 [9] 为例，当 T50 常开触点闭合时，在 1s 内，SM0.5 常闭触点接通、断开时间分别为 0.5s，Q0.4 线圈得电、失电时间也都为 0.5s。

下面对照图 4-28 所示控制线路和图 4-27 所示工作时序来说明梯形图工作原理。

1）启动控制

→3s后，定时器T54动作→ {
 [12]T54常闭触点断开→Q0.1线圈失电→南北绿灯灭
 [13]T54常开触点闭合→Q0.2线圈得电→南北黄灯亮
 [7]T54常开触点闭合，定时器T55开始2s计时
}

→2s后，定时器T55动作→ {
 [11]T55常闭触点断开→Q0.3线圈失电→东西红灯灭
 [13]T55常闭触点断开→Q0.2线圈失电→南北黄灯灭
 [2]T55常闭触点断开，定时器T50复位，T50所有触点复位
}

→[3]T50常开触点复位断开使定时器T51复位→[4]T51常开触点复位断开使定时器T52复位→同样，定时器T53、T54、T55也依次复位→在定时器T50复位后，[9]T50常闭触点闭合，Q0.4线圈得电，东西绿灯亮；在定时器T52复位后，[8]T52常闭触点闭合，Q0.0线圈得电，南北红灯亮；在定时器T55复位后，[2]T55常闭触点闭合，定时器T50开始20s计时，以后又会重复前述过程

2）停止控制

按下停止按钮SB2→I0.1常闭触点断开→辅助继电器M0.0线圈失电

{
 [1]M0.0自锁触点断开，解除M0.0线圈供电
 [8]M0.0常开触点断开→Q0.0线圈无法得电
 [9]M0.0常开触点断开→Q0.4线圈无法得电
 [2]M0.0常开触点断开，定时器T50复位，T50所有触点复位
}

→[3]T50常开触点复位断开使定时器T51复位，T51所有触点均复位→其中[4]T51常开触点复位断开使定时器T52复位→同样，定时器T53、T54、T55也依次复位→在定时器T51复位后，[10]T51常开触点断开，Q0.5线圈无法得电，在定时器T52复位后，[11]T52常开触点断开，Q0.3线圈无法得电；在定时器T53复位后，[12]T53常开触点断开，Q0.1线圈无法得电；在定时器T54复位后，[13]T54常开触点断开，Q0.2线圈无法得电→Q0.0~Q0.5线圈均无法得电，所有交通信号灯都熄灭

4.5.3 多级传送带的PLC控制线路与程序详解

1．明确系统控制要求

系统要求用两个按钮来控制传送带按一定方式工作，传送带结构如图4-30所示。系统控制要求具体如下。

当按下启动按钮后，电磁阀YV打开，开始落料，同时一级传送带电动机M1启动，将物料往前传送，6s后二级传送带电动机M2启动，M2启动5s后三级传送带电动机M3启动，M3启动4s后四级传送带电动机M4启动。

当按下停止按钮后，为了不让各传送带上有物料堆积，要求先关闭电磁阀YV，6s后让M1停转，M1停转5s后让M2停转，M2停转4s后让M3停转，M3停转5s后让M4停转。

图4-30 多级传送带结构示意图

2. 确定输入/输出设备，并为其分配合适的 I/O 端子

多级传送带控制采用的输入/输出设备和对应的 PLC 端子见表 4-17。

表 4-17 多级传送带控制采用的输入/输出设备和对应的 PLC 端子

输入			输出		
输入设备	对应 PLC 端子	功能说明	输出设备	对应 PLC 端子	功能说明
SB1	I0.0	启动控制	KM1 线圈	Q0.0	控制电磁阀 YV
SB2	I0.1	停止控制	KM2 线圈	Q0.1	控制一级皮带电动机 M1
			KM3 线圈	Q0.2	控制二级皮带电动机 M2
			KM4 线圈	Q0.3	控制三级皮带电动机 M3
			KM5 线圈	Q0.4	控制四级皮带电动机 M4

3. 绘制多级传送带控制线路图

图 4-31 所示为多级传送带控制线路图。

图 4-31 多级传送带控制线路图

4. 编写 PLC 控制程序

启动编程软件，编写满足控制要求的梯形图程序，如图 4-32 所示。

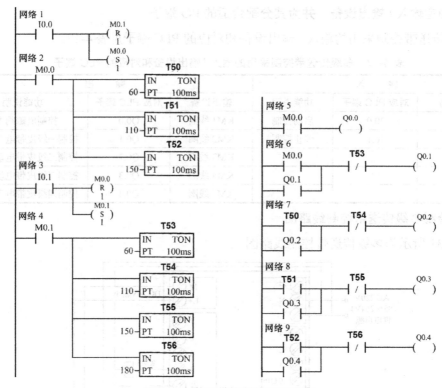

图 4-32 传送带控制梯形图程序

下面对照图 4-31 所示控制线路来说明图 4-32 所示梯形图的工作原理。

1) 启动控制

2）停止控制

按下停止按钮SB2→[3]I0.1常开触点闭合→
- M0.1线圈置位→[4]M0.1常开触点闭合，定时器T53~T56开始工作
- M0.0线圈复位

- [2]M0.0常开触点断开，定时器T50~T52不工作
- [5]M0.0触点断开，线圈Q0.0失电，KM1失电，电磁阀YV关闭，停止落料
- [6]M0.0触点断开

- 6s后，T53定时器动作→[6]T53常闭触点断开→线圈Q0.1失电→Q0.1硬触点断开，KM2线圈失电，电动机M1停转→一级传送带停止
- 11s后，T54定时器动作→[7]T54常闭触点断开→线圈Q0.2失电→Q0.2硬触点断开，KM3线圈失电，电动机M2停转→二级传送带停止
- 15s后，T55定时器动作→[8]T55常闭触点断开→线圈Q0.3失电→Q0.3硬触点断开，KM4线圈失电，电动机M3停转→三级传送带停止
- 18s后，T56定时器动作→[9]T56常闭触点断开→线圈Q0.4失电→Q0.4硬触点断开，KM5线圈失电，电动机M4停转→四级传送带停止

4.5.4 车库自动门的 PLC 控制线路与程序详解

1. 明确系统控制要求

系统要求车库门在车辆进出时能自动打开、关闭，车库门控制结构如图 4-33 所示。系统控制具体要求如下。

在车辆入库经过入门传感器时，入门传感器开关闭合，车库门电动机正转，车库门上升，当车库门上升到上限位开关处时，电动机停转；车辆进库经过出门传感器时，出门传感器开关闭合，车库门电动机反转，车库门下降，当车库门下降到下限位开关处时，电动机停转。

图 4-33　车库门控制结构

在车辆出库经过出门传感器时，出门传感器开关闭合，车库门电动机正转，车库门上升，当门上升到上限位开关处时，电动机停转；车辆出库经过入门传感器时，入门传感器开关闭合，车库门电动机反转，车库门下降，当门下降到下限位开关处时，电动机停转。

2. 确定输入／输出设备，并为其分配合适的 I/O 端子

车库自动门控制采用的输入／输出设备和对应的 PLC 端子见表 4-18。

表 4-18　车库自动门控制采用的输入／输出设备和对应的 PLC 端子

输　　入			输　　出		
输入设备	对应 PLC 端子	功能说明	输出设备	对应 PLC 端子	功能说明
入门传感器开关	I0.0	检测车辆有无通过	KM1 线圈	Q0.0	控制车库门上升（电动机正转）

(续表)

输入			输出		
输入设备	对应PLC端子	功能说明	输出设备	对应PLC端子	功能说明
出门传感器开关	I0.1	检测车辆有无通过	KM2线圈	Q0.1	控制车库门下降（电动机反转）
下限位开关	I0.2	限制车库门下降			
上限位开关	I0.3	限制车库门上升			

3．绘制车库自动门控制线路图

图4-34所示为车库自动门控制线路图。

图4-34 车库自动门控制线路图

4．编写PLC控制程序

启动编程软件，编写满足控制要求的梯形图程序，如图4-35所示。

图4-35 车库自动门控制梯形图程序

下面对照图4-34所示控制线路来说明图4-35所示梯形图的工作原理。

1）入门控制过程

2）出门控制过程

第 5 章　顺序控制指令的使用及应用实例

5.1　顺序控制与状态转移图

一个复杂的任务往往可以分成若干个小任务，当按一定的顺序完成这些小任务后，整个大任务也就完成了。**在生产实践中，顺序控制是指按照一定的顺序逐步控制来完成各个工序的控制方式。** 在采用顺序控制时，为了直观表示出控制过程，可以绘制顺序控制图。

图 5-1 所示是一个三台电动机顺序控制图，由于每一个步骤称作一个工艺，所以又称工序图。**在 PLC 编程时，绘制的顺序控制图称为状态转移图或功能图，简称 SFC 图**，图 5-1（b）为图 5-1（a）对应的状态转移图。

(a) 工序图　　　　　　　　　　(b) 状态转移图（SFC图）

图 5-1　三台电动机顺序控制图

顺序控制有三个要素：转移条件、转移目标和工作任务。在图 5-1（a）中，当上一个工序需要转到下一个工序时必须满足一定的转移条件,如工序 1 要转到工序 2,须按下启动按钮 SB2,若不按下 SB2,就无法进行工序 2,按下 SB2 即为转移条件。当转移条件满足后,需要确定转移目标,如工序 1 的转移目标是工序 2。每个工序都有具体的工作任务,如工序 1 的工作任务是"启动第一台电动机"。

PLC 编程时绘制的状态转移图与顺序控制图相似,图 5-1(b)中的状态元件(状态继电器)S0.1 相当于工序 1,"S Q0.0,1"相当于工作任务,S0.1 的转移目标是 S0.2,S0.6 的转移目标是 S0.0。SM0.1 和 S0.0 用来完成准备工作,其中 SM0.1 为初始脉冲继电器,PLC 启动时触点会自动接通一个扫描周期,S0.0 为初始状态继电器。每个 SFC 图必须要有一个初始状态,绘制 SFC 图时要加双线矩形框。

5.2 顺序控制指令

顺序控制指令用来编写顺序控制程序,S7-200 SMART PLC 有 3 条顺序控制指令,在 STEP 7-Micro/WIN SMART 软件的项目指令树区域的"程序控制"指令包中可以找到这 3 条指令。

5.2.1 指令名称及功能

顺序控制指令说明如表 5-1 所示。

表 5-1 顺序控制指令说明

指令格式	功能说明	举例
??.? ─[SCR]	??.? 段顺序控制程序开始	S0.1 ─[SCR]
??.? ─(SCRT)	转移执行 ??.? 段顺序控制程序	S0.2 ─(SCRT)
─(SCRE)	顺序控制程序结束	─(SCRE)

5.2.2 指令使用举例

顺序控制指令使用及说明如图 5-2 所示,图 5-2(a)为梯形图,图 5-2(b)为状态转移图。从图中可以看出,顺序控制程序由多个 SCR 程序段组成,每个 SCR 程序段以 LSCR 指令开始,以 SCRE 指令结束,程序段之间的转移使用 SCRT 指令。当执行 SCRT 指令时,会将指定程序段的状态器激活(即置 1),使之成为活动步程序,该程序段被执行,同时自动将前程序段的状态器和元件复位(即置 0)。

图 5-2 顺序控制指令使用及说明

5.2.3 指令使用注意事项

使用顺序控制指令时，要注意以下事项。

❶ 顺序控制指令仅对状态继电器 S 有效，S 也具有一般继电器的功能，对它还可以使用与其他继电器一样的指令。

❷ SCR 段程序（LSCR 至 SCRE 之间的程序）能否执行，取决于该段程序对应的状态器 S 是否被置位。另外，当前程序 SCRE（结束）与下一个程序 LSCR（开始）之间的程序不影响下一个 SCR 程序的执行。

❸ 同一个状态器 S 不能用在不同的程序中，如主程序中用了 S0.2，在子程序中就不能再使用它。

❹ SCR 段程序中不能使用跳转指令 JMP 和 LBL，即不允许使用跳转指令跳入、跳出 SCR 程序或在 SCR 程序内部跳转。

❺ SCR 段程序中不能使用 FOR、NEXT 和 END 指令。

❻ 在使用 SCRT 指令实现程序转移后，前 SCR 段程序变为非活动步程序，该程序段的元件会自动复位，如果希望转移后某元件能继续输出，可对该元件使用置位或复位指令。在非活动步程序中，PLC 通电常 ON 触点 SM0.0 也处于断开状态。

5.3 顺序控制的几种方式

顺序控制主要方式有：单分支方式、选择性分支方式和并行分支方式。图 5-2（b）所示的状态转移图为单分支方式，程序由前往后依次执行，中间没有分支，简单的顺序控制常采用这种单分支方式。较复杂的顺序控制可采用选择性分支方式或并行分支方式。

5.3.1 选择性分支方式

选择性分支方式状态转移图如图 5-3（a）所示，在状态继电器 S0.0 后面有两个可选择的分支，当 I0.0 闭合时执行 S0.1 分支，当 I0.3 闭合时执行 S0.3 分支；如果 I0.0 较 I0.3 先闭合，则只执行 I0.0 所在的分支，I0.3 所在的分支不执行，即两条分支不能同时进行。

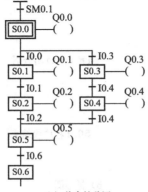

(a) 状态转移图

图 5-3 选择性分支方式状态转移图与梯形图

图 5-3（b）是依据图 5-3（a）画出的梯形图，梯形图工作原理见标注说明。

(b) 梯形图

图 5-3 选择性分支方式状态转移图与梯形图（续）

(b)梯形图(续)

图 5-3 选择性分支方式状态转移图与梯形图(续)

5.3.2 并行分支方式

并行分支方式状态转移图如图 5-4（a）所示，在状态器 S0.0 后面有两个并行的分支，并行分支用双线表示。当 I0.0 闭合时 S0.1 和 S0.3 两个分支同时执行，当两个分支都执行完成并且 I0.3 闭合时才能往下执行；若 S0.1 或 S0.3 任一条分支未执行完，即使 I0.3 闭合，也不会执行到 S0.5。

图 5-4（b）是依据图 5-4（a）画出的梯形图。由于 S0.2、S0.4 两程序段都未使用 SCRT 指令进行转移，故 S0.2、S0.4 状态器均未复位（即状态都为 1），S0.2、S0.4 两个常开触点均处于闭合状态，如果 I0.3 触点闭合，则马上将 S0.2、S0.4 状态器复位，同时将 S0.5 状态器置 1，转移至 S0.5 程序段。

(a) 状态转移图

(b) 梯形图

图 5-4 并行分支方式状态转移图与梯形图

(b) 梯形图（续）

图 5-4 并行分支方式状态转移图与梯形图（续）

5.4 顺序控制指令应用实例

5.4.1 液体混合装置的 PLC 控制线路与程序详解

1. 系统控制要求

两种液体混合装置如图 5-5 所示，YV1、YV2 分别为 A、B 液体注入控制电磁阀，电磁阀线圈通电时打开，液体可以流入，YV3 为 C 液体流出控制电磁阀，H、M、L 分别为高、中、低液位传感器，M 为搅拌电动机，通过驱动搅拌部件旋转使 A、B 液体充分混合均匀。

液体混合装置控制要求如下。

图 5-5 两种液体混合装置

❶ 装置的容器初始状态应为空的，三个电磁阀都关闭，电动机 M 停转。按下启动按钮，YV1 电磁阀打开，注入 A 液体，当 A 液体的液位达到 M 位置时，YV1 关闭；然后 YV2 电磁阀打开，注入 B 液体，当 B 液体的液位达到 H 位置时，YV2 关闭；接着电动机 M 开始运转搅拌 20s，然后 YV3 电磁阀打开，C 液体（A、B 混合液）流出，当 C 液体的液位下降到 L 位置时，开始 20s 计时，在此期间 C 液体全部流出，20s 后 YV3 关闭，一个完整的周期完成。以后自动重复上述过程。

❷ 当按下停止按钮后，装置要完成一个周期才停止。

❸ 可以用手动方式控制 A、B 液体的注入和 C 液体的流出，也可以手动控制搅拌电动机的运转。

2. 确定输入/输出设备，并为其分配合适的 I/O 端子

液体混合装置控制采用的输入/输出设备和对应的 PLC 端子见表 5-2。

表 5-2 液体混合装置控制采用的输入/输出设备和对应的 PLC 端子

输入			输出		
输入设备	对应端子	功能说明	输出设备	对应端子	功能说明
SB1	I0.0	启动控制	KM1 线圈	Q0.0	控制 A 液体电磁阀
SB2	I0.1	停止控制	KM2 线圈	Q0.1	控制 B 液体电磁阀
SQ1	I0.2	检测低液位 L	KM3 线圈	Q0.2	控制 C 液体电磁阀
SQ2	I0.3	检测中液位 M	KM4 线圈	Q0.3	驱动搅拌电动机工作
SQ3	I0.4	检测高液位 H			
QS	Q1.0	手动/自动控制切换（ON：自动；OFF：手动）			

(续表)

输入			输出		
输入设备	对应端子	功能说明	输出设备	对应端子	功能说明
SB3	Q1.1	手动控制A液体流入			
SB4	Q1.2	手动控制B液体流入			
SB5	Q1.3	手动控制C液体流出			
SB6	Q1.4	手动控制搅拌电动机			

3．绘制控制线路图

图 5-6 所示为液体混合装置的 PLC 控制线路图。

图 5-6 液体混合装置的 PLC 控制线路图

4．编写 PLC 控制程序

1）绘制状态转移图

在编写较复杂的步进程序时，建议先绘制状态转移图，再按状态转移图的框架绘制梯形图。STEP 7-Micro/WIN SMART 编程软件不具备状态转移图绘制功能，因此可采用手工或借助一般的图形软件绘制状态转移图。

图 5-7 所示为液体混合装置控制的状态转移图。

2）绘制梯形图

启动编程软件，按照图5-7所示的状态转移图编写梯形图程序，如图5-8所示。

下面对照图5-6所示控制线路来说明图5-8所示梯形图的工作原理。

液体混合装置有自动和手动两种控制方式，它由开关QS来决定（QS闭合——自动控制；QS断开——手动控制）。要让装置工作在自动控制方式，除了开关QS应闭合外，装置还须满足自动控制的初始条件（又称原点条件），否则系统将无法进入自动控制方式。装置的原点条件是L、M、H液位传感器的开关SQ1、SQ2、SQ3均断开，电磁阀YV1、YV2、YV3均关闭，电动机M停转。

（1）检测原点条件。图5-8所示梯形图中的[1]程序用来检测原点条件（或称

图5-7 液体混合装置控制的状态转移图

初始条件）。在启动自动控制前，若装置中的液体未排完，或者电磁阀YV1、YV2、YV3和电动机M有一个或多个处于得电工作状态，即不满足原点条件，系统将无法进入自动控制工作状态。

程序检测原点条件的方法：若装置中的C液体位置高于传感器L → SQ1闭合→[1] I0.2常闭触点断开，M0.0线圈无法得电；或者某原因让Q0.0～Q0.3线圈中的一个或多个处于得电状态，会使电磁阀YV1、YV2、YV3或电动机M处于通电工作状态，同时会使Q0.0～Q0.3常闭触点断开而让M0.0线圈无法得电；[6] M0.0常开触点断开，无法对状态继电器S0.1置位，也就不会转移执行从S0.1程序段开始的自动控制程序。

如果是因为C液体未排完而使装置不满足自动控制的原点条件，可手工操作SB5按钮，使[7] I1.3常开触点闭合，Q0.2线圈得电，接触器KM3线圈得电，KM3触点（图5-6中未画出）闭合，接通电磁阀YV3线圈电源，YV3打开，将C液体从装置容器中放完，液位传感器L的SQ1断开，[1] I0.2常闭触点闭合，M0.0线圈得电，从而满足自动控制所需的原点条件。

图5-8 液体混合装置控制梯形图程序

图 5-8 液体混合装置控制梯形图程序（续）

(2) 自动控制过程。在启动自动控制前，需要做一些准备工作，包括操作准备和程序准备。

❶ 操作准备：将手动/自动切换开关 QS 闭合，选择自动控制方式，图 5-8 中 [6] I1.0 常开触点闭合，为接通自动控制程序段做准备；[7] I1.0 常闭触点断开，切断手动控制程序段。

❷ 程序准备：在启动自动控制前，[1] 程序会检测原点条件，若满足原点条件，则辅助继电器线圈 M0.0 得电，[6] M0.0 常开触点闭合，为接通自动控制程序段做准备。另外，在 PLC 刚启动时，[4] SM0.1 触点自动接通一个扫描周期，"S S0.0, 1" 指令执行，将状态继电器 S0.0 置位，使程序转移至 S0.0 程序段，也为接通自动控制程序段做准备。

❸ 启动自动控制：按下启动按钮 SB1→[6] I0.0 常开触点闭合→执行 "SCRT S0.1" 指令，程序转移至 S0.1 程序段→由于 [10] SM0.0 触点在 S0.1 程序段运行期间始终闭合，Q0.0 线圈得电→Q0.0 端子内硬触点闭合→KM1 线圈得电→主电路中 KM1 主触点闭合（图 5-6 中未画出主电路部分）→电磁阀 YV1 线圈通电，阀门打开，注入 A 液体→当 A 液体高度到达液位传感器 M 位置时，传感器开关 SQ2 闭合→[10] I0.3 常开触点闭合→执行 "SCRT S0.2" 指令，程序转移至 S0.2 程序段（同时 S0.1 程序段复位）→由于 [13] SM0.0 触点在 S0.2 程序段运行期间始终闭合，Q0.1 线圈得电，S0.1 程序段复位使 Q0.0 线圈失电→Q0.0 线圈失电使电磁阀 YV1 阀门关闭，Q0.1 线圈得电使电磁阀 YV2 阀门打开，注

入 B 液体→当 B 液体高度到达液位传感器 H 位置时,传感器开关 SQ3 闭合→[13] I0.4 常开触点闭合→执行"SCRT S0.3"指令,程序转移至 S0.3 程序段→[16] 常 ON 触点 SM0.0 使 Q0.3 线圈得电→搅拌电动机 M 运转,同时定时器 T50 开始 20s 计时→20s 后,定时器 T50 动作→[16] T50 常开触点闭合→执行"SCRT S0.4"指令,程序转移至 S0.4 程序段→[19] 常 ON 触点 SM0.0 使 Q0.2 线圈被置位→电磁阀 YV3 打开,C 液体流出→当液体下降到液位传感器 L 位置时,传感器开关 SQ1 断开→[3] I0.2 常开触点断开(在液体高于 L 位置时 SQ1 处于闭合状态),产生一个下降沿脉冲→下降沿脉冲触点为继电器 M0.1 线圈接通一个扫描周期→[19] M0.1 常开触点闭合→执行"SCRT S0.5"指令,程序转移至 S0.5 程序段,由于 Q0.2 线圈是置位得电,故程序转移时 Q0.2 线圈不会失电→[22] 常 ON 触点 SM0.0 使定时器 T51 开始 20s 计时→20s 后,[22] T51 常开触点闭合,Q0.2 线圈复位→电磁阀 YV3 关闭;与此同时,S0.1 线圈得电,[9] S0.1 程序段激活,开始下一次自动控制。

❹ 停止控制:在自动控制过程中,若按下停止按钮 SB2→[2] I0.1 常开触点闭合→辅助继电器 M0.2 得电→M0.2 自锁触点闭合,锁定供电;[22] M0.2 常闭触点断开,状态继电器 S0.1 无法得电,[9] S0.1 程序段无法运行;[22] M0.2 常开触点闭合,当程序运行到 [22] 时,T51 常开触点闭合,状态继电器 S0.0 得电,[5] S0.0 程序段运行,但由于常开触点 I0.0 处于断开(SB1 断开)状态,状态继电器 S0.1 无法置位,无法转移到 S0.1 程序段,自动控制程序部分无法运行。

(3)手动控制过程。将手动/自动切换开关 QS 断开,选择手动控制方式→[6] I1.0 常开触点断开,状态继电器 S0.1 无法置位,无法转移到 S0.1 程序段,即无法进入自动控制程序;[7] I1.0 常闭触点闭合,接通手动控制程序→按下 SB3,I1.1 常开触点闭合,Q0.0 线圈得电,电磁阀 YV1 打开,注入 A 液体→松开 SB3,I1.1 常闭触点断开,Q0.0 线圈失电,电磁阀 YV1 关闭,停止注入 A 液体→按下 SB4 注入 B 液体,松开 SB4 停止注入 B 液体→按下 SB5 排出 C 液体,松开 SB5 停止排出 C 液体→按下 SB6 搅拌液体,松开 SB6 停止搅拌液体。

5.4.2 简易机械手的 PLC 控制线路与程序详解

1. 系统控制要求

简易机械手的结构如图 5-9 所示。M1 为控制机械手左右移动的电动机,M2 为控制机械手上下升降的电动机,YV 线圈用来控制机械手夹紧、放松,SQ1 为左到位检测开关,SQ2 为右到位检测开关,SQ3 为上到位检测开关,SQ4 为下到位检测开关,SQ5 为工件检测开关。

简易机械手控制要求如下。

❶ 机械手要将工件从工位 A 移到工位 B 处。

图 5-9 简易机械手的结构

❷ 机械手的初始状态（原点条件）是机械手应停在工位 A 的上方，SQ1、SQ3 均闭合。

❸ 若原点条件满足且 SQ5 闭合（工件 A 处有工件），按下启动按钮，则机械手按"原点→下降→夹紧→上升→右移→下降→放松→上升→左移→原点"步骤工作。

2. 确定输入/输出设备，并为其分配合适的 I/O 端子

简易机械手控制采用的输入/输出设备和对应的 PLC 端子见表 5-3。

表 5-3 简易机械手控制采用的输入/输出设备和对应的 PLC 端子

输入			输出		
输入设备	对应端子	功能说明	输出设备	对应端子	功能说明
SB1	I0.0	启动控制	KM1 线圈	Q0.0	控制机械手右移
SB2	I0.1	停止控制	KM2 线圈	Q0.1	控制机械手左移
SQ1	I0.2	左到位检测	KM3 线圈	Q0.2	控制机械手下降
SQ2	I0.3	右到位检测	KM4 线圈	Q0.3	控制机械手上升
SQ3	I0.4	上到位检测	KM5 线圈	Q0.4	控制机械手夹紧
SQ4	I0.5	下到位检测			
SQ5	I0.6	工件检测			

3. 绘制控制线路图

图 5-10 所示为简易机械手的 PLC 控制线路图。

图 5-10 简易机械手的 PLC 控制线路图

4. 编写 PLC 控制程序

1）绘制状态转移图

图 5-11 所示为简易机械手控制状态转移图。

2）绘制梯形图

启动编程软件，按照图5-11所示的状态转移图编写梯形图程序，如图5-12所示。

下面对照图5-10所示控制线路图来说明图5-12梯形图的工作原理。

武术运动员在表演武术时，通常会在表演场地某位置站立好，然后开始进行各种武术套路表演，表演结束后会收势成表演前的站立状态。同样地，大多数机

图5-11 简易机械手控制状态转移图

电设备在工作前先要处于初始位置（相当于运动员表演前的站立位置），然后在程序的控制下，机电设备开始各种操作，操作结束又会回到初始位置，机电设备的初始位置也称原点。

（1）工作控制。当PLC启动时，[2] SM0.1会接通一个扫描周期，将状态继电器S0.0置位，S0.0程序段被激活，成为活动步程序。

❶ 原点条件检测。机械手的原点条件是左到位（左限位开关SQ1闭合）、上到位（上限位开关SQ3闭合），即机械手的初始位置应在左上角。若不满足原点条件，则原点检测程序会使机械手返回到原点，然后才开始工作。

[4]为原点检测程序，当按下启动按钮SB1时→[1] I0.0常开触点闭合，辅助继电器M0.0线圈得电，M0.0自锁触点闭合，锁定供电，同时[4] M0.0常开触点闭合，因S0.0状态器被置位，故S0.0常开触点闭合，Q0.4线圈复位，接触器KM5线圈失电，机械手夹紧线圈失电而放松，[4]中的其他M0.0常开触点也均闭合。若机械手未左到位，开关SQ1断开，[4] I0.2常闭触点闭合，Q0.1线圈得电，接触器KM1线圈得电，通过电动机M1驱动机械手左移，左移到位后SQ1闭合，[4] I0.2常闭触点断开；若机械手未上到位，开关SQ3断开，[4] I0.4常闭触点闭合，Q0.3线圈得电，接触器KM4线圈得电，通过电动机M2驱动机械手上升，上升到位后SQ3闭合，[4] I0.4常闭触点断开。如果机械手左到位、上到位且工位A有工件（开关SQ5闭合），则[4] I0.2、I0.4、I0.6常开触点均闭合，执行"SCRT S0.1"指令，使S0.1程序段成为活动步程序，程序转移至S0.1程序段，开始控制机械手搬运工件。

❷ 机械手搬运工件控制。S0.1程序段成为活动步程序后，[7] SM0.0常ON触点闭合→Q0.2线圈得电，KM3线圈得电，通过电动机M2驱动机械手下移，当下移到位后，下到位开关SQ4闭合，[7] I0.5常开触点闭合，执行"SCRT S0.2"指令，程序转移至S0.2程序段→[10] SM0.0常ON触点闭合，Q0.4线圈被置位，接触器KM5线圈得电，夹紧线圈YV得电将工件夹紧，与此同时，定时器T50开始1s计时→1s后，[10] T50常开触点闭合，执行"SCRT S0.3"指令，程序转移至S0.3程序段→[13] SM0.0常ON触点闭合→Q0.3线圈得电，KM4线圈得电，通过电动机M2驱动机械手上移，当上移到位后，

图 5-12 简易机械手控制梯形图程序

图 5-12　简易机械手控制梯形图程序（续）

开关 SQ3 闭合，[13] I0.4 常开触点闭合，执行"SCRT S0.4"指令，程序转移至 S0.4 程序段→[16] SM0.0 常 ON 触点闭合→Q0.0 线圈得电，KM1 线圈得电，通过电动机 M1 驱动机械手右移，当右移到位后，开关 SQ2 闭合，[16] I0.3 常开触点闭合，执行"SCRT S0.5"指令，程序转移至 S0.5 程序段→[19] SM0.0 常 ON 触点闭合→Q0.2 线圈得电，KM3 线圈得电，通过电动机 M2 驱动机械手下降，当下降到位后，开关 SQ4 闭合，[19] I0.5 常开触点闭合，执行"SCRT S0.6"指令，程序转移至 S0.6 程序段→[22] SM0.0 常 ON 触点闭合→Q0.4 线圈被复位，接触器 KM5 线圈失电，夹紧线圈 YV 失电将工件放下，与此同时，定时器 T50 开始 1s 计时→1s 后，[22] T50 常开触点闭合，执行"SCRT S0.7"指令，程序转移至 S0.7 程序段→[25] SM0.0 常 ON 触点闭合→Q0.3 线圈得电，KM4 线圈得电，通过电动机 M2 驱动机械手上升，当上升到位后，开关 SQ3 闭合，[25] I0.4 常开触点闭合，执行"SCRT S1.0"指令，程序转移至 S1.0 程序段→[28] SM0.0 常 ON 触点闭合→Q0.1 线圈得电，KM2 线圈得电，通过电动机 M1 驱动机械手左移，当左移到位后，开关 SQ1 闭合，[28] I0.2 常闭触点断开，Q0.1 线圈失电，机械手停止左移，同时 [28] I0.2 常开触点闭合，如果上到位开关 SQ3（I0.4）和工件检测开关 SQ5（I0.6）均闭合，则执行"SCRT S0.1"指令，程序转移至 S0.1 程序段→[7] SM0.0 常 ON 触点闭合，Q0.2 线圈得电，开始下一次工件搬运。若工位 A 无工件，则 SQ5 断开，机械手会停在原点位置。

（2）停止控制。当按下停止按钮 SB2 时→[1] I0.1 常闭触点断开→辅助继电器 M0.0 线圈失电→[1]、[4]、[28] 中的 M0.0 常开触点均断开，其中 [1] M0.0 常开触点断开解除 M0.0 线圈供电，[4]、[28] M0.0 常开触点断开均会使"SCRT S0.1"指令无法执行,也就无法转移至 S0.1 程序段,机械手不工作。

5.4.3 大小铁球分拣机的 PLC 控制线路与程序详解

1. 系统控制要求

大小铁球分拣机的结构如图 5-13 所示。M1 为传送带电动机,通过传送带驱动机械手臂向左或向右移动;M2 为电磁铁升降电动机,用于驱动电磁铁 YA 上移或下移;SQ1、SQ4、SQ5 分别为混装球箱、小球箱、大球箱的定位开关,当机械手臂移到某球箱上方时,相应的定位开关闭合;SQ6 为接近开关,当铁球靠近时开关闭合,表示电磁铁下方有球存在。

图 5-13 大小铁球分拣机的结构

大小铁球分拣机控制要求及工作过程如下。

❶ 分拣机要从混装球箱中将大小球分拣出来,并将小球放入小球箱内,大球放入大球箱内。

❷ 分拣机的初始状态(原点条件)是机械手臂应停在混装球箱上方,SQ1、SQ3 均闭合。

❸ 在工作时,若 SQ6 闭合,则电动机 M2 驱动电磁铁下移,2s 后,给电磁铁通电从混装球箱中吸引铁球。若此时 SQ2 处于断开状态,表示吸引的是大球;若 SQ2 处于闭合状态,则吸引的是小球。然后电磁铁上移,SQ3 闭合后,电动机 M1 带动机械手臂右移,如果电磁铁吸引的是小球,机械手臂移至 SQ4 处停止,电磁铁下移,将小球放入小球箱(让电磁铁失电),而后电磁铁上移,机械手臂回归原位;如果电磁铁吸引的是大球,机械手臂移至 SQ5 处停止,电磁铁下移,将大球放入大球箱,而后电磁铁上移,机械手臂回归原位。

2. 确定输入/输出设备,并为其分配合适的 I/O 端子

大小铁球分拣机控制系统采用的输入/输出设备和对应的 PLC 端子见表 5-4。

表 5-4 大小铁球分拣机控制系统采用的输入/输出设备和对应的 PLC 端子

输入			输出		
输入设备	对应端子	功能说明	输出设备	对应端子	功能说明
SB1	I0.0	启动控制	HL	Q0.0	工作指示
SQ1	I0.1	混装球箱定位	KM1 线圈	Q0.1	控制电磁铁上升
SQ2	I0.2	电磁铁下限位	KM2 线圈	Q0.2	控制电磁铁下降
SQ3	I0.3	电磁铁上限位	KM3 线圈	Q0.3	控制机械手臂左移
SQ4	I0.4	小球箱定位	KM4 线圈	Q0.4	控制机械手臂右移
SQ5	I0.5	大球箱定位	KM5 线圈	Q0.5	控制电磁铁吸合
SQ6	I0.6	铁球检测			

3．绘制控制线路图

图 5-14 所示为大小铁球分拣机的 PLC 控制线路图。

图 5-14 大小铁球分拣机的 PLC 控制线路图

4．编写 PLC 控制程序

1）绘制状态转移图

分拣机拣球时抓的可能是大球，也可能是小球，若抓的是大球，则执行抓取大球控制；若抓的是小球，则执行抓取小球控制。这是一种选择性控制，编程时应采用选择性分支方式。图 5-15 所示为大小铁球分拣机控制的状态转移图。

2）绘制梯形图

启动编程软件，根据图 5-15 所示的状态转移图编写梯形图程序，如图 5-16 所示。

下面对照图 5-13 所示分拣机结构图、图 5-14 所示控制线路图和图 5-16 所示梯形图来说明分拣机的工作原理。

(1) 检测原点条件。图 5-16 梯形图中的 [1] 程序用来检测分拣机是否满足原点条件。分拣机的原点条件有: 一是机械手臂停在混装球箱上方 (会使定位开关 SQ1 闭合, [1] I0.1 常开触点闭合); 二是电磁铁处于上限位位置 (会使上限位开关 SQ3 闭合, [1] I0.3 常开触点闭合); 三是电磁铁未通电 (Q0.5 线圈失电, 电磁铁也无供电, [1] Q0.5 常闭触点闭合); 四是有铁球处于电磁铁正下方 (会使铁球检测开关 SQ6 闭合, [1] I0.6 常开触点闭合)。这四点都满足后, [1] Q0.0 线圈得电, [4] Q0.0 常开触点闭合, 同时 Q0.0 端子的内硬触点接通, 指示灯 HL 亮。若 HL 不亮, 说明原点条件不满足。

图 5-15　大小铁球分拣机控制的状态转移图

图 5-16　大小铁球分拣机控制的梯形图程序

图 5-16 大小铁球分拣机控制的梯形图程序（续）

图 5-16 大小铁球分拣机控制的梯形图程序（续）

（2）工作过程。当 PLC 上电启动时，SM0.1 会接通一个扫描周期，将状态继电器 S0.0 置位，S0.0 程序段被激活，成为活动步程序。

按下启动按钮 SB1 → [4] I0.0 常开触点闭合→由于 SM0.0 和 Q0.0 触点均闭合，故执行 "SCRT S0.1" 指令，程序转移至 S0.1 程序段→ [7] SM0.0 常 ON 触点闭合→ [7] Q0.2 线圈得电，通过接触器 KM2 使电动机 M2 驱动电磁铁下移，与此同时，定时器 T50 开始 2s 计时→ 2s 后，[7] 两个 T50 常开触点均闭合，若下限位开关 SQ2 处于闭合状态，表明电磁铁接触的是小球，[7] I0.2 常开触点闭合，[7] I0.2 常闭触点断开，执行 "SCRT S0.2" 指令，程序转移至 S0.2 程序段，开始抓小球控制程序；若下限位开关 SQ2 处于断开状态，表明电磁铁接触的是大球，[7] I0.2 常开触点断开，[7] I0.2 常闭触点闭合，执行 "SCRT S0.5" 指令，程序转移至 S0.5 程序段，开始抓大球控制程序。

❶ 小球抓取控制（S0.2～S0.4 程序段）。程序转移至 S0.2 程序段后→ [10] SM0.0 常 ON 触点闭合→ Q0.5 线圈被置位，通过 KM5 使电磁铁通电抓住小球，同时定时器 T51 开始 1s 计时→ 1s 后，[10] T51 常开触点闭合，执行 "SCRT S0.3" 指令，程序转移至 S0.3 程序段→ [13] SM0.0 常 ON 触点闭合→ Q0.1 线圈得电，通过 KM1 使电动机 M2 驱动电磁铁上升→当电磁铁上升到位后，上限位开关 SQ3 闭合，[13] I0.3 常开触点闭合，执行 "SCRT S0.4" 指令，程序转移至 S0.4 程序段→ [16] SM0.0 常 ON 触点闭合→ Q0.4 线圈得电，通过 KM4 使电动机 M1 驱动机械手臂右移→当机械手臂移到小球箱上方时，小球箱定位开关 SQ4 闭合→ [16] I0.4 常闭触点断开，Q0.4 线圈失电，机械手臂停止移动，同时 [16] I0.4 常开触点闭合，执行 "SCRT S1.0" 指令，程序转移至 S1.0 程序段，开始放球控制。

❷ 放球并返回控制（S1.0～S1.3 程序段）。程序转移至 S1.0 程序段后→ [28] SM0.0 常 ON 触点闭合，Q0.2 线圈得电，通过 KM2 使电动机 M2 驱动电磁铁下降，当下降到位后，下限位开关 SQ2 闭合→ [28] I0.2 常开触点闭合，执行 "SCRT S1.1" 指令，程序转移至 S1.1 程序段→ [31] SM0.0 常 ON 触点闭合→ Q0.5 线圈被复位，电磁铁失电，将球放入球箱，与此同时，定时器 T52 开始 1s 计时→ 1s 后，[31] T52 常开触点闭合，执行 "SCRT S1.2" 指令，程序转移至 S1.2 程序段→ [34] SM0.0 常 ON 触点闭合，Q0.1 线圈得电，通过 KM1 使电动机 M2 驱动电磁铁上升→当电磁铁上升到位后，上限位开关 SQ3

119

闭合，[34]I0.3 常开触点闭合，执行"SCRT S1.3"指令，程序转移至 S1.3 程序段→[37] SM0.0 常 ON 触点闭合，Q0.3 线圈得电，通过 KM3 使电动机 M1 驱动机械手臂左移→当机械手臂移到混装球箱上方时，混装球箱定位开关 SQ1 闭合→[37] I0.1 常闭触点断开，Q0.3 线圈失电，电动机 M1 停转，机械手臂停止移动，与此同时，[37] I0.1 常开触点闭合，执行"SCRT S0.0"指令，程序转移至 S0.0 程序段→[4] SM0.0 常 ON 触点闭合，若按下启动按钮 SB1，则开始下一次抓球过程。

❸ 大球抓取过程（S0.5～S0.7 程序段）。程序转移至 S0.5 程序段后→[19] SM0.0 常 ON 触点闭合，Q0.5 线圈被置位，通过 KM5 使电磁铁通电抓取大球，同时定时器 T51 开始 1s 计时→1s 后，[19] T51 常开触点闭合，执行"SCRT S0.6"指令，程序转移至 S0.6 程序段→[22] SM0.0 常 ON 触点闭合，Q0.1 线圈得电，通过 KM1 使电动机 M2 驱动电磁铁上升→当电磁铁上升到位后，上限位开关 SQ3 闭合，[22] I0.3 常开触点闭合，执行"SCRT S0.7"指令，程序转移至 S0.7 程序段→[25] SM0.0 常 ON 触点闭合，Q0.4 线圈得电，通过 KM4 使电动机 M1 驱动机械手臂右移→当机械手臂移到大球箱上方时，大球箱定位开关 SQ5 闭合→[25] I0.5 常闭触点断开，Q0.4 线圈失电，机械手臂停止移动，同时 [25] I0.5 常开触点闭合，执行"SCRT S1.0"指令，程序转移至 S1.0 程序段，开始放球过程。

大球的放球与返回控制过程与小球完全一样，不再赘述。

第6章 功能指令说明及使用举例

基本指令和顺序控制指令是 PLC 最常用的指令，为了适应现代工业自动控制需要，PLC 制造商开始逐步为 PLC 增加很多功能指令，**功能指令使 PLC 具有强大的数据运算和特殊处理功能，从而大大扩展了 PLC 的使用范围。**

6.1 功能指令使用基础

6.1.1 数据类型

1. 字长

S7-200 SMART PLC 的存储单元（即编程元件）存储的数据都是二进制数。**数据的长度称为字长，字长可分为位（1位二进制数，用 b 表示）、字节（8位二进制数，用 B 表示）、字（16位二进制数，用 W 表示）和双字（32位二进制数，用 D 表示）。**

2. 数据的类型和范围

S7-200 SMART PLC 的存储单元存储的数据类型可分为布尔型、整数型和实数型（浮点数）。

1）布尔型

布尔型数据只有1位，又称位型，用来表示开关量（或称数字量）的两种不同状态。当某编程元件为1时，称该元件为1状态，或称该元件处于 ON 状态，该元件对应的线圈"通电"，其常开触点闭合，常闭触点断开；当该元件为0时，称该元件为0状态，或称该元件处于 OFF 状态，该元件对应的线圈"失电"，其常开触点断开，常闭触点闭合。例如，输出继电器 Q0.0 的数据为布尔型。

2）整数型

整数型数据不带小数点，它分为无符号整数和有符号整数，有符号整数需要占用1个最高位表示数据的正负，通常规定最高位为0表示数据为正数，为1表示数据为负数。表 6-1 列出了不同字长的整数表示的数值范围。

表 6-1 不同字长的整数表示的数值范围

整数长度	无符号整数表示范围		有符号整数表示范围	
	十进制表示	十六进制表示	十进制表示	十六进制表示
字节 B（8位）	0～255	0～FF	-128～127	80～7F
字 W（16位）	0～65535	0～FFFF	-32768～32767	8000～7FFF
双字 D（32位）	0～4294967295	0～FFFFFFFF	-2147483648～2147483647	80000000～7FFFFFFF

3）实数型

实数型数据也称为浮点型数据，是一种带小数点的数据，它采用 32 位来表示（即字长为双字），其数据范围很大，正数范围为 +1.175495E-38 ～ +3.402823E+38，负数范围为 -1.175495E-38 ～ -3.402823E+38。

3．常数的编程书写格式

常数在编程时经常要用到。常数的长度可为字节、字和双字，常数在 PLC 中也是以二进制数形式存储的，但编程时常数可以十进制、十六进制、二进制、ASCII 码或浮点数（实数）形式编写，然后由编程软件自动编译成二进制数下载到 PLC 中。

常数的编程书写格式见表 6-2。

表 6-2　常数的编程书写格式

常　数	编程书写格式	举　例
十进制	十进制值	2105
十六进制	16# 十六进制值	16#3F67A
二进制	2# 二进制值	2#1010 000111010011
ASCII 码	'ASCII 码文本'	'very good'
浮点数（实数）	按 ANSI/IEEE 754—1985 标准	+1.038267E-36（正数） -1.038267E-36（负数）

6.1.2　寻址方式

在 S7-200 SMART PLC 中，数据是存于存储器中的，为了存取方便，需要对存储器的每个存储单元进行编址。在访问数据时，只要找到某单元的地址，就能对该单元的数据进行存取。S7-200 PLC 的寻址方式主要有两种：**直接寻址和间接寻址**。

1．直接寻址

1）编址

要了解存储器的寻址方法，须先掌握其编址方法。S7-200 SMART PLC 的存储单元编址有一定的规律，它将存储器按功能不同划分成若干个区，如 I 区（输入继电器区）、Q 区（输出继电器区）、M 区、SM 区、V 区、L 区等，由于每个区又有很多存储单元，因而这些单元需要进行编址。**PLC 存储区常采用以下方式编址。**

❶ I、Q、M、SM、S 区按位顺序编址，如 I0.0 ～ I15.7、M0.0 ～ M1.7。

❷ V、L 区按字节顺序编址，如 VB0 ～ VB2047、LB0 ～ LB63。

❸ AI、AQ 区按字顺序编址，如 AIW0 ～ AIW30、AQW0 ～ AQW30。

❹ T、C、HC、AC 区直接按编号大小编址，如 T0 ～ T255、C0 ～ C255、AC0 ～ AC3。

2）直接寻址方法

直接寻址通过直接指定要访问存储单元的区域、长度和位置来查找到该单元。S7-200 SMART PLC 直接寻址方法主要有：

❶ 位寻址。位寻址格式为：

位单元寻址 = 存储区名（元件名）+ 字节地址 . 位地址

例如，寻址时给出 I2.3，要查找的地址是 I 存储区第 2 字节的第 3 位，如图 6-1 所示。

可进行位寻址的存储区有 I、Q、M、SM、L、V、S。

❷ 字节/字/双字寻址。字节/字/双字寻址是以字节、字或双字为单位进行的，**寻址格式为：**

图 6-1 位寻址举例

字节/字/双字寻址 = 存储区名（元件名）+ 字长（字节、字或双字）+ 首字节地址

例如，寻址时给出 VB100，要查找的地址为 V 存储区的第 100 字节；若给出 VW100，则要查找的地址为 V 存储区的第 100、101 两个字节；若给出 VD100，则要查找的地址为 V 存储区的第 100～103 四个字节。VB100、VW100、VD100 之间的关系如图 6-2 所示，VW100 即为 VB100 和 VB101，VD100 即为 VB100～VB103。当 VW100 单元存储 16 位二进制数时，VB100 存高字节（高 8 位），VB101 存低字节（低 8 位）；当 VD100 单元存储 32 位二进制数时，VB100 存最高字节，VB103 存最低字节。

图 6-2 VB100、VW100、VD100 之间的关系

可进行字节寻址的存储区有 I、Q、M、SM、L、V、AC（仅低 8 位）、常数；可进行字寻址的存储区有 I、Q、M、SM、L、V、T、C、AC（仅低 16 位）、常数；可进行双字寻址的存储区有 I、Q、M、SM、L、V、AC（32 位）、常数。

2. 间接寻址

间接寻址是指不直接给出要访问单元的地址，而是将该单元的地址存在某些特殊存储单元中，这个用来存储地址的特殊存储单元称为指针，指针只能由 V、L 或 AC（累加器）来承担。采用间接寻址方式在访问连续地址中的数据时很方便，使编程非常灵活。

间接寻址存取数据一般有三个过程：建立指针、用指针存取数据和修改指针。

1）建立指针

建立指针必须用双字传送指令（MOVD），利用该指令将要访问单元的地址存入指针（用来存储地址的特殊存储单元）中。指针建立举例如下。

```
        MOVD  &VB200, AC1    // 将存储单元 VB200 的地址存入累加器 AC1 中
```
指令中操作数前的"&"为地址符号,"&VB200"表示 VB200 的地址(而不是 VB200 中存储的数据),"//"为注释符号,它后面的文字用来对指令进行注释说明,软件不会对其后面的内容进行编译。**在建立指针时,指令中的第 2 个操作数的字长必须是双字存储单元,如 AC、VD、LD**。

2)用指针存取数据

指针建立后,就可以利用指针来存取数据。举例如下。

```
        MOVD  &VB200, AC0    // 建立指针,将存储单元 VB200 的地址存入累加器 AC0 中
        MOVW  *AC0, AC1      // 以 AC0 中的地址(VB200 的地址)作为首地址,将连续两个字
节(一个字,即 VB200、VB201)单元中的数据存入 AC1 中
        MOVD*AC0, AC1        // 以 AC0 中的地址(VB200 的地址)作为首地址,将连续四个字
节(双字,即 VB200~VB203)单元中的数据存入 AC1 中
```

指令中操作数前的"*"表示该操作数是一个指针(存有地址的存储单元)。下面通过图 6-3 来说明上述指令的执行过程。

图 6-3 间接寻址说明图

"MOVD &VB200, AC0"指令执行的结果是 AC0 中存入存储单元 VB200 的地址;"MOVW *AC0, AC1"指令执行的结果是以 AC0 中的 VB200 地址作为首地址,将连续两个字节单元(VB200、VB201)中的数据存入 AC1 中,如果 VB200、VB201 单元中的数据分别为 12、34,则该指令执行后,AC1 的低 16 位就存入了"1234";"MOVD *AC0, AC1"指令执行的结果是以 AC0 中的 VB200 地址作为首地址,将连续四个字节单元(VB200~VB203)中的数据存入 AC1 中,该指令执行后,AC1 中就存入了"12345678"。

3)修改指针

指针(用来存储地址的特殊存储单元)的字长为双字(32 位),修改指针值需要用双字指令。常用的双字指令有双字加法指令(ADDD)和双字加 1 指令(INCD)。在修改指针值、存取字节时,指针值加 1;存取字时,指针值加 2;存取双字时,指针值加 4。修改指针值举例如下。

```
        MOVD  &VB200, AC0    // 建立指针
        INCD  AC0            // 将 AC0 中的值加 1(即地址值增 1)
        INCD  AC0            // 将 AC0 中的地址值再增 1
        MOVW  *AC0, AC1      // 读指针,以 AC0 中的新地址作为首地址,将它所对应连续两个
字节单元中的数据存入 AC1 中
```

以图 6-3 为例，上述程序执行的结果是以 AC0 中的 VB202 单元地址为首地址，将 VB202、VB203 单元中的数据 56、78 存入 AC1 的低 16 位。

6.2 传送指令

传送指令的功能是在编程元件之间传送数据。传送指令可分为单一数据传送指令、字节立即传送指令、数据块传送指令和字节交换指令。

6.2.1 单一数据传送指令

单一数据传送指令用于传送一个数据，根据传送数据的字长不同，可分为字节、字、双字和实数传送指令。单一数据传送指令的功能是在 EN 端有输入（即 EN=1）时，将 IN 端指定单元中的数据送入 OUT 端指定的单元中。

单一数据传送指令说明如表 6-3 所示。

表 6-3 单一数据传送指令说明

指令名称	梯形图与指令格式	功能说明	举例
字节传送	MOV_B EN ENO ????-IN OUT-???? （MOVB IN, OUT）	将 IN 端指定字节单元中的数据送入 OUT 端指定的字节单元	I0.1─┤├─MOV_B EN ENO IB0-IN OUT-QB0 当 I0.1 触点闭合时，将 IB0（I0.0～I0.7）单元中的数据送入 QB0（Q0.0～Q0.7）单元中。IN 端也可以输入常数，如将 IB0 改为"3"，则将"3"送入 QB0
字传送	MOV_W EN ENO ????-IN OUT-???? （MOVW IN, OUT）	将 IN 端指定字单元中的数据送入 OUT 端指定的字单元	I0.2─┤├─MOV_W EN ENO IW0-IN OUT-QW0 当 I0.2 触点闭合时，将 IW0（I0.0～I1.7）单元中的数据送入 QW0（Q0.0～Q1.7）单元中
双字传送	MOV_DW EN ENO ????-IN OUT-???? （MOVD IN, OUT）	将 IN 端指定双字单元中的数据送入 OUT 端指定的双字单元	I0.3─┤├─MOV_DW EN ENO ID0-IN OUT-QD0 当 I0.3 触点闭合时，将 ID0（I0.0～I3.7）单元中的数据送入 QD0（Q0.0～Q3.7）单元中
实数传送	MOV_R EN ENO ????-IN OUT-???? （MOVR IN, OUT）	将 IN 端指定双字单元中的实数送入 OUT 端指定的双字单元	I0.4─┤├─MOV_R EN ENO 0.1-IN OUT-AC0 当 I0.4 触点闭合时，将实数"0.1"的数据送入 AC0（32 位）中

字节、字、双字和实数传送指令允许使用的操作数及其数据类型见表6-4。

表6-4 字节、字、双字和实数传送指令允许使用的操作数及其数据类型

单一数据传送指令	输入/输出	允许使用的操作数	数据类型
MOVB	IN	IB、QB、VB、MB、SMB、SB、LB、AC、*VD、*LD、*AC、常数	字节
	OUT	IB、QB、VB、MB、SMB、SB、LB、AC、*VD、*LD、*AC	
MOVW	IN	IW、QW、VW、MW、SMW、SW、T、C、LW、AC、AIW、*VD、*AC、*LD、常数	字、整数型
	OUT	IW、QW、VW、MW、SMW、SW、T、C、LW、AC、AQW	
MOVD	IN	ID、QD、VD、MD、SMD、SD、LD、HC、&VB、&IB、&QB、&MB、&SB、&T、&C、&SMV、*AIW、&AQW、AC、*VD、*LD、*AC、常数	双字、双整数型
	OUT	AC、*VD、*LD、*AC	
MOVR	IN	ID、QD、VD、MD、SMD、SD、LD、AC、*VD、*LD、*AC、常数	实数型
	OUT	ID、QD、VD、MD、SMD、SD、LD、AC、*VD、*LD、*AC	

6.2.2 字节立即传送指令

字节立即传送指令的功能是在 EN 端（使能端）有输入时，在物理 I/O 端和存储器之间立即传送一个字节数据。字节立即传送指令可分为字节立即读指令和字节立即写指令，它们不能访问扩展模块。PLC 采用循环扫描方式执行程序，如果程序中一个指令刚执行，那么需要等一个扫描周期后才会再次执行，而立即传送指令当输入为 ON 时不用等待即刻执行。

字节立即传送指令说明如表6-5所示。

表6-5 字节立即传送指令说明

指令名称	梯形图与指令格式	功能说明	举例
字节立即读	MOV_BIR EN　ENO ????—IN　OUT—???? (BIR IN, OUT)	将 IN 端指定的物理输入端子的数据立即送入 OUT 端指定的字节单元，物理输入端子对应的输入寄存器不会被刷新	I0.1 MOV_BIR EN　ENO IB0—IN　OUT—MB0 当 I0.1 触点闭合时，将 IB0（I0.0～I0.7）端子输入值立即送入 MB0（M0.0～M0.7）单元中，IB0 输入继电器中的数据不会被刷新
字节立即写	MOV_BIW EN　ENO ????—IN　OUT—???? (BIW IN, OUT)	将 IN 端指定字节单元中的数据立即送到 OUT 端指定的物理输出端子，同时刷新输出端子对应的输出寄存器	I0.2 MOV_BIW EN　ENO MB0—IN　OUT—QB0 当 I0.2 触点闭合时，将 MB0 单元中的数据立即送到 QB0（Q0.0～Q0.7）端子，同时刷新输出继电器 QB0 中的数据

字节立即读/写指令允许使用的操作数见表 6-6。

表 6-6 字节立即读/写指令允许使用的操作数

字节立即传送指令	输入/输出	允许使用的操作数	数据类型
BIR	IN	IB、*VD、*LD、*AC	字节型
	OUT	IB、QB、VB、MB、SMB、SB、LB、AC、*VD、*LD、*AC	
BIW	IN	IB、QB、VB、MB、SMB、SB、LB、AC、*VD、*LD、*AC、常数	字节型
	OUT	QB、*VD、*LD、*AC	

6.2.3 数据块传送指令

数据块传送指令的功能是在 EN 端（使能端）有输入时，将 IN 端指定首地址的 N 个单元中的数据送入 OUT 端指定首地址的 N 个单元中。数据块传送指令可分为字节块、字块及双字块传送指令。

数据块传送指令说明如表 6-7 所示。

表 6-7 数据块传送指令说明

指令名称	梯形图与指令格式	功能说明	举例
字节块传送	BLKMOV_B (BMB IN, OUT, N)	将 IN 端指定首地址的 N 个字节单元中的数据送入 OUT 端指定首地址的 N 个字节单元中	当 I0.1 触点闭合时，将 VB10 为首地址的 3 个连续字节单元中的数据送入 VB20 为首地址的 3 个连续字节单元中，其中 VB10→VB20、VB11→VB21、VB12→VB22
字块传送	BLKMOV_W (BMW IN, OUT, N)	将 IN 端指定首地址的 N 个字单元中的数据送入 OUT 端指定首地址的 N 个字单元中	当 I0.2 触点闭合时，将 VW10 为首地址的 3 个连续字单元中的数据送入 VW20 为首地址的 3 个连续字单元中
双字块传送	BLKMOV_D (BMD IN, OUT, N)	将 IN 端指定首地址的 N 个双字单元中的数据送入 OUT 端指定首地址的 N 个双字单元中	当 I0.3 触点闭合时，将 VD10 为首地址的 3 个连续双字单元中的数据送入 VD20 为首地址的 3 个连续双字单元中

字节、字、双字块传送指令允许使用的操作数见表 6-8。

表 6-8 字节、字、双字块传送指令允许使用的操作数

数据块传送指令	输入/输出	允许使用的操作数	数据类型	参数（N）
BMB	IN	IB、QB、VB、MB、SMB、SB、LB、*VD、*LD、*AC	字节	IB、QB、VB、MB、SMB、SB、LB、AC、常数、*VD、*LD、*AC、字节型
BMB	OUT	IB、QB、VB、MB、SMB、SB、LB、*VD、*LD、*AC	字节	
BMW	IN	IW、QW、VW、SMW、SW、T、C、LW、AIW、*VD、*LD、*AC	字、整数型	
BMW	OUT	IW、QW、VW、MW、SMW、SW、T、C、LW、AQW、*VD、*LD、*AC	字、整数型	
BMD	IN	ID、QD、VD、MD、SMD、SD、LD、*VD、*LD、*AC	双字、双整数型	
BMD	OUT	ID、QD、VD、MD、SMD、SD、LD、*VD、*LD、AC	双字、双整数型	

6.2.4 字节交换指令

字节交换指令的功能是在 EN 端有输入时，将 IN 端指定单元中的数据的高字节与低字节进行交换。

字节交换指令说明如表 6-9 所示。

表 6-9 字节交换指令说明

指令名称	梯形图与指令格式	功能说明	举例
字节交换	SWAP EN ENO ????─IN （SWAP IN）	将 IN 端指定单元中的数据的高字节与低字节交换。 IN 端的操作数类型为字型，具体有 IW、QW、VW、MW、SMW、SW、LW、T、C、AC、*VD、*LD、*AC	I0.1─┤├─P─ SWAP EN ENO VW20─IN 当 I0.1 触点闭合时，P 触点接通一个扫描周期，EN=1，SWAP 指令将 VW20 单元的高字节与低字节交换，例如交换前 VW20=16#1066，交换后变为 VW20=16#6610。 字节交换 SWAP 指令常用脉冲型触点驱动，采用普通触点会在每次扫描时将字节交换一次，很可能得不到希望的结果

6.3 比较指令

比较指令又称触点比较指令，其功能是将两个数据按指定条件进行比较，条件成立时触点闭合，否则触点断开。根据比较数据类型的不同，可分为字节比较、整数比较、双字整数比较、实数比较和字符串比较；根据比较运算关系的不同，数值比较可分为 =（等于）、>（大于）、>=（大于或等于）、<（小于）、<=（小于或等于）和 <>（不等于）共 6 种，而字符串比较只有 =（等于）和 <>（不等于）两种。比较指令有与（LD）、串联（A）和并联（O）3 种触点。

6.3.1 字节触点比较指令

字节触点比较指令用于比较两个字节型整数值 IN1 和 IN2 的大小,字节比较的数值是无符号的。

字节触点比较指令说明如表 6-10 所示。

表 6-10 字节触点比较指令说明

梯形图与指令格式	功能说明	举 例	操作数 (IN1/IN2)
???? ─┤==B├─ ???? (LDB= IN1, IN2)	当 IN1=IN2 时,"==B"触点闭合	─┤IB0==B├─(Q0.1)　　LDB= IB0, MB0 　　MB0　　　　　　　　　　 = 　　Q0.1 当 IB0=MB0(即两单元的数据相等)时,"==B"触点闭合,Q0.1 线圈得电	IB、QB、VB、MB、SMB、SB、LB、AC、*VD、*LD、*AC、常数(字节型)
???? ─┤<>B├─ ???? (LDB<> IN1, IN2)	当 IN1≠IN2 时,"<>B"触点闭合	─┤QB0<>B├─┤IB0==B├─(Q0.1)　LDB<> QB0, MB0 　　MB0　　　　MB0　　　　　　AB= 　IB0, MB0 　　　　　　　　　　　　　　　　　　 = 　　Q0.1 当 QB0≠MB0,且 IB0=MB0 时,两触点均闭合,Q0.1 线圈得电。注:"串联==B"比较指令用"AB="表示	
???? ─┤>=B├─ ???? (LDB>= IN1, IN2)	当 IN1≥IN2 时,">=B"触点闭合	─┤IB0>=B├─────(Q0.1) 　　MB0　　　│ 　─┤QB0<>B├──┘　　LDB>= IB0, MB0 　　MB0　　　　　　　OB<> 　QB0, MB0 　　　　　　　　　　　　 = 　　Q0.1 当 IB0≥MB0 时,>=B 触点闭合,或 QB0≠MB0 时,<>B 触点闭合,Q0.1 线圈均会得电。注:"并联<>B"比较指令用"OB<>"表示	
???? ─┤<=B├─ ???? (LDB<= IN1, IN2)	当 IN1≤IN2 时,"<=B"触点闭合	─┤IB0<=B├─(Q0.1)　　LDB<= IB0, 8 　　8　　　　　　　　　　　 = 　　Q0.1 当 IB0 单元中的数据小于或等于 8 时,触点闭合,Q0.1 线圈得电	
???? ─┤>B├─ ???? (LDB> IN1, IN2)	当 IN1>IN2 时,">B"触点闭合	─┤IB0>B├─(Q0.1)　　LDB> IB0, MB0 　　MB0　　　　　　　　　　 = 　　Q0.1 当 IB0>MB0 时,">B"触点闭合,Q0.1 线圈得电	
???? ─┤<B├─ ???? (LDB< IN1, IN2)	当 IN1<IN2 时,"<B"触点闭合	─┤IB0<B├─(Q0.1)　　LDB< IB0, MB0 　　MB0　　　　　　　　　　 = 　　Q0.1 当 IB0<MB0 时,"<B"触点闭合,Q0.1 线圈得电	

6.3.2 整数触点比较指令

整数触点比较指令用于比较两个字型整数值 IN1 和 IN2 的大小,整数比较的数值是有符号的,比较的整数范围是 -32768 ～ +32767,用十六进制表示为 16#8000 ～ 16#7FFFF。

整数触点比较指令说明如表 6-11 所示。

表 6-11 整数触点比较指令说明

梯形图与指令格式	功能说明	操作数（IN1/IN2）
???? ─┤ ==I ├─ ???? (LDW= IN1, IN2)	当 IN1=IN2 时，"==I" 触点闭合	IW、QW、VW、MW、SMW、SW、LW、T、C、AC、AIW、*VD、*LD、*AC、常数（整数型）
???? ─┤ <>I ├─ ???? (LDW<> IN1, IN2)	当 IN1≠IN2 时，"<>I" 触点闭合	
???? ─┤ >=I ├─ ???? (LDW>= IN1, IN2)	当 IN1≥IN2 时，">=I" 触点闭合	
???? ─┤ <=I ├─ ???? (LDW<= IN1, IN2)	当 IN1≤IN2 时，"<=I" 触点闭合	
???? ─┤ >I ├─ ???? (LDW> IN1, IN2)	当 IN1>IN2 时，">I" 触点闭合	
???? ─┤ <I ├─ ???? (LDW< IN1, IN2)	当 IN1<IN2 时，"<I" 触点闭合	

6.3.3 双字整数触点比较指令

双字整数触点比较指令用于比较两个双字型整数值 IN1 和 IN2 的大小，双字整数比较的数值是有符号的，比较的整数范围是 -2147483648 ~ +2147483647，用十六进制表示为 16#80000000 ~ 16#7FFFFFFF。

双字整数触点比较指令说明如表 6-12 所示。

表 6-12 双字整数触点比较指令说明

梯形图与指令格式	功能说明	操作数（IN1/IN2）
???? ─┤ ==D ├─ ???? (LDD= IN1, IN2)	当 IN1=IN2 时，"==D" 触点闭合	ID、QD、VD、MD、SMD、SD、LD、AC、HC、*VD、*LD、*AC、常数（双整数型）
???? ─┤ <>D ├─ ???? (LDD<> IN1, IN2)	当 IN1≠IN2 时，"<>D" 触点闭合	

(续表)

梯形图与指令格式	功能说明	操作数（IN1/IN2）
???? ─┤>=D├─ ???? (LDD>= IN1, IN2)	当IN1≥IN2时,">=D"触点闭合	ID、QD、VD、MD、SMD、SD、LD、AC、HC、*VD、*LD、*AC、常数（双整数型）
???? ─┤<=D├─ ???? (LDD<= IN1, IN2)	当IN1≤IN2时,"<=D"触点闭合	
???? ─┤>D├─ ???? (LDD> IN1, IN2)	当IN1>IN2时,">D"触点闭合	
???? ─┤<D├─ ???? (LDD< IN1, IN2)	当IN1<IN2时,"<D"触点闭合	

6.3.4 实数触点比较指令

实数触点比较指令用于比较两个双字长实数值 IN1 和 IN2 的大小，实数比较的数值是有符号的，负实数范围是 $-1.175495E-38 \sim -3.402823E+38$，正实数范围是 $+1.175495E-38 \sim +3.402823E+38$。

实数触点比较指令说明如表 6-13 所示。

表 6-13 实数触点比较指令说明

梯形图与指令格式	功能说明	操作数（IN1/IN2）
???? ─┤==R├─ ???? (LDR= IN1, IN2)	当IN1=IN2时,"==R"触点闭合	ID、QD、VD、MD、SMD、SD、LD、AC、*VD、*LD、*AC、常数（实数型）
???? ─┤<>R├─ ???? (LDR<> IN1, IN2)	当IN1≠IN2时,"<>R"触点闭合	
???? ─┤>=R├─ ???? (LDR>= IN1, IN2)	当IN1≥IN2时,">=R"触点闭合	
???? ─┤<=R├─ ???? (LDR<= IN1, IN2)	当IN1≤IN2时,"<=R"触点闭合	

(续表)

梯形图与指令格式	功能说明	操作数（IN1/IN2）
????─┤>R├─???? (LDR> IN1, IN2)	当 IN1>IN2 时，">R" 触点闭合	ID、QD、VD、MD、SMD、SD、LD、AC、*VD、*LD、*AC、常数（实数型）
????─┤<R├─???? (LDR< IN1, IN2)	当 IN1<IN2 时，"<R" 触点闭合	

6.3.5 字符串触点比较指令

字符串触点比较指令用于比较字符串 IN1 和 IN2 的 ASCII 码，满足条件时触点闭合，否则断开。

字符串触点比较指令说明如表 6-14 所示。

表 6-14 字符串触点比较指令说明

梯形图与指令格式	功能说明	操作数（IN1/IN2）
????─┤==S├─???? (LDS= IN1, IN2)	当 IN1=IN2 时，"==S" 触点闭合	VB、LB、*VD、*LD、*AC、常数（IN2 不能为常数）（字符型）
????─┤<>S├─???? (LDS<> IN1, IN2)	当 IN1≠IN2 时，"<>S" 触点闭合	

6.3.6 比较指令应用举例

有一个 PLC 控制的自动仓库，该自动仓库最多装货量为 600，在装货数量达到 600 时入仓门自动关闭，在出货时货物数量为 0 自动关闭出仓门，仓库采用一只指示灯来指示是否有货，灯亮表示有货。图 6-4 是自动仓库控制程序。I0.0 用作入仓检测，I0.1 用作

图 6-4 自动仓库控制程序

出仓检测，I0.2 用作计数清 0，Q0.0 用作有货指示，Q0.1 用来关闭入仓门，Q0.2 用来关闭出仓门。

自动仓库控制程序工作原理：装货物前，让 I0.2 闭合一次，对计数器 C30 进行复位清 0。在装货时，每入仓一个货物，I0.0 闭合一次，计数器 C30 的计数值增 1，当 C30 计数值大于 0 时，[2]>I 触点闭合，Q0.0 得电，有货指示灯亮；当 C30 计数值等于 600 时，[3]==I 触点闭合，Q0.1 得电，关闭入仓门，禁止再装入货物。在卸货时，每出仓一个货物，I0.1 闭合一次，计数器 C30 的计数值减 1，当 C30 计数值为 0 时，[2]>I 触点断开，Q0.0 失电，有货指示灯灭，同时 [4]==I 触点闭合，Q0.2 得电，关闭出仓门。

6.4 数学运算指令

数学运算指令可分为加减乘除运算指令和浮点数函数运算指令。

6.4.1 加减乘除运算指令

加减乘除运算指令包括加法、减法、乘法、除法、加 1 和减 1 指令。

1. 加法指令

加法指令的功能是将两个有符号的数相加后输出，它可分为整数加法指令、双整数加法指令和实数加法指令。

1）指令说明

加法指令说明如表 6-15 所示。

表 6-15 加法指令说明

加法指令	梯形图	功能说明	操作数	
			IN1、IN2	OUT
整数加法指令	ADD_I EN ENO ????-IN1 OUT-???? ????-IN2	将 IN1 端指定单元的整数与 IN2 端指定单元的整数相加，结果存入 OUT 端指定的单元中，即 IN1+IN2=OUT	IW、QW、VW、MW、SMW、SW、T、C、LW、AC、AIW、*VD、*AC、*LD、常数	IW、QW、VW、MW、SMW、SW、LW、T、C、AC、*VD、*AC、*LD
双整数加法指令	ADD_DI EN ENO ????-IN1 OUT-???? ????-IN2	将 IN1 端指定单元的双整数与 IN2 端指定单元的双整数相加，结果存入 OUT 端指定的单元中，即 IN1+IN2=OUT	ID、QD、VD、MD、SMD、SD、LD、AC、HC、*VD、*LD、*AC、常数	ID、QD、VD、MD、SMD、SD、LD、AC、*VD、*LD、*AC
实数加法指令	ADD_R EN ENO ????-IN1 OUT-???? ????-IN2	将 IN1 端指定单元的实数与 IN2 端指定单元的实数相加，结果存入 OUT 端指定的单元中，即 IN1+IN2=OUT	ID、QD、VD、MD、SMD、SD、LD、AC、*VD、*LD、*AC、常数	

2）指令使用举例

加法指令的使用如图 6-5 所示。当 I0.0 触点闭合时，P 触点接通一个扫描周期，ADD_I 和 ADD_DI 指令同时执行，ADD_I 指令将 VW10 单元中的整数（16 位）与 +200 相加，结果送入 VW30 单元中；ADD_DI 指令将 MD0、MD10 单元中的双整数（32 位）相加，结果送入 MD20 单元中。当 I0.1 触点闭合时，ADD_R 指令执行，将 AC0、AC1 单元中的实数（32 位）相加，结果保存在 AC1 单元中。

图 6-5 加法指令的使用

2. 减法指令

减法指令的功能是将两个有符号的数相减后输出，它可分为整数减法指令、双整数减法指令和实数减法指令。

减法指令说明如表 6-16 所示。

表 6-16 减法指令说明

减法指令	梯形图	功能说明	操作数	
			IN1、IN2	OUT
整数减法指令	SUB_I EN ENO ????-IN1 OUT-???? ????-IN2	将 IN1 端指定单元的整数与 IN2 端指定单元的整数相减，结果存入 OUT 端指定的单元中，即 IN1-IN2=OUT	IW、QW、VW、MW、SMW、SW、T、C、LW、AC、AIW、*VD、*AC、*LD、常数	IW、QW、VW、MW、SMW、SW、LW、T、C、AC、*VD、*AC、*LD
双整数减法指令	SUB_DI EN ENO ????-IN1 OUT-???? ????-IN2	将 IN1 端指定单元的双整数与 IN2 端指定单元的双整数相减，结果存入 OUT 端指定的单元中，即 IN1-IN2=OUT	ID、QD、VD、MD、SMD、SD、LD、AC、HC、*VD、*LD、*AC、常数	ID、QD、VD、MD、SMD、SD、LD、AC、*VD、*LD、*AC

(续表)

减法指令	梯形图	功能说明	操作数	
			IN1、IN2	OUT
实数减法指令	SUB_R EN ENO ????-IN1 OUT-???? ????-IN2	将 IN1 端指定单元的实数与 IN2 端指定单元的实数相减，结果存入 OUT 端指定的单元中，即 IN1-IN2=OUT	ID、QD、VD、MD、SMD、SD、LD、AC、*VD、*LD、*AC、常数	ID、QD、VD、MD、SMD、SD、LD、AC、*VD、*LD、*AC

3. 乘法指令

乘法指令的功能是将两个有符号的数相乘后输出，它可分为整数乘法指令、双整数乘法指令、实数乘法指令和完全整数乘法指令。

乘法指令说明如表 6-17 所示。

表 6-17 乘法指令说明

乘法指令	梯形图	功能说明	操作数	
			IN1、IN2	OUT
整数乘法指令	MUL_I EN ENO ????-IN1 OUT-???? ????-IN2	将 IN1 端指定单元的整数与 IN2 端指定单元的整数相乘，结果存入 OUT 端指定的单元中，即 IN1*IN2=OUT	IW、QW、VW、MW、SMW、SW、T、C、LW、AC、AIW、*VD、*AC、*LD、常数	IW、QW、VW、MW、SMW、SW、LW、T、C、AC、*VD、*AC、*LD
双整数乘法指令	MUL_DI EN ENO ????-IN1 OUT-???? ????-IN2	将 IN1 端指定单元的双整数与 IN2 端指定单元的双整数相乘，结果存入 OUT 端指定的单元中，即 IN1*IN2=OUT	ID、QD、VD、MD、SMD、SD、LD、AC、HC、*VD、*LD、*AC、常数	ID、QD、VD、MD、SMD、SD、LD、AC、*VD、*LD、*AC
实数乘法指令	MUL_R EN ENO ????-IN1 OUT-???? ????-IN2	将 IN1 端指定单元的实数与 IN2 端指定单元的实数相乘，结果存入 OUT 端指定的单元中，即 IN1*IN2=OUT	ID、QD、VD、MD、SMD、SD、LD、AC、*VD、*LD、*AC、常数	
完全整数乘法指令	MUL EN ENO ????-IN1 OUT-???? ????-IN2	将 IN1 端指定单元的整数与 IN2 端指定单元的整数相乘，结果存入 OUT 端指定的单元中，即 IN1*IN2=OUT 完全整数乘法指令是将两个有符号整数（16 位）相乘，产生一个 32 位双整数存入 OUT 单元中，因此 IN 端操作数类型为字型，OUT 端的操作数为双字型	IW、QW、VW、MW、SMW、SW、T、C、LW、AC、AIW、*VD、*AC、*LD、常数	

4. 除法指令

除法指令的功能是将两个有符号的数相除后输出，它可分为整数除法指令、双整数除法指令、实数除法指令和带余数的整数除法指令。

除法指令说明如表 6-18 所示。

表 6-18 除法指令说明

除法指令	梯 形 图	功能说明	操 作 数	
			IN1、IN2	OUT
整数除法指令	DIV_I EN ENO ????-IN1 OUT-???? ????-IN2	将 IN1 端指定单元的整数与 IN2 端指定单元的整数相除，结果存入 OUT 端指定的单元中，即 IN1/IN2=OUT	IW、QW、VW、MW、SMW、SW、T、C、LW、AC、AIW、*VD、*AC、*LD、常数	IW、QW、VW、MW、SMW、SW、LW、T、C、AC、*VD、*AC、*LD
双整数除法指令	DIV_DI EN ENO ????-IN1 OUT-???? ????-IN2	将 IN1 端指定单元的双整数与 IN2 端指定单元的双整数相除，结果存入 OUT 端指定的单元中，即 IN1/IN2=OUT	ID、QD、VD、MD、SMD、SD、LD、AC、HC、*VD、*LD、*AC、常数	ID、QD、VD、MD、SMD、SD、LD、AC、*VD、*LD、*AC
实数除法指令	DIV_R EN ENO ????-IN1 OUT-???? ????-IN2	将 IN1 端指定单元的实数与 IN2 端指定单元的实数相除，结果存入 OUT 端指定的单元中，即 IN1/IN2=OUT	ID、QD、VD、MD、SMD、SD、LD、AC、*VD、*LD、*AC、常数	
带余数的整数除法指令	DIV EN ENO ????-IN1 OUT-???? ????-IN2	将 IN1 端指定单元的整数与 IN2 端指定单元的整数相除，结果存入 OUT 端指定的单元中，即 IN1/IN2=OUT 该指令是将两个 16 位整数相除，得到一个 32 位结果，其中低 16 位为商，高 16 位为余数。因此 IN 端操作数类型为字型，OUT 端的操作数为双字型	IW、QW、VW、MW、SMW、SW、T、C、LW、AC、AIW、*VD、*AC、*LD、常数	

5. 加 1 指令

加 1 指令的功能是将 IN 端指定单元的数加 1 后存入 OUT 端指定的单元中，它可分为字节加 1 指令、字加 1 指令和双字加 1 指令。

加 1 指令说明如表 6-19 所示。

表 6-19 加 1 指令说明

加 1 指令	梯 形 图	功能说明	操 作 数	
			IN	OUT
字节加 1 指令	INC_B EN ENO ????-IN OUT-????	将 IN 端指定字节单元的数加 1，结果存入 OUT 端指定的单元中，即 IN+1=OUT 如果 IN、OUT 操作数相同，则为 IN 增 1	IB、QB、VB、MB、SMB、SB、LB、AC、*VD、*LD、*AC、常数	IB、QB、VB、MB、SMB、SB、LB、AC、*VD、*AC、*LD

(续表)

加1指令	梯形图	功能说明	操作数	
			IN	OUT
字加1指令	INC_W EN ENO ????-IN OUT-????	将IN端指定字单元的数加1，结果存入OUT端指定的单元中，即 IN+1=OUT	IW、QW、VW、MW、SMW、SW、LW、T、C、AC、AIW、*VD、*LD、*AC、常数	IW、QW、VW、MW、SMW、SW、T、C、LW、AC、*VD、*LD、*AC
双字加1指令	INC_DW EN ENO ????-IN OUT-????	将IN端指定双字单元的数加1，结果存入OUT端指定的单元中，即 IN+1=OUT	ID、QD、VD、MD、SMD、SD、LD、AC、HC、*VD、*LD、*AC、常数	ID、QD、VD、MD、SMD、SD、LD、AC、*VD、*LD、*AC

6. 减1指令

减1指令的功能是将IN端指定单元的数减1后存入OUT端指定的单元中，它可分为字节减1指令、字减1指令和双字减1指令。

减1指令说明如表6-20所示。

表6-20　减1指令说明

减1指令	梯形图	功能说明	操作数	
			IN1	OUT
字节减1指令	DEC_B EN ENO ????-IN OUT-????	将IN端指定字节单元的数减1，结果存入OUT端指定的单元中，即 IN-1=OUT 如果IN、OUT操作数相同，则为IN减1	IB、QB、VB、MB、SMB、SB、LB、AC、*VD、*LD、*AC、常数	IB、QB、VB、MB、SMB、SB、LB、AC、*VD、*AC、*LD
字减1指令	DEC_W EN ENO ????-IN OUT-????	将IN端指定字单元的数减1，结果存入OUT端指定的单元中，即 IN-1=OUT	IW、QW、VW、MW、SMW、SW、LW、T、C、AC、AIW、*VD、*LD、*AC、常数	IW、QW、VW、MW、SMW、SW、T、C、LW、AC、*VD、*LD、*AC
双字减1指令	DEC_DW EN ENO ????-IN OUT-????	将IN端指定双字单元的数减1，结果存入OUT端指定的单元中，即 IN-1=OUT	ID、QD、VD、MD、SMD、SD、LD、AC、HC、*VD、*LD、*AC、常数	ID、QD、VD、MD、SMD、SD、LD、AC、*VD、*LD、*AC

7. 加减乘除运算指令应用举例

编写实现 $Y=\dfrac{X+30}{6}\times 2-8$ 运算的程序，如图6-6所示。

在PLC运行时SM0.0触点始终闭合，先执行MOV_B指令，将IB0单元的一个字节数据（由IB0.0～IB0.7端子输入）送入VB1单元，然后由ADD_I指令将VW0单元数据

(即VB0、VB1单元的数据，VB1为低字节）加30后存入VW2单元中，再依次执行除、乘和减指令，最后将VB9中的运算结果作为Y送入QB0单元，由Q0.0～Q0.7端子外接的显示装置将Y值显示出来。

图6-6　实现$Y=\dfrac{X+30}{6}\times 2-8$运算的程序

6.4.2　浮点数函数运算指令

浮点数函数运算指令包括实数加、减、乘、除指令和正弦、余弦、正切、平方根、自然对数、自然指数指令及PID指令。实数加、减、乘、除指令在前面的加减乘除指令中已介绍过，PID指令是一条很重要的指令，将在后面详细说明，下面仅介绍正弦、余弦、正切、平方根、自然对数、自然指数指令。

浮点数函数运算指令说明如表6-21所示。

表6-21　浮点数函数运算指令说明

浮点数函数运算指令	梯形图	功能说明	操作数	
			IN	OUT
平方根指令	SQRT EN　ENO ????─IN　OUT─????	将IN端指定单元的实数（即浮点数）取平方根，结果存入OUT端指定的单元中，即 SQRT(IN)=OUT 也即$\sqrt{IN}$=OUT	ID、QD、VD、MD、SMD、SD、LD、AC、*VD、*LD、*AC、常数	ID、QD、VD、MD、SMD、SD、LD、AC、*VD、*LD、AC

(续表)

浮点数函数运算指令	梯形图	功能说明	操作数	
			IN	OUT
正弦指令	SIN EN ENO ????-IN OUT-????	将 IN 端指定单元的实数取正弦，结果存入 OUT 端指定的单元中，即 SIN(IN)=OUT	ID、QD、VD、MD、SMD、SD、LD、AC、*VD、*LD、*AC、常数	ID、QD、VD、MD、SMD、SD、LD、AC、*VD、*LD、AC
余弦指令	COS EN ENO ????-IN OUT-????	将 IN 端指定单元的实数取余弦，结果存入 OUT 端指定的单元中，即 COS(IN)=OUT		
正切指令	TAN EN ENO ????-IN OUT-????	将 IN 端指定单元的实数取正切，结果存入 OUT 端指定的单元中，即 TAN(IN)=OUT 正切、正弦和余弦的 IN 值要以弧度为单位，在求角度的三角函数时，要先将角度值乘以 π/180（即 0.01745329）转换成弧度值，再存入 IN，然后用指令求 OUT		
自然对数指令	LN EN ENO ????-IN OUT-????	将 IN 端指定单元的实数取自然对数，结果存入 OUT 端指定的单元中，即 LN(IN)=OUT		
自然指数指令	EXP EN ENO ????-IN OUT-????	将 IN 端指定单元的实数取自然指数值，结果存入 OUT 端指定的单元中，即 EXP(IN)=OUT		

6.5 逻辑运算指令

逻辑运算指令包括取反指令、与指令、或指令和异或指令，每种指令又分为字节、字和双字指令。

6.5.1 取反指令

取反指令的功能是将 IN 端指定单元的数据逐位取反，结果存入 OUT 端指定的单元中。取反指令可分为字节取反指令、字取反指令和双字取反指令。

1. 指令说明

取反指令说明如表 6-22 所示。

表 6-22 取反指令说明

取反指令	梯形图	功能说明	操作数	
			IN	OUT
字节取反指令	INV_B EN ENO ????-IN OUT-????	将 IN 端指定字节单元中的数据逐位取反,结果存入 OUT 端指定的单元中	IB、QB、VB、MB、SMB、SB、LB、AC、*VD、*LD、*AC、常数	IB、QB、VB、MB、SMB、SB、LB、AC、*VD、*AC、*LD
字取反指令	INV_W EN ENO ????-IN OUT-????	将 IN 端指定字单元中的数据逐位取反,结果存入 OUT 端指定的单元中	IW、QW、VW、MW、SMW、SW、LW、T、C、AC、AIW、*VD、*LD、*AC、常数	IW、QW、VW、MW、SMW、SW、T、C、LW、AIW、AC、*VD、*LD、*AC
双字取反指令	INV_DW EN ENO ????-IN OUT-????	将 IN 端指定双字单元中的数据逐位取反,结果存入 OUT 端指定的单元中	ID、QD、VD、MD、SMD、SD、LD、AC、HC、*VD、*LD、*AC、常数	ID、QD、VD、MD、SMD、SD、LD、AC、*VD、*LD、*AC

2. 指令使用举例

取反指令的使用如图 6-7 所示,当 I1.0 触点闭合时,执行 INV_W 指令,将 AC0 中的数据逐位取反。

图 6-7 取反指令的使用

6.5.2 与指令

与指令的功能是将 IN1、IN2 端指定单元的数据按位相与,结果存入 OUT 端指定的单元中。与指令可分为字节与指令、字与指令和双字与指令。

1. 指令说明

与指令说明如表 6-23 所示。

表 6-23 与指令说明

与指令	梯形图	功能说明	操作数	
			IN1、IN2	OUT
字节与指令	WAND_B EN ENO ????-IN1 OUT-???? ????-IN2	将 IN1、IN2 端指定字节单元中的数据按位相与,结果存入 OUT 端指定的单元中	IB、QB、VB、MB、SMB、SB、LB、AC、*VD、*LD、*AC、常数	IB、QB、VB、MB、SMB、SB、LB、AC、*VD、*AC、*LD

(续表)

与指令	梯形图	功能说明	操作数 IN1、IN2	操作数 OUT
字与指令	WAND_W EN ENO ????-IN1 OUT-???? ????-IN2	将 IN1、IN2 端指定字单元中的数据按位相与，结果存入 OUT 端指定的单元中	IW、QW、VW、MW、SMW、SW、LW、T、C、AC、AIW、*VD、*LD、*AC、常数	IW、QW、VW、MW、SMW、SW、T、C、LW、AIW、AC、*VD、*LD、*AC
双字与指令	WAND_DW EN ENO ????-IN1 OUT-???? ????-IN2	将 IN1、IN2 端指定双字单元中的数据按位相与，结果存入 OUT 端指定的单元中	ID、QD、VD、MD、SMD、SD、LD、AC、HC、*VD、*LD、*AC、常数	ID、QD、VD、MD、SMD、SD、LD、AC、*VD、*LD、*AC

2. 指令使用举例

与指令的使用如图 6-8 所示，当 I1.0 触点闭合时，执行 WAND_W 指令，将 AC1、AC0 中的数据按位相与，结果存入 AC0。

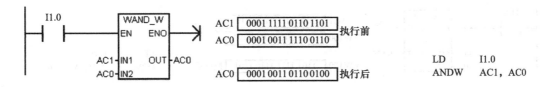

图 6-8　与指令的使用

6.5.3　或指令

或指令的功能是将 IN1、IN2 端指定单元的数据按位相或，结果存入 OUT 端指定的单元中。或指令可分为字节或指令、字或指令和双字或指令。

1. 指令说明

或指令说明如表 6-24 所示。

表 6-24　或指令说明

或指令	梯形图	功能说明	操作数 IN1、IN2	操作数 OUT
字节或指令	WOR_B EN ENO ????-IN1 OUT-???? ????-IN2	将 IN1、IN2 端指定字节单元中的数据按位相或，结果存入 OUT 端指定的单元中	IB、QB、VB、MB、SMB、SB、LB、AC、*VD、*LD、*AC、常数	IB、QB、VB、MB、SMB、SB、LB、AC、*VD、*AC、*LD

(续表)

或指令	梯形图	功能说明	操作数	
			IN1、IN2	OUT
字或指令	WOR_W EN ENO ????-IN1 OUT-???? ????-IN2	将IN1、IN2端指定字单元中的数据按位相或，结果存入OUT端指定的单元中	IW、QW、VW、MW、SMW、SW、LW、T、C、AC、AIW、*VD、*LD、*AC、常数	IW、QW、VW、MW、SMW、SW、T、C、LW、AIW、AC、*VD、*LD、*AC
双字或指令	WOR_DW EN ENO ????-IN1 OUT-???? ????-IN2	将IN1、IN2端指定双字单元中的数据按位相或，结果存入OUT端指定的单元中	ID、QD、VD、MD、SMD、SD、LD、AC、HC、*VD、*LD、*AC、常数	ID、QD、VD、MD、SMD、SD、LD、AC、*VD、*LD、*AC

2. 指令使用举例

或指令的使用如图6-9所示，当I1.0触点闭合时，执行WOR_W指令，将AC1、VW100中的数据按位相或，结果存入VW100。

图6-9 或指令的使用

6.5.4 异或指令

异或指令的功能是将IN1、IN2端指定单元的数据按位进行异或运算，结果存入OUT端指定的单元中。进行异或运算时，两位数相同，异或结果为0；两位数相反，异或结果为1。异或指令可分为字节异或指令、字异或指令和双字异或指令。

1. 指令说明

异或指令说明如表6-25所示。

表6-25 异或指令说明

异或指令	梯形图	功能说明	操作数	
			IN1、IN2	OUT
字节异或指令	WXOR_B EN ENO ????-IN1 OUT-???? ????-IN2	将IN1、IN2端指定字节单元中的数据按位相异或，结果存入OUT端指定的单元中	IB、QB、VB、MB、SMB、SB、LB、AC、*VD、*LD、*AC、常数	IB、QB、VB、MB、SMB、SB、LB、AC、*VD、*AC、*LD

(续表)

异或指令	梯形图	功能说明	操作数	
			IN1、IN2	OUT
字异或指令	WXOR_W EN ENO ????-IN1 OUT-???? ????-IN2	将 IN1、IN2 端指定字单元中的数据按位相异或，结果存入 OUT 端指定的单元中	IW、QW、VW、MW、SMW、SW、LW、T、C、AC、AIW、*VD、*LD、*AC、常数	IW、QW、VW、MW、SMW、SW、T、C、LW、AIW、AC、*VD、*LD、*AC
双字异或指令	WXOR_DW EN ENO ????-IN1 OUT-???? ????-IN2	将 IN1、IN2 端指定双字单元中的数据按位相异或，结果存入 OUT 端指定的单元中	ID、QD、VD、MD、SMD、SD、LD、AC、HC、*VD、*LD、*AC、常数	ID、QD、VD、MD、SMD、SD、LD、AC、*VD、*LD、*AC

2．指令使用举例

异或指令的使用如图 6-10 所示，当 I1.0 触点闭合时，执行 WXOR_W 指令，将 AC1、AC0 中的数据按位相异或，结果存入 AC0。

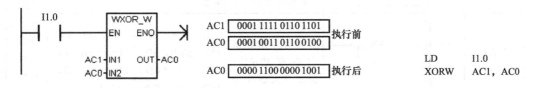

图 6-10　异或指令的使用

6.6　移位与循环指令

移位与循环指令包括左移位指令、右移位指令、循环左移位指令、循环右移位指令和移位寄存器指令，根据操作数不同，前面四种指令又分为字节、字和双字型指令。

6.6.1　左移位与右移位指令

左移位与右移位指令的功能是将 IN 端指定单元的各位数向左或向右移动 N 位，结果保存在 OUT 端指定的单元中。根据操作数不同，左移位与右移位指令又分为字节、字和双字型指令。

1．指令说明

左移位与右移位指令说明如表 6-26 所示。

2．指令使用举例

移位指令的使用如图 6-11 所示，当 I1.0 触点闭合时，执行 SHL_W 指令，将 VW200

中的数据向左移3位,最后一位移出值"1"保存在溢出标志位 SM1.1 中。

表 6-26 左移位与右移位指令说明

指令名称		梯形图	功能说明	操作数		
				IN	OUT	N
左移位指令	字节左移位指令	SHL_B EN ENO ????–IN OUT–???? ????–N	将IN端指定字节单元中的数据向左移动N位,结果存入OUT端指定的单元中	IB、QB、VB、MB、SMB、SB、LB、AC、*VD、*LD、*AC、常数	IB、QB、VB、MB、SMB、SB、LB、AC、*VD、*AC、*LD	IB、QB、VB、MB、SMB、SB、LB、AC、*VD、*LD、*AC、常数
	字左移位指令	SHL_W EN ENO ????–IN OUT–???? ????–N	将IN端指定字单元中的数据向左移动N位,结果存入OUT端指定的单元中	IW、QW、VW、MW、SMW、SW、LW、T、C、AC、AIW、*VD、*LD、*AC、常数	IW、QW、VW、MW、SMW、SW、T、C、LW、AIW、AC、*VD、*LD、*AC	
	双字左移位指令	SHL_DW EN ENO ????–IN OUT–???? ????–N	将IN端指定双字单元中的数据向左移动N位,结果存入OUT端指定的单元中	ID、QD、VD、MD、SMD、SD、LD、AC、HC、*VD、*LD、*AC、常数	ID、QD、VD、MD、SMD、SD、LD、AC、*VD、*LD、*AC	
右移位指令	字节右移位指令	SHR_B EN ENO ????–IN OUT–???? ????–N	将IN端指定字节单元中的数据向右移动N位,结果存入OUT端指定的单元中	IB、QB、VB、MB、SMB、SB、LB、AC、*VD、*LD、*AC、常数	IB、QB、VB、MB、SMB、SB、LB、AC、*VD、*AC、*LD	
	字右移位指令	SHR_W EN ENO ????–IN OUT–???? ????–N	将IN端指定字单元中的数据向右移动N位,结果存入OUT端指定的单元中	IW、QW、VW、MW、SMW、SW、LW、T、C、AC、AIW、*VD、*LD、*AC、常数	IW、QW、VW、MW、SMW、SW、T、C、LW、AIW、AC、*VD、*LD、*AC	
	双字右移位指令	SHR_DW EN ENO ????–IN OUT–???? ????–N	将IN端指定双字单元中的数据向右移动N位,结果存入OUT端指定的单元中	ID、QD、VD、MD、SMD、SD、LD、AC、HC、*VD、*LD、*AC、常数	ID、QD、VD、MD、SMD、SD、LD、AC、*VD、*LD、*AC	

图 6-11 移位指令的使用

移位指令对移走而变空的位自动补 0。如果将移位数 N 设为大于或等于最大允许值（对于字节操作为 8，对于字操作为 16，对于双字操作为 32），则移位操作的次数自动为最大允许位。如果移位数 N 大于 0，溢出标志位 SM1.1 保存最后一次移出的位值；如果移位操作的结果为 0，零标志位 SM1.0 置 1。字节操作是无符号的，对于字和双字操作，当使用有符号数据类型时，符号位也被移动。

6.6.2 循环左移位与右移位指令

循环左移位与右移位指令的功能是将 IN 端指定单元的各位数向左或向右循环移动 N 位，结果保存在 OUT 端指定的单元中。循环移位是环形的，一端移出的位会从另一端移入。根据操作数不同，循环左移位与右移位指令又分为字节、字和双字型指令。

1．指令说明

循环左移位与右移位指令说明如表 6-27 所示。

表 6-27 循环左移位与右移位指令说明

指令名称		梯形图	功能说明	操作数		
				IN	OUT	N
循环左移位指令	字节循环左移位指令	ROL_B EN ENO ????-IN OUT-???? ????-N	将 IN 端指定字节单元中的数据向左循环移动 N 位，结果存入 OUT 端指定的单元中	IB、QB、VB、MB、SMB、SB、LB、AC、*VD、*LD、*AC、常数	IB、QB、VB、MB、SMB、SB、LB、AC、*VD、*AC、*LD	IB、QB、VB、MB、SMB、SB、LB、AC、*VD、*LD、*AC、常数
	字循环左移位指令	ROL_W EN ENO ????-IN OUT-???? ????-N	将 IN 端指定字单元中的数据向左循环移动 N 位，结果存入 OUT 端指定的单元中	IW、QW、VW、MW、SMW、SW、LW、T、C、AC、AIW、*VD、*LD、*AC、常数	IW、QW、VW、MW、SMW、SW、T、C、LW、AIW、AC、*VD、*LD、*AC	
	双字循环左移位指令	ROL_DW EN ENO ????-IN OUT-???? ????-N	将 IN 端指定双字单元中的数据向左循环移动 N 位，结果存入 OUT 端指定的单元中	ID、QD、VD、MD、SMD、SD、LD、AC、HC、*VD、*LD、*AC、常数	ID、QD、VD、MD、SMD、SD、LD、AC、*VD、*LD、*AC	
循环右移位指令	字节循环右移位指令	ROR_B EN ENO ????-IN OUT-???? ????-N	将 IN 端指定字节单元中的数据向右循环移动 N 位，结果存入 OUT 端指定的单元中	IB、QB、VB、MB、SMB、SB、LB、AC、*VD、*LD、*AC、常数	IB、QB、VB、MB、SMB、SB、LB、AC、*VD、*AC、*LD	IB、QB、VB、MB、SMB、SB、LB、AC、*VD、*LD、*AC、常数

(续表)

指令名称		梯形图	功能说明	操作数		
				IN	OUT	N
循环右移位指令	字循环右移位指令	ROR_W EN ENO ????-IN OUT-???? ????-N	将IN端指定字单元中的数据向右循环移动N位,结果存入OUT端指定的单元中	IW、QW、VW、MW、SMW、SW、LW、T、C、AC、AIW、*VD、*LD、*AC、常数	IW、QW、VW、MW、SMW、SW、T、C、LW、AC、*VD、*LD、*AC	IB、QB、VB、MB、SMB、SB、LB、AC、*VD、*LD、*AC、常数
	双字循环右移位指令	ROR_DW EN ENO ????-IN OUT-???? ????-N	将IN端指定双字单元中的数据向右循环移动N位,结果存入OUT端指定的单元中	ID、QD、VD、MD、SMD、SD、LD、AC、HC、*VD、*LD、*AC、常数	ID、QD、VD、MD、SMD、SD、LD、AC、*VD、*LD、*AC	

2. 指令使用举例

循环移位指令的使用如图 6-12 所示,当 I1.0 触点闭合时,执行 ROR_W 指令,将 AC0 中的数据循环右移 2 位,最后一位移出值"0"同时保存在溢出标志位 SM1.1 中。

图 6-12 循环移位指令的使用

如果移位数 N 大于或者等于最大允许值(字节操作为 8,字操作为 16,双字操作为 32),则在执行循环移位之前,会执行取模操作。例如,对于字节操作,取模操作过程是将 N 除以 8 取余数作为实际移位数,字节操作实际移位数是 0～7,字操作是 0～15,双字操作是 0～31。如果移位次数为 0,循环移位指令不执行。

执行循环移位指令时,最后一个移位值会同时移入溢出标志位 SM1.1。当循环移位结果是 0 时,零标志位(SM1.0)被置 1。字节操作是无符号的,对于字和双字操作,当使用有符号数据类型时,符号位也被移位。

6.6.3 移位寄存器指令

移位寄存器指令的功能是将一个数值移入移位寄存器中。使用该指令,每个扫描周期整个移位寄存器的数据移动一位。

1. 指令说明

移位寄存器指令说明如表 6-28 所示。

表 6-28 移位寄存器指令说明

指令名称	梯形图及指令格式	功能说明	操作数 DATA、S_BIT	N
移位寄存器指令	SHRB EN　ENO ??.? - DATA ??.? - S_BIT ???? - N SHRB DATA, S_BIT, N	将 S_BIT 端为最低地址的 N 个位单元设为移动寄存器，DATA 端指定数据输入的位单元。N 指定移位寄存器的长度和移位方向。当 N 为正值时正向移动，输入数据从最低位 S_BIT 移入，最高位移出，移出的数据放在溢出标志位 SM1.1 中；当 N 为负值时反向移动，输入数据从最高位移入，最低位 S_BIT 移出，移出的数据放在溢出标志位 SM1.1 中。 移位寄存器的最大长度为 64 位，可正可负	I、Q、V、M、SM、S、T、C、L （位型）	IB、QB、VB、MB、SMB、SB、LB、AC、*VD、*LD、*AC、常数 （字节型）

2. 指令使用举例

移位寄存器指令的使用如图 6-13 所示，当 I0.1 触点第一次闭合时，P 触点接通一个扫描周期，执行 SHRB 指令，将 V100.0（S_BIT）为最低地址的 4（N）个连续位单元 V100.3～V100.0 定义为一个移位寄存器，并把 I0.3（DATA）位单元送来的数据"1"移入 V100.0 单元中，V100.3～V100.0 原先的数据都会随之移动一位，V100.3 中先前的数据"0"被移到溢出标志位 SM1.1 中；当 I0.1 触点第二次闭合时，P 触点又接通一个扫描周期，又执行 SHRB 指令，将 I0.3 送来的数据"0"移入 V100.0 单元中，V100.3～V100.1 的数据也都会移动一位，V100.3 中的数据"1"被移到溢出标志位 SM1.1 中。

在图 6-13 中，如果 N=-4，I0.3 位单元送来的数据会从移位寄存器的最高位 V100.3 移入，最低位 V100.0 移出的数据会移到溢出标志位 SM1.1 中。

图 6-13 移位寄存器指令的使用

6.7 转换指令

PLC 的主要数据类型有字节型、整数型、双整数型和实数型，数据的编码类型主要有二进制、十进制、十六进制、BCD 码和 ASCII 码等。在编程时，指令对操作数类型有一定的要求，如字节型与字型数据不能直接进行相加运算。为了让指令能对不同类型数据进行处理，要先对数据的类型进行转换。

转换指令是一种转换不同类型数据的指令。转换指令可分为标准转换指令、ASCII 码转换指令、字符串转换指令和编码与解码指令。

6.7.1 标准转换指令

标准转换指令可分为数字转换指令、四舍五入取整指令和段译码指令。

1. 数字转换指令

数字转换指令有字节与整数间的转换指令、整数与双整数间的转换指令、BCD 码与整数间的转换指令和双整数转实数指令。

BCD 码是一种用 4 位二进制数组合来表示十进制数的编码。BCD 码的 0000～1001 分别对应十进制数的 0～9。一位十进制数的二进制编码和 BCD 码是相同的，例如 6 的二进制编码为 0110，BCD 码也为 0110；但多位十进制数两种编码是不同的，例如 64 的 8 位二进制编码为 0100 0000，BCD 码则为 0110 0100。由于 BCD 码采用 4 位二进制数来表示 1 位十进制数，故 16 位 BCD 码能表示十进制数的范围是 0000～9999。

1）指令说明

数字转换指令说明如表 6-29 所示。

表 6-29 数字转换指令说明

指令名称	梯形图	功能说明	操作数	
			IN	OUT
字节转整数指令	B_I EN　ENO ????-IN　OUT-????	将 IN 端指定字节单元中的数据（8 位）转换成整数（16 位），结果存入 OUT 端指定的单元中。 字节是无符号的，因而没有符号位扩展	IB、QB、VB、MB、SMB、SB、LB、AC、*VD、*LD、*AC、常数 （字节型）	IW、QW、VW、MW、SMW、SW、T、C、LW、AIW、AC、*VD、*LD、*AC （整数型）
整数转字节指令	I_B EN　ENO ????-IN　OUT-????	将 IN 端指定单元的整数（16 位）转换成字节数据（8 位），结果存入 OUT 端指定的单元中。 IN 中只有 0～255 范围内的数值能被转换，其他值不会转换，但会使溢出位 SM1.1 置 1	IW、QW、VW、MW、SMW、SW、LW、T、C、AC、AIW、*VD、*LD、*AC、常数 （整数型）	IB、QB、VB、MB、SMB、SB、LB、AC、*VD、*LD、*AC （字节型）

第6章 功能指令说明及使用举例

(续表)

指令名称	梯形图	功能说明	操作数 IN	操作数 OUT
整数转双整数指令	I_DI EN ENO ????-IN OUT-????	将IN端指定单元的整数（16位）转换成双整数（32位），结果存入OUT端指定的单元中。符号位扩展到高字节中	IW、QW、VW、MW、SMW、SW、LW、T、C、AC、AIW、*VD、*LD、*AC、常数（整数型）	ID、QD、VD、MD、SMD、SD、LD、AC、*VD、*LD、*AC（双整数型）
双整数转整数指令	DI_I EN ENO ????-IN OUT-????	将IN端指定单元的双整数转换成整数，结果存入OUT端指定的单元中。 若需转换的数值太大无法在输出中表示，则不会转换，但会使溢出标志位SM1.1置1	ID、QD、VD、MD、SMD、SD、LD、AC、HC、*VD、*LD、*AC、常数（双整数型）	IW、QW、VW、MW、SMW、SW、T、C、LW、AIW、AC、*VD、*LD、*AC（整数型）
整数转BCD码指令	I_BCD EN ENO ????-IN OUT-????	将IN端指定单元的整数（16位）转换成BCD码（16位），结果存入OUT端指定的单元中。 IN是0～9999范围的整数，如果超出该范围，会使SM1.6置1	IW、QW、VW、MW、SMW、SW、LW、T、C、AC、AIW、*VD、*LD、*AC、常数（整数型）	IW、QW、VW、MW、SMW、SW、T、C、LW、AIW、AC、*VD、*LD、*AC（整数型）
BCD码转整数指令	BCD_I EN ENO ????-IN OUT-????	将IN端指定单元的BCD码转换成整数，结果存入OUT端指定的单元中。 IN是0～9999范围的BCD码	IW、QW、VW、MW、SMW、SW、LW、T、C、AC、AIW、*VD、*LD、*AC、常数（整数型）	IW、QW、VW、MW、SMW、SW、T、C、LW、AIW、AC、*VD、*LD、*AC（整数型）
双整数转实数指令	DI_R EN ENO ????-IN OUT-????	将IN端指定单元的双整数（32位）转换成实数（32位），结果存入OUT端指定的单元中	ID、QD、VD、MD、SMD、SD、LD、AC、HC、*VD、*LD、*AC、常数（双整数型）	ID、QD、VD、MD、SMD、SD、LD、AC、*VD、*LD、*AC（实数型）

2）指令使用举例

数字转换指令的使用如图6-14所示，当I0.0触点闭合时，执行I_DI指令，将C10中的整数转换成双整数，然后存入AC1中。当I0.1触点闭合时，执行BCD_I指令，将AC0中的BCD码转换成整数。例如，指令执行前AC0中的BCD码为0000 0001 0010 0110（即126），执行BCD_I指令后，AC0中的BCD码被转换成整数0000000001111110。

图6-14 数字转换指令的使用

2. 四舍五入取整指令

1）指令说明

四舍五入取整指令说明如表6-30所示。

表6-30 四舍五入取整指令说明

指令名称	梯形图	功能说明	操作数	
			IN	OUT
四舍五入取整指令	ROUND EN ENO ????-IN OUT-????	将IN端指定单元的实数转换成双整数，结果存入OUT端指定的单元中。 在转换时，如果实数的小数部分大于0.5，则整数部分加1，再将加1后的整数送入OUT单元中；如果实数的小数部分小于0.5，则将小数部分舍去，只将整数部分送入OUT单元。 如果要转换的不是一个有效的或者数值太大的实数，转换不会进行，但会使溢出标志位SM1.1置1	ID、QD、VD、MD、SMD、SD、LD、AC、*VD、*LD、*AC、常数 （实数型）	ID、QD、VD、MD、SMD、SD、LD、AC、*VD、*LD、*AC （双整数型）
舍小数点取整指令	TRUNC EN ENO ????-IN OUT-????	将IN端指定单元的实数转换成双整数，结果存入OUT端指定的单元中。 在转换时，将实数的小数部分舍去，仅将整数部分送入OUT单元中		

2）指令使用举例

四舍五入取整指令的使用如图6-15所示，当I0.0触点闭合时，执行ROUND指令，将VD8中的实数采用四舍五入取整的方式转换成双整数，然后存入VD12中。

图6-15 四舍五入取整指令的使用

3. 段译码指令

段译码指令的功能是将IN端指定单元中的低4位数转换成能驱动七段数码显示器显示相应字符的七段码。

1）七段数码显示器与七段码

七段数码显示器是一种采用七段发光体来显示十进制数0～9的显示装置，其结构和外形如图6-16所示。当某段加有高电平"1"时，该段发光。例如，要显示十进制数"5"，可让gfedcba=1101101，这里的1101101为七段码，七段码只有七位，通常在最高位补0组成8位（一个字节）。段译码指令IN端指定单元中的低4位实际上是十进制数的二进制编码值，经指令转换后变成七段码存入OUT端指定的单元中。十进制数、二进制数、七段码及显示字符的对应关系见表6-31。

(a) 结构　　　　　　　　　　　　　　(b) 外形

图 6-16　七段数码显示器

表 6-31　十进制数、二进制数、七段码及显示字符的对应关系

十进制数	二进制数（IN 低4位）	七段码（OUT） -gfe dcba	显示字符	七段码显示器
0	0 0 0 0	0 0 1 1　1 1 1 1	◌	
1	0 0 0 1	0 0 0 0　0 1 1 0		
2	0 0 1 0	0 1 0 1　1 0 1 1		
3	0 0 1 1	0 1 0 0　1 1 1 1		
4	0 1 0 0	0 1 1 0　0 1 1 0		
5	0 1 0 1	0 1 1 0　1 1 0 1		
6	0 1 1 0	0 1 1 1　1 1 0 1		
7	0 1 1 1	0 0 0 0　0 1 1 1		
8	1 0 0 0	0 1 1 1　1 1 1 1		
9	1 0 0 1	0 1 1 0　0 1 1 1		
A	1 0 1 0	0 1 1 1　0 1 1 1		
B	1 0 1 1	0 1 1 1　1 0 0 1		
C	1 1 0 0	0 0 1 1　1 0 0 1		
D	1 1 0 1	0 1 0 1　1 1 1 0		
E	1 1 1 0	0 1 1 1　1 0 0 1		
F	1 1 1 1	0 1 1 1　0 0 0 1		

2）指令说明

段译码指令说明如表 6-32 所示。

表 6-32 段译码指令说明

指令名称	梯形图	功能说明	操作数	
			IN	OUT
段译码指令	SEG EN ENO ????–IN OUT–????	将 IN 端指定单元的低 4 位数转换成七段码，结果存入 OUT 端指定的单元中	IB、QB、VB、MB、SMB、SB、LB、AC、*VD、*LD、*AC、常数 （字节型）	IB、QB、VB、MB、SMB、SB、LB、AC、*VD、*LD、*AC （字节型）

3）指令使用举例

图 6-17 段译码指令的使用

段译码指令的使用如图 6-17 所示，当 I0.0 触点闭合时，执行 SEG 指令，将 VB40 中的低 4 位数转换成七段码，然后存入 AC0 中。例如，VB40 中的数据为 00000110，执行 SEG 指令后，低 4 位 0110 转换成七段码 01111101，存入 AC0 中。

6.7.2 ASCII 码转换指令

ASCII 码转换指令包括整数、双整数、实数转 ASCII 码指令和十六进制数与 ASCII 码转换指令。

1. 关于 ASCII 码知识

ASCII 码意为美国标准信息交换码，是一种使用 7 位或 8 位二进制数编码的方案，最多可以对 256 个字符（包括字母、数字、标点符号、控制字符及其他符号）进行编码。ASCII 编码表见表 6-33。计算机等很多数字设备的字符采用 ASCII 编码方式，例如，当按下键盘上的"8"键时，键盘内的编码电路就将该键编码成 011 1000，再送入计算机处理。如果在 7 位 ASCII 码最高位加 0 就是 8 位 ASCII 码。

表 6-33 ASCII 编码表

$b_4b_3b_2b_1$	$b_7b_6b_5$							
	000	001	010	011	100	101	110	111
0000	nul	dle	sp	0	@	P	、	p
0001	soh	dc1	!	1	A	Q	a	q
0010	stx	dc2	"	2	B	R	b	r
0011	etx	dc3	#	3	C	S	c	s
0100	eot	dc4	$	4	D	T	d	t
0101	enq	nak	%	5	E	U	e	u
0110	ack	svn	&	6	F	V	f	v
0111	bel	etb	'	7	G	W	g	w
1000	bs	can	(	8	H	X	h	x
1001	ht	em	)	9	I	Y	i	y
1010	if	sub	*	:	J	Z	j	z

(续表)

$b_4b_3b_2b_1$	$b_7b_6b_5$							
	000	001	010	011	100	101	110	111
1011	vt	esc	+	;	K	[	k	{
1100	ff	fs	,	<	L	\	l	|
1101	cr	gs	-	=	M	]	m	}
1110	so	rs	。	>	N	∧	n	~
1111	si	us	/	?	O	_	o	del

2．整数转 ASCII 码指令

1）指令说明

整数转 ASCII 码指令说明如表 6-34 所示。

表 6-34 整数转 ASCII 码指令说明

指令名称	梯形图	功能说明	操作数	
			IN	FMT、OUT
整数转 ASCII 码指令	ITA EN ENO ????-IN OUT-???? ????-FMT	将 IN 端指定单元中的整数转换成 ASCII 码字符串，存入 OUT 端指定首地址的 8 个连续字节单元中。FMT 端指定单元中的数据用来定义 ASCII 码字符串在 OUT 存储区的存放形式	IW、QW、VW、MW、SMW、SW、LW、T、C、AC、AIW、*VD、*LD、*AC、常数 （整数型）	IB、QB、VB、MB、SMB、SB、LB、AC、*VD、*LD、*AC、常数 OUT 禁用 AC 和常数 （字节型）

在 ITA 指令中，IN 端为整数型操作数，FMT 端指定字节单元中的数据用来定义 ASCII 码字符串在 OUT 存储区的存放格式，OUT 存储区是指 OUT 端指定首地址的 8 个连续字节单元，又称输出存储区。FMT 端单元中的数据定义如下。

2）指令使用举例

整数转 ASCII 码指令的使用如图 6-18 所示，当 I0.0 触点闭合时，执行 ITA 指令，将 IN 端 VW10 中的整数转换成 ASCII 码字符串，保存在 OUT 端指定首地址的 8 个连续单元（VB12～VB19）构成的存储区中，ASCII 码字符串在存储区的存放形式由 FMT 端 VB0

图 6-18　整数转 ASCII 码指令的使用

单元中的数据低 4 位规定。

例如，VW10 中整数为 12，VB0 中的数据为 3（即 00000011），执行 ITA 指令后，VB12～VB19 单元中存储的 ASCII 码字符串为"0.012"，各单元具体存储的 ASCII 码见表 6-35，其中 VB19 单元存储"2"的 ASCII 码"00110010"。

输出存储区的 ASCII 码字符串格式有以下规律：

❶ 正数值写入输出存储区时没有符号位。
❷ 负数值写入输出存储区时以负号（-）开头。
❸ 除小数点左侧最靠近的 0 外，其他左侧 0 去掉。
❹ 输出存储区中的数值是右对齐的。

表 6-35　FMT 单元取不同值时存储区中 ASCII 码的存储形式

FMT	IN	OUT							
VB0	VW10	VB12	VB13	VB14	VB15	VB16	VB17	VB	VB19
3（00000011）	12				0	.	0	1	2
	1234				1	.	2	3	4
11（0001011）	-12345			-	1	2	,	3	4	5
0（00000000）	-12345				-	1	2	3	4	5
7（00000111）	-12345	空格 ASCII 码	空格 ASCII 码	空格 ASCII 码	空格 ASCII 码	空格 ASCII 码	空格 ASCII 码	空格 ASCII 码	空格 ASCII 码

3. 双整数转 ASCII 码指令

1）指令说明

双整数转 ASCII 码指令说明如表 6-36 所示。

表 6-36　双整数转 ASCII 码指令说明

指令名称	梯形图	功能说明	操作数	
			IN	FMT、OUT
双整数转 ASCII 码指令	DTA EN　ENO ????-IN　OUT-???? ????-FMT	将 IN 端指定单元中的双整数转换成 ASCII 码字符串，存入 OUT 端指定首地址的 12 个连续字节单元中。FMT 端指定单元中的数据用来定义 ASCII 码字符串在 OUT 存储区的存放形式	ID、QD、VD、MD、SMD、SD、LD、AC、HC、*VD、*LD、*AC、常数 （双整数型）	IB、QB、VB、MB、SMB、SB、LB、AC、*VD、*LD、*AC、常数 OUT 禁用 AC 和常数 （字节型）

在 DTA 指令中，IN 端为双整数型操作数，FMT 端字节单元中的数据用来指定 ASCII 码字符串在 OUT 存储区的存放格式，OUT 存储区是指 OUT 端指定首地址的 12 个连续字节单元。FMT 端单元中的数据定义与整数转 ASCII 码指令相同。

2）指令使用举例

双整数转 ASCII 码指令的使用如图 6-19 所示，当 I0.0 触点闭合时，执行 DTA 指令，将 IN 端 VD10 中的双整数转换成 ASCII 码字符串,保存在 OUT 端指定首地址的 8 个连续单元(VB14 ~ VB21)构成的存储区中,ASCII 码字符串在存储区的存放形式由 VB0 单元(FMT 端指定)中的低 4 位数据规定。

图 6-19 双整数转 ASCII 码指令的使用

例如,VD10 中双整数为 3456789,VB0 中的数据为 3(即 00000011),执行 DTA 指令后,VB14 ~ VB21 中存储的 ASCII 码字符串为 "3456.789"。

输出存储区的 ASCII 码字符串格式有以下规律。

❶ 正数值写入输出存储区时没有符号位。
❷ 负数值写入输出存储区时以负号(-)开头。
❸ 除小数点左侧最靠近的 0 外,其他左侧 0 去掉。
❹ 输出存储区中的数值是右对齐的。

4. 实数转 ASCII 码指令

1) 指令说明

实数转 ASCII 码指令说明如表 6-37 所示。

表 6-37 实数转 ASCII 码指令说明

指令名称	梯形图	功能说明	操作数	
			IN	FMT、OUT
实数转 ASCII 码指令	RTA EN ENO ???? - IN OUT - ???? ???? - FMT	将 IN 端指定单元中的实数转换成 ASCII 码字符串,存入 OUT 端指定首地址的 3 ~ 15 个连续字节单元中。FMT 端指定单元中的数据用来定义 OUT 存储区的长度和 ASCII 码字符串在 OUT 存储区的存放形式	ID、QD、VD、MD、SMD、SD、LD、AC、HC、*VD、*LD、*AC、常数 (实数型)	IB、QB、VB、MB、SMB、SB、LB、AC、*VD、*LD、*AC、常数 OUT 禁用 AC 和常数 (字节型)

在 RTA 指令中,IN 端为实数型操作数,FMT 端指定单元中的数据用来定义 OUT 存储区的长度和 ASCII 码字符串在 OUT 存储区的存放形式。FMT 端单元中的数据定义如下。

图 6-20 实数转 ASCII 码指令的使用

2）指令使用举例

实数转ASCII码指令的使用如图 6-20 所示，当 I0.0 触点闭合时，执行 RTA 指令，将 IN 端 VD10 中的实数转换成 ASCII 码字符串，保存在 OUT 端指定首地址的存储区中，存储区的长度由 FMT 端 VB0 单元中的数据高 4 位规定，ASCII 码字符串在存储区的存放形式由 FMT 端 VB0 单元中的低 4 位数据规定。

例如，VD10 中实数为 1234.5，VB0 中的数据为 97（即 01100001），执行 RTA 指令后，VB14～VB19 中存储的 ASCII 码字符串为 "1234.5"。FMT 单元取不同值时存储区中 ASCII 码的存储格式见表 6-38。

表 6-38 FMT 单元取不同值时存储区中 ASCII 码的存储格式

FMT	IN	OUT					
VB0	VD10	VB14	VB15	VB16	VB17	VB18	VB19
97（01100001）	1234.5	1	2	3	4	.	5
	-0.0004				0	.	0
	-3.67526				3	.	7
	1.95				2	.	0

输出存储区的 ASCII 码字符串格式有以下规律。

❶ 正数值写入输出存储区时没有符号位。
❷ 负数值写入输出存储区时以负号（-）开头。
❸ 除小数点左侧最靠近的 0 外，其他左侧 0 去掉。
❹ 若小数点右侧数据超过规定位数，会按四舍五入去掉低位以满足位数要求。
❺ 输出存储区的大小应至少比小数点右侧的数字位数多 3 字节。
❻ 输出存储区中的数值是右对齐的。

5. ASCII 码转十六进制数指令

1）指令说明

ASCII 码转十六进制数指令说明如表 6-39 所示。

表 6-39 ASCII 码转十六进制数指令说明

指令名称	梯形图	功能说明	操作数	
			IN、OUT	LEN
ASCII 码转十六进制数指令	ATH EN ENO ????-IN OUT-???? ????-LEN	将 IN 端指定首地址、LEN 端指定长度的连续字节单元中的 ASCII 码字符串转换成十六进制数，存入 OUT 端指定首地址的连续字节单元中。IN 端用来指定待转换字节单元的首地址，LEN 端用来指定待转换连续字节单元的个数，OUT 端用来指定转换后数据存放单元的首地址	IB、QB、VB、MB、SMB、SB、LB、*VD、*LD、*AC （字节型）	IB、QB、VB、MB、SMB、SB、LB、AC、*VD、*LD、*AC、常数 （字节型）

2）指令使用举例

ASCII 码转十六进制数指令的使用如图 6-21 所示，当 I1.0 触点闭合时，执行 ATH 指令，将 IN 端 VB30 为首地址的连续 3 个（LEN 端指定）字节单元（VB30～VB32）中的 ASCII 码字符串转换成十六进制数，保存在 OUT 端 VB40 为首地址的连续字节单元中。

图 6-21　ASCII 码转十六进制数指令的使用

例如，VB30、VB31、VB32 单元中的 ASCII 码字符分别是 3（00110011）、E（01000101）、A（01000001），执行 ATH 指令后，VB30～VB32 中的 ASCII 码转换成十六进制数，并存入 VB40、VB41 单元，其中 VB40 存放十六进制数 3E（即 0011 1110），VB41 存放 Ax（即 1010 xxxx），x 表示 VB41 原先的数值不变。

6．十六进制数转 ASCII 码指令

1）指令说明

十六进制数转 ASCII 码指令说明如表 6-40 所示。

表 6-40　十六进制数转 ASCII 码指令说明

指令名称	梯形图	功能说明	操作数	
			IN、OUT	LEN
十六进制数转 ASCII 码指令	HTA EN　ENO ????-IN　OUT-???? ????-LEN	将 IN 端指定首地址、LEN 端指定长度的连续字节单元中的十六进制数转换成 ASCII 码字符，存入 OUT 端指定首地址的连续字节单元中。 IN 端用来指定待转换字节单元的首地址，LEN 端用来指定待转换连续字节单元的个数，OUT 端用来指定转换后数据存放单元的首地址	IB、QB、VB、MB、SMB、SB、LB、*VD、*LD、*AC（字节型）	IB、QB、VB、MB、SMB、SB、LB、AC、*VD、*LD、*AC、常数（字节型）

2）指令使用举例

十六进制数转 ASCII 码指令的使用如图 6-22 所示，当 I1.0 触点闭合时，执行 HTA 指令，将 IN 端 VB30 为首地址的连续 2 个（LEN 端指定）字节单元（VB30、VB31）中的十六进制数转换成 ASCII 码字符，保存在 OUT 端 VB40 为首地址的连续字节单元中。

例如，VB30、VB31 单元中的十六进制数分别是 3E（0011 1110）、1A（00011010），执行 HTA 指令后，VB30、VB31 中的十六进制数转换成 ASCII 码，并存入 VB40～VB43 单元中，其中 VB40 存放 3 的 ASCII 码（00110011），VB41 存放 E 的 ASCII 码，VB42 存放 1 的 ASCII 码，VB43 存放 A 的 ASCII 码。

在 ATH、HTA 指令中，有效的 ASCII 码字符为 0～9、A～F，用二进制数表示为 00110011～00111001、01000001～01000110，用十六进制数表示为 33～39、41～46。另外，ATH、HTA 指令可转换的 ASCII 码和十六进制数的最大个数为 255 个。

图 6-22 十六进制数转 ASCII 码指令的使用

6.7.3 字符串转换指令

字符串转换指令包括整数、双整数、实数转字符串指令和字符串转整数、双整数、实数指令。

1. 整数、双整数、实数转字符串指令

1)指令说明

整数、双整数、实数转字符串指令说明如表 6-41 所示。

表 6-41 整数、双整数、实数转字符串指令说明

指令名称	梯形图	功能说明	操作数 IN	FMT	OUT
整数转字符串指令	I_S EN ENO ????-IN OUT-???? ????-FMT	将 IN 端指定单元中的整数转换成 ASCII 码字符串，存入 OUT 端指定首地址的 9 个连续字节单元中。FMT 端指定单元中的数据用来定义 ASCII 码字符串在 OUT 存储区的存放形式	IW、QW、VW、MW、SMW、SW、T、C、LW、AIW、*VD、*LD、*AC、常数（整数型）	IB、QB、VB、MB、SMB、SB、LB、AC、*VD、*LD、*AC、常数（字节型）	VB、LB、*VD、*LD、*AC（字符型）
双整数转字符串指令	DI_S EN ENO ????-IN OUT-???? ????-FMT	将 IN 端指定单元中的双整数转换成 ASCII 码字符串，存入 OUT 端指定首地址的 13 个连续字节单元中。FMT 端指定单元中的数据用来定义 ASCII 码字符串在 OUT 存储区的存放形式	ID、QD、VD、MD、SMD、SD、LD、AC、HC、*VD、*LD、*AC、常数（双整数型）	IB、QB、VB、MB、SMB、SB、LB、AC、*VD、*LD、*AC、常数（字节型）	VB、LB、*VD、*LD、*AC（字符型）
实数转字符串指令	R_S EN ENO ????-IN OUT-???? ????-FMT	将 IN 端指定单元中的实数转换成 ASCII 码字符串，存入 OUT 端指定首地址的 3～15 个连续字节单元中。FMT 端指定单元中的数据用来定义 OUT 存储区的长度和 ASCII 码字符串在 OUT 存储区的存放形式	ID、QD、VD、MD、SMD、SD、LD、AC、*VD、*LD、*AC、常数（实数型）	IB、QB、VB、MB、SMB、SB、LB、AC、*VD、*LD、*AC、常数（字节型）	VB、LB、*VD、*LD、*AC（字符型）

整数、双整数、实数转字符串指令中 FMT 的定义与整数、双整数、实数转 ASCII 码指令基本相同，两者的区别在于：字符串转换指令中 OUT 端指定的首地址单元用来存放

字符串的长度，其后单元才存入转换后的字符串。对于整数、双整数转字符串指令，OUT 首地址单元的字符串长度值分别固定为 8、12；对于实数转字符串指令，OUT 首地址单元的字符串长度值由 FMT 的高 4 位来决定。

2）指令使用举例

图 6-23 为实数转字符串指令的使用，当 I0.0 触点闭合时，执行 R_S 指令，将 IN 端 VD10 中的实数转换成 ASCII 码字符串，保存在 OUT 端指定首地址的存储区中，存储区的长度由 FMT 端 VB0 单元中的数据高 4 位规定，ASCII 码字符串在存储区的存放形式由 FMT 端 VB0 单元中的低 4 位数据规定。

图 6-23 实数转字符串指令的使用

例如，VD10 中实数为 1234.5，VB0 中的数据为 97（即 01100001），执行 R_S 指令后，VB14～VB20 中存储的 ASCII 码字符串为"61234.5"。FMT 单元取不同值时存储区中 ASCII 码字符串的存储形式见表 6-42。

表 6-42 FMT 单元取不同值时存储区中 ASCII 码字符串的存储形式

FMT	IN	OUT						
VB0	VD10	VB14	VB15	VB16	VB17	VB18	VB19	VB20
97（01100001）	1234.5	6	1	2	3	4	.	5
	-0.0004	6				0	.	0
	-3.67526	6			-	3	.	7
	1.95	6				2	.	0

整数、双整数、实数转字符串指令中的输出存储区存放 ASCII 码字符串格式与整数、双整数、实数转 ASCII 码指令基本相同，主要区别在于前者的输出存储区首地址单元存放字符串长度，其后才存入字符串。

2. 字符串转整数、双整数、实数指令

1）指令说明

字符串转整数、双整数、实数指令说明如表 6-43 所示。

在字符串转整数、双整数、实数指令中，INDX 端用于设置开始转换单元相对首地址的偏移量，通常设置为 1，即从首地址单元中的字符串开始转换。INDX 也可以被设置为其他值，可以用于避开转换非法字符（非 0～9 的字符）。例如，IN 端指定首地址为 VB10，VB10～VB17 单元存储的字符串为"Key: 1236"，如果将 INDX 设为 5，则转换从 VB14 单元开始，VB10～VB13 单元中的字符串"Key"不会被转换。

表 6-43 字符串转整数、双整数、实数指令说明

指令名称	梯形图	功能说明	操作数 IN	操作数 INDX	操作数 OUT
字符串转整数指令	S_I EN ENO ????-IN OUT-???? ????-INDX	将 IN 端指定首地址的第 INDX 个及后续单元中的字符串转换成整数，存入 OUT 端指定的单元中	IB、QB、VB、MB、SMB、SB、LB、*VD、*LD、*AC、常数（字符型）	VB、IB、QB、MB、SMB、SB、LB、AC、*VD、*LD、*AC、常数（字节型）	VW、IW、QW、MW、SMW、SW、T、C、LW、AC、AQW、*VD、*LD、*AC（整数型）
字符串转双整数指令	S_DI EN ENO ????-IN OUT-???? ????-INDX	将 IN 端指定首地址的第 INDX 个及后续单元中的字符串转换成双整数，存入 OUT 端指定的单元中			VD、ID、QD、MD、SMD、SD、LD、AC、*VD、*LD、*AC（双整数型和实数型）
字符串转实数指令	S_R EN ENO ????-IN OUT-???? ????-INDX	将 IN 端指定首地址的第 INDX 个及后续单元中的字符串转换成实数，存入 OUT 端指定的单元中			

字符串转实数指令不能用于转换以科学计数法或者指数形式表示实数的字符串，强行转换时，指令不会产生溢出错误（SM1.1=1），但会转换指数之前的字符串，然后停止转换。例如，转换字符串"1.234E6"时，转换后的实数值为1.234，并且没有错误提示。

指令在转换时，当到达字符串的结尾或者遇到第一个非法字符时，转换指令结束。当转换产生的整数值过大以致输出值无法表示时，溢出标志（SM1.1）会置位。

2）指令使用举例

字符串转整数、双整数、实数指令的使用如图 6-24 所示，当 I0.0 触点闭合时，依次执行 S_I、S_DI、S_R 指令。S_I 指令将相对 VB0 偏移量为 7 的 VB6 及后续单元中的字符串转换成整数，并保存在 VW100 单元中；S_DI 指令将相对 VB0 偏移量为 7 的 VB7 及后续单元中的字符串转换成双整数，并保存在 VD200 单元中；S_R 指令将相对 VB0 偏移量为 7 的 VB7 及后续单元中的字符串转换成实数，并保存在 VD300 单元中。

图 6-24 字符串转整数、双整数、实数指令的使用

如果 VB0～VB11 单元中存储的 ASCII 码字符串为"11、T、e、m、p、空格、空格、9、8、.、6、F",执行 S_I、S_DI、S_R 指令后,则在 VW100 单元中得到整数 98,在 VD200 单元中得到双整数 98,在 VD300 单元中得到实数 98.6。

6.7.4 编码与解码指令

1. 指令说明

编码与解码指令说明如表 6-44 所示。

表 6-44 编码与解码指令说明

编码与解码指令	梯 形 图	功能说明	操 作 数	
			IN	OUT
编码指令	ENCO EN ENO ????-IN OUT-????	将 IN 字单元中最低有效位(即最低位中的1)的位号写入 OUT 字节单元的低半字节中	IW、QW、VW、MW、SMW、SW、LW、T、C、AC、AIW、*VD、*LD、*AC、常数 (整数型)	IB、QB、VB、MB、SMB、SB、LB、AC、*VD、*LD、*AC (字节型)
解码指令	DECO EN ENO ????-IN OUT-????	根据 IN 字节单元中低半字节表示的位号,将 OUT 字单元相应的位值置1,字单元其他的位值全部清0	IB、QB、VB、MB、SMB、SB、LB、AC、*VD、*LD、*AC、常数 (字节型)	IW、QW、VW、MW、SMW、SW、T、C、LW、AC、AQW、*VD、*LD、*AC (整数型)

2. 指令使用举例

编码与解码指令的使用如图 6-25 所示,当 I0.0 触点闭合时,执行 ENCO 和 DECO 指令,在执行 ENCO(编码)指令时,将 AC3 中最低有效位 1 的位号"9"写入 VB50 单元的低 4 位;在执行 DECO 指令时,根据 AC2 中低半字节表示的位号"3"将 VW40 中的第 3 位置 1,其他位全部清 0。

图 6-25 编码与解码指令的使用

6.8 表格指令

表格指令包括填表指令、查表指令、先进先出提令、后进先出指令和存储区填充指令。

6.8.1 填表指令

1. 指令说明

填表指令说明如表 6-45 所示。

表 6-45 填表指令说明

指令名称	梯形图	功能说明	操作数 DATA	TBL
填表指令 (ATT)	AD_T_TBL EN ENO ???? - DATA ???? - TBL	将 DATA 端指定单元中的整数填入 TBL 端指定首地址的表中。 TBL 端用于指定表的首单元地址，表的第 1 个单元存放的数用于定义表的最大格数值（不能超过 100）；第 2 单元存放的数为表实际使用的格数值，当表实际使用的格数变化时该值会自动变化；表的其他单元存放 DATA 单元填入的数据	IW、QW、VW、MW、SMW、SW、LW、T、C、AC、AIW、*VD、*LD、*AC、常数（整数型）	IW、QW、VW、MW、SMW、SW、T、C、LW、*VD、*LD、*AC（字型）

2. 指令使用举例

填表指令的使用如图 6-26 所示，在 PLC 上电运行时，SM0.1 触点接通一个扫描周期，MOV_W 指令执行，将 "6" 送入 VW200 单元中（用来定义表的最大格数）；当 I0.0 触点闭合时，上升沿 P 触点接通一个扫描周期，ATT（AD_T_TBL）指令执行，由于 VW200 单元中的数据为 6，ATT 指令则将 VW200～VW214 共 8 个单元定义为表。其中，第 3～8 共 6 个单元（VW204～VW214）定义为表的填表区，第 1 单元（VW200）为填表区最大格数，第 2 单元（VW202）为填表区实际使用格数，如果先前表的第 2 单元 VW202 中的数据为 0002，指令认为填表区的两个单元 V204、V206 已填入数据，会将 VW100 中的数据填入后续单元 VW208 中，同时 VW202 单元数据自动加 1，变为 0003。如果 I0.0 触点第二次闭合时 VW100 中的数据仍为 1234，则 ATT 指令第二次执行后，1234 则被填入 VW210 单元，VW202 中的数据会自动变为 0004。

图 6-26 填表指令的使用

当表的第 2 单元的数值（实际使用格数）等于第 1 单元的数值（表最大格数）时，如果再执行 ATT 指令，表出现溢出，会使 SM1.4=1。

6.8.2 查表指令

1. 指令说明

查表指令说明如表 6-46 所示。

表 6-46 查表指令说明

指令名称	梯形图	功能说明	操作数			
			TBL	PTN	INDX	CMD
查表指令 (FND)	TBL_FIND EN　ENO ????-TBL ????-PTN ????-INDX ????-CMD	从 TBL 端指定首地址的表中查找满足 CMD、PTN 端设定条件的数据，并将该数据所在单元的编号存入 INDX 端指定的单元中。TBL 端指定表的首地址单元，该单元用于存放表的实际使用格数值；PTN、CMD 端用于共同设定查表条件，其中 CMD=1～4，1 代表"=（等于）"，2 代表"<>（不等于）"，3 代表"<（小于）"，4 代表">（大于）"；INDX 端指定的单元用于存放满足条件的单元编号	IW、QW、VW、MW、SMW、T、C、LW、*VD、*LC、*AC（字型）	IW、QW、VW、MW、SMW、SW、LW、T、C、AC、AIW、*VD、*LD、*AC、常数（整数型）	IW、QW、VW、MW、SMW、SW、T、C、LW、AIW、AC、*VD、*LD、*AC（字型）	1：等于（=） 2：不等于（<>） 3：小于（<） 4：大于（>）（字节型）

2. 指令使用举例

查表指令的使用如图 6-27 所示，当 I0.0 触点闭合时，执行 FND 指令，从 VW202 为首地址单元的表中查找数据等于 3130（由 CMD 和 PTN 设定的条件）的单元，再将查找到的满足条件的单元编号存入 AC1 中。

图 6-27 查表指令的使用

如果要从表的 0 单元开始查表，在执行 FND 指令查表前，应用有关指令将 AC1 置 0；执行 FND 指令后，AC1 中存放的为第 1 个满足条件的单元编号。如果需要查表的剩余单元，在再次执行 FND 指令前，须将 AC1 的值加 1，当查到表的最后单元没有找到符合条件的单元时，AC1 的值变为 EC 值（实际填表数）。

FND 指令的 TBL 端指定单元存放的是实际使用填表数，而 ATT 指令的 TBL 端指定单元存放的是最大填表数，因此，如果要用 FND 指令查 ATT 指令建立的表，FND 指令的 TBL 端指定单元应较 ATT 指令高 2 字节。

6.8.3 先进先出和后进先出指令

1. 指令说明

先进先出和后进先出指令说明如表 6-47 所示。

表 6-47 先进先出和后进先出指令说明

指令名称	梯形图	功能说明	操作数	
			TBL	DATA
先进先出指令（FIFO）	FIFO EN　ENO ????–TBL　DATA–????	将 TBL 端指定首地址的表中第一个数据移到 DATA 端指定的单元中，表中后续数据依次上移一个单元，同时表的实际填表数减 1	IW、QW、VW、MW、SMW、SW、T、C、LW、*VD、*LD、*AC （字型）	IW、QW、VW、MW、SMW、SW、T、C、LW、AC、AQW、*VD、*LD、*AC （整数型）
后进先出指令（LIFO）	LIFO EN　ENO ????–TBL　DATA–????	将 TBL 端指定首地址的表中最后一个数据移到 DATA 端指定的单元中，同时表的实际填表数减 1		

2. 指令使用举例

先进先出指令的使用如图 6-28 所示，当 I0.0 触点闭合时，执行 FIFO 指令，将 VW200 为首地址的表中第一个数据移到 VW400 单元，如果 FIFO 执行前表中第一个数据为 5431，则 FIFO 指令执行后，5431 被移到 VW400 中；表中第二个及后续数据（8942、1234）会依次上移一个单元，同时表的实际填表数（VW202 单元中的数）会减 1，由 0003 变为 0002。

图 6-28 先进先出指令的使用

后进先出指令的使用如图 6-29 所示，当 I0.1 触点闭合时，执行 LIFO 指令，将 VW200 为首地址的表中最后一个数据移到 VW300 单元，如果 LIFO 执行前表中最后一个数据为 1234，则 LIFO 指令执行后，1234 被移到 VW300 中，表的实际填表数（VW202 单元中的数）会减 1，由 0003 变为 0002。

如果试图从空表中移走数据，会使 SM1.5=1。

图 6-29 后进先出指令的使用

6.8.4 存储区填充指令

1. 指令说明

存储区填充指令说明如表 6-48 所示。

表 6-48 存储区填充指令说明

指令名称	梯 形 图	功能说明	操 作 数		
			IN	N	OUT
存储区填充指令 (FILL)	FILL_N EN　ENO ????-IN　OUT-???? ????-N	将 IN 端指定的数据填充到 OUT 端指定首地址的 N 个字单元中。N 的范围为 1～255	IW、QW、VW、MW、SMW、SW、LW、T、C、AC、AIW、*VD、*LD、*AC、常数（整数型）	IB、QB、VB、MB、SMB、SB、LB、AC、*VD、*LD、*AC、常数（字节型）	IW、QW、VW、MW、SMW、SW、T、C、LW、AQW、*VD、*LD、*AC（整数型）

2. 指令使用举例

存储区填充指令的使用如图 6-30 所示，当 I0.1 触点闭合时，FILL 指令执行，将 IN 端指定的数据 0 填充到 VW200 为首地址 (OUT 端指定) 的 10 个（N 端指定）连续字单元中，结果 VW200、VW202～VW218 共 10 个单元中的数据全部为 0。

图 6-30 存储区填充指令的使用

6.9 字符串指令

字符串是指由很多字符（数字、字母、符号）组成的集合，其中的每个字符都以一个 ASCII 码的形式占用一个字节的存储空间。字符串指令共有 6 条，包括字符串长度指令、字符串复制指令、字符串连接指令、复制子字符串指令、字符串搜索指令和字符搜索指令。

6.9.1 字符串长度、复制和连接指令

1. 指令说明

字符串长度、复制和连接指令说明如表 6-49 所示。

表 6-49 字符串长度、复制和连接指令说明

指令名称	梯形图	功能说明	操作数 IN	操作数 OUT
字符串长度指令 (STRLEN)	STR_LEN EN ENO ????–IN OUT–????	将 IN 端指定字符串（或指定单元中的字符串）的长度值送入 OUT 端指定的单元中	VB、LB、*VD、*LD、*AC、字符串常数（字符型）	IB、QB、VB、MB、SMB、SB、LB、AC、*VD、*LD、*AC（字节型）
字符串复制指令 (STRCPY)	STR_CPY EN ENO ????–IN OUT–????	将 IN 端指定字符串（或指定单元中的字符串）复制到 OUT 端指定首地址的连续单元中	VB、LB、*VD、*LD、*AC、字符串常数（字符型）	VB、LB、*VD、*AC、*LD（字符型）
字符串连接指令 (SCAT)	STR_CAT EN ENO ????–IN OUT–????	将 IN 端指定字符串（或指定单元中的字符串）放到 OUT 端指定单元中的字符串后面	VB、LB、*VD、*LD、*AC、字符串常数（字符型）	VB、LB、*VD、*AC、*LD（字符型）

2. 指令使用举例

字符串长度、复制和连接指令的使用如图 6-31 所示。

图 6-31 字符串长度、复制和连接指令的使用

在 I0.0 触点闭合前（即指令执行前），VB0～VB6 单元存有字符串"HELLO 空格"（第一个单元 VB0 存放字符串长度值）。当 I0.0 触点闭合时，首先字符串连接 STR_CAT 指令执行，将字符串"WORLD"放到"HELLO 空格"后面，同时 VB0 中的字符串长度值自动由 6 变为 11；然后字符串复制 STR_CPY 指令执行，将 VB0 中的字符串长度值"11"及后续 11 个连续单元中的字符串复制到 VB100 为首地址的连续单元中；最后字符串长度

STR_LEN 指令执行，将 VB100 中的字符串长度值送入 AC0 中。

在使用字符串指令时需注意以下要点。

❶ 字符串又称字符串常数，由多个字符（数字、字母、符号）组成，每个字符以 ASCII 码的形式占用 1 字节空间。

❷ 字符串存储区的第一个单元用于存放字符串长度值，该值随字符串长度变化而变化。单个字符串长度不允许超过 126 字节。

❸ 在编写程序输入字符串时，需给字符串加英文双引号，如图 6-31 所示梯形图中的"WORLD"。

6.9.2 复制子字符串指令

1. 指令说明

复制子字符串指令说明如表 6-50 所示。

表 6-50 复制子字符串指令说明

指令名称	梯形图	功能说明	操作数		
			IN	OUT	INDX、N
复制子字符串指令（SSCPY）	SSTR_CPY EN ENO ????-IN OUT-???? ????-INDX ????-N	将 IN 端字符串的第 INDX 位起连续 N 个字符复制到 OUT 端指定的单元中	VB、LB、*VD、*LD、*AC、字符串常数（字符型）	VB、LB、*VD、*LD、*AC（字符型）	IB、QB、VB、MB、SMB、SB、LB、AC、*VD、*LD、*AC、常数（字节型）

2. 指令使用举例

复制子字符串指令的使用如图 6-32 所示。

图 6-32 复制子字符串指令的使用

在 I0.0 触点闭合前，VB0～VB11 单元存有字符串"HELLO 空格 WORLD"；当 I0.0 触点闭合时，复制子字符串 SSTR_CPY 指令执行，将 VB0 后续 11 个单元（VB1～VB11）中的第 7 个字符起连续 5 个字符复制到 VB20 为首地址的连续单元中，结果 VB21～VB25 中存入字符串"WORLD"，VB20 中为字符串的长度值 5。

6.9.3 字符串与字符搜索指令

1. 指令说明

字符串与字符搜索指令说明如表 6-51 所示。

表 6-51 字符串与字符搜索指令说明

指令名称	梯形图	功能说明	操作数 IN1、IN2	OUT
字符串搜索指令（SFND）	STR_FIND EN ENO ????-IN1 OUT-???? ????-IN2	在 IN1 指定首地址的字符串存储区中，从 OUT 指定的起始位置查找与 IN2 相同的一段字符。如果找到了相同字符段，就将该段字符的第一个字符位置号存入 OUT 单元中；如果找不到相同的字符段，则 OUT 单元清 0。 OUT 单元中的值必须在 1～字符串长度值范围内	VB、LB、*VD、*LD、*AC、字符串常数（字符型）	IB、QB、VB、MB、SMB、SB、LB、AC、*VD、*LD、*AC（字节型）
字符搜索指令（CFND）	CHR_FIND EN ENO ????-IN1 OUT-???? ????-IN2	在 IN1 指定首地址的字符串存储区中，从 OUT 指定的起始位置查找与 IN2 相同的任意字符。找到后，就将这些字符的首字符位置号存入 OUT 单元中；如果找不到，则 OUT 单元清 0。 OUT 单元中的值必须在 1～字符串长度值范围内		

2. 指令使用举例

字符串搜索 STR_FIND 指令的使用如图 6-33 所示。

图 6-33 字符串搜索 STR_FIND 指令的使用

在 I0.0 触点闭合前，VB0 为首地址的字符串存储区（VB0～VB12）存有字符串"Turn 空格 pump 空格 On"，以 VB20 为首地址的字符串存储区存有字符串"On"。当 I0.0 触点闭合时，首先 MOV_B 指令执行，让 AC0 的值为 1，然后字符串搜索 STR_FIND 指令执行，从 VB0 字符串存储区的第 1 个字符（由 AC0 指定）开始搜索与 VB20 字符串存储区相同的字符串"On"，找到后，将该字符串首字符"O"的位置号"11"存入 AC0 中；若未找到相同字符串，则会让 AC0 为 0。

字符搜索 CHR_FIND 指令的使用如图 6-34 所示。

在 I0.0 触点闭合前，VB0 为首地址的字符串存储区（VB0～VB11）存有字符串"Temp 空格空格 98.6 F，以 VB20 为首地址的字符串存储区存有字符串"1234567890+−"。当 I0.0 触点闭合时，首先 MOV_B 指令执行，让 AC0 的值为 1，然后字符搜索 CHR_FIND 指令执行，从 VB0 字符串存储区的第 1 个字符（由 AC0 指定）开始搜索与 VB20 字符串存储区中相同的字符，找到后，将这些字符的首字符（"9"）位置号"7"存入 AC0 中。接着 S_R 指令执行，将 VB0 字符串存储区的第 7 个及后续的字符转换成实数，再保存到 VD200 单元中。注：VB11 单元中的"F"对 S_R 指令来说为非法字符，遇到非法字符转换自动停止。

图 6-34 字符搜索 CHR_FIND 指令的使用

6.10 时钟指令

时钟指令的功能是调取系统的实时时钟和设置系统的实时时钟,它包括读取实时时钟指令和设置实时时钟指令(又称写实时时钟指令)。这里的系统实时时钟是指 PLC 内部时钟,其时间值会随实际时间变化而变化,在 PLC 切断外接电源时依靠内部电容或电池供电。

6.10.1 时钟指令说明

时钟指令说明如表 6-52 所示。

表 6-52 时钟指令说明

指令名称	梯形图	功能说明	操作数 T
设置实时时钟指令 (TODW)	SET_RTC EN ENO ????─T	将 T 端指定首地址的 8 个连续字节单元中的日期和时间值写入系统的硬件时钟	IB、QB、VB、MB、SMB、SB、LB、*VD、*LD、*AC (字节型)
读取实时时钟指令 (TODR)	READ_RTC EN ENO ????─T	将系统的硬件时钟的日期和时间值读入 T 端指定首地址的 8 个连续字节单元中	

时钟指令 T 端指定首地址的 8 个连续字节单元(T ~ T+7)存放不同的日期时间值,其格式为:

T	T+1	T+2	T+3	T+4	T+5	T+6	T+7
年 00 - 99	月 01 - 12	日 01 - 31	小时 00 - 23	分钟 00 - 59	秒 00 - 59	0	星期几 0 - 7 1=星期日 7=星期六 0 禁止星期

在使用时钟指令时应注意以下要点。

❶ 日期和时间的值都要用 BCD 码表示。例如，对于年，16#10（即 00010000）表示 2010 年；对于小时，16#22 表示晚上 10 点；对于星期，16#07 表示星期六。

❷ 在设置实时时钟时，系统不会检查时钟值是否正确。例如，2 月 31 日虽是无效日期，但系统仍可接受，因此要保证设置时输入正确的时钟数据。

❸ 在编程时，不能在主程序和中断程序中同时使用读/写时钟指令，否则会产生错误，中断程序中的实时时钟指令不能执行。

❹ 只有 CPU 224 型以上的 PLC 才有硬件时钟，低端型号的 PLC 要使用实时时钟，须外插带电池的实时时钟卡。

❺ 对于没有使用过时钟指令的 PLC，在使用指令前需要设置实时时钟，既可以使用 TODW 指令来设置，也可以在编程软件中执行菜单命令"PLC→实时时钟"来设置和启动实时时钟。

6.10.2 时钟指令使用举例

时钟指令的使用如图 6-35 所示，其实现的控制功能是：在 12：00～20：00 时让 Q0.0 线圈得电，在 7：30～22：30 时让 Q0.1 线圈得电。

图 6-35 时钟指令的使用

第6章 功能指令说明及使用举例

图6-35 时钟指令的使用（续）

网络1程序用于设置PLC的实时时钟,当I0.0触点闭合时,上升沿P触点接通一个扫描周期,开始由上往下执行MOV_B和SET_RTC指令,指令执行的结果是将PLC的实时时钟设置为"2009年12月28日8点16分20秒星期一"。网络2程序用于读取实时时钟,并将实时读取的BCD码小时、分钟值转换成整数表示的小时、分钟值。网络3程序的功能是让Q0.0线圈在12:00～20:00时得电。网络4程序的功能是让Q0.1线圈在7:30～22:30时得电,它将整个时间分成8:00～22:00时、7:30～8:00时和22:00～22:30时三段来控制。

6.11 程序控制指令

6.11.1 跳转与标签指令

1. 指令说明

跳转与标签指令说明如表6-53所示。

表6-53 跳转与标签指令说明

指令名称	梯形图	功能说明	操作数 N
跳转指令(JMP)	????―(JMP)	让程序跳转并执行标签为N(????)的程序段	常数(0～255)(字型)
标签指令(LBL)	???? LBL	用来对某程序段进行标号,为跳转指令设定跳转目标	

跳转与标签指令可用在主程序、子程序或者中断程序中,但跳转和与之相应的标签指令必须位于同性质程序段中,既不能从主程序跳到子程序或中断程序,也不能从子程序或中断程序跳出。在顺序控制SCR程序段中也可使用跳转指令,但相应的标签指令必须也在同一个SCR段中。

2. 指令使用举例

跳转与标签指令的使用如图6-36所示,当I0.2触点闭合时,JMP 4指令执行,程序马上跳转到网络10处的LBL 4标签,开始执行该标签后面的程序段;如果I0.2触点未闭合,程序则从网络2依次向下执行。

图6-36 跳转与标签指令的使用

6.11.2 循环指令

循环指令包括循环开始指令(FOR)、循环结束指令(NEXT),这两条指令必须成对使用，当需要某个程序段反复执行多次时，可以使用循环指令。

1. 指令说明

循环指令说明如表 6-54 所示。

表 6-54 循环指令说明

指令名称	梯形图	功能说明	操作数 INDX	操作数 INIT、FINAL
循环开始指令（FOR）	FOR EN ENO ????-INDX ????-INIT ????-FINAL	循环程序段开始，INDX 端指定单元用作对循环次数进行计数，INIT 端为循环起始值，FINAL 端为循环结束值	IW、QW、VW、MW、SMW、SW、T、C、LW、AIW、AC、*VD、*LD、*AC（整数型）	VW、IW、QW、MW、SMW、SW、T、C、LW、AC、AIW、*VD、*AC、常数（整数型）
循环结束指令（NEXT）	─(NEXT)	循环程序段结束		

2. 指令使用举例

循环指令的使用如图 6-37 所示，该程序有两个循环程序段（循环体），循环程序段 2（网络 2～网络 3）处于循环程序段 1（网络 1～网络 4）内部，这种一个程序段包含另一个程序段的形式称为嵌套，一个 FOR、NEXT 循环体内部最多可嵌套 8 个 FOR、NEXT 循环体。

图 6-37 循环指令的使用

在图 6-37 中，当 I0.0 触点闭合时，循环程序段 1 开始执行。如果在 I0.0 触点闭合期间 I0.1 触点也闭合，那么在循环程序段 1 执行一次时，内部嵌套的循环程序段 2 需要反复执行 3 次。循环程序段 2 每执行完一次后，INDX 端指定单元 VW22 中的值会自动增 1（在第一次执行 FOR 指令时,INIT 值会传送给 INDX。循环程序段 2 执行 3 次后,VW22 中的值由 1 增到 3,然后程序执行网络 4 的 NEXT 指令,该指令使程序又回到网络 1,开始下一次循环。

使用循环指令时应注意以下要点。

❶ FOR、NEXT 指令必须成对使用。

❷ 循环允许嵌套,但不能超过 8 层。

❸ 每次使循环指令重新有效时,指令会自动将 INIT 值传送给 INDX。

❹ 当 INDX 值大于 FINAL 值时,循环不被执行。

❺ 在循环程序执行过程中,可以改变循环参数。

6.11.3 条件结束、停止和监视定时器复位指令

1. 指令说明

条件结束、停止和监视定时器复位指令说明如表 6-55 所示。

表 6-55 条件结束、停止和监视定时器复位指令说明

指令名称	梯 形 图	功 能 说 明
条件结束指令 (END)	——(END)	该指令的功能是根据前面的逻辑条件终止当前扫描周期。它可以用在主程序中,不能用在子程序或中断程序中
停止指令 (STOP)	——(STOP)	该指令的功能是让 PLC 从 RUN(运行)模式到 STOP(停止)模式,从而可以立即终止程序的执行。 如果在中断程序中使用 STOP 指令,可使该中断立即终止,并且忽略所有等待的中断,继续扫描执行主程序的剩余部分,然后在主程序的结束处完成从 RUN 到 STOP 模式的转变
监视定时器复位指令 (WDR)	——(WDR)	监视定时器又称看门狗,其定时时间为 500ms,每次扫描会自动复位,然后开始对扫描时间进行计时,若程序执行时间超过 500ms,监视定时器会使程序停止执行;一般情况下程序执行周期小于 500ms,监视定时器不起作用。 在程序适当位置插入 WDR 指令对监视定时器进行复位,可以延长程序执行时间

2. 指令使用举例

条件结束、停止和监视定时器复位指令的使用如图 6-38 所示。当 PLC 的 I/O 端口发生错误时,SM5.0 触点闭合,STOP 指令执行,让 PLC 由 RUN 转为 STOP 模式;当 I0.0 触点闭合时,WDR 指令执行,监视定时器复位,重新开始计时;当 I0.1 触点闭合时,END 指令执行,结束当前的扫描周期,后面的程序不会执行,即 I0.2 触点闭合时 Q0.0 线圈也不会得电。

图 6-38 条件结束、停止和监视定时器复位指令的使用

在使用 WDR 指令时，如果用循环指令去阻止扫描完成或过度延迟扫描时间，下列程序只有在扫描周期完成后才能执行。

❶ 通信（自由端口方式除外）；
❷ I/O 更新（立即 I/O 除外）；
❸ 强制更新；
❹ SM 位更新（不能更新 SM0、SM5～SM29）；
❺ 运行时间诊断；
❻ 如果扫描时间超过 25s，10ms 和 100ms 定时器将不会正确累计时间；
❼ 在中断程序中的 STOP 指令。

6.12 子程序与子程序指令

6.12.1 子程序

在编程时经常会遇到相同的程序段需要多次执行的情况，如图 6-39 所示，程序段 A 要执行两次，编程时要写两段相同的程序段，这样比较麻烦。解决这个问题的方法是将需要多次执行的程序段从主程序中分离出来，单独写成一个程序，这个程序称为子程序，然后在主程序相应的位置进行子程序调用即可。

图 6-39　两种程序结构

在编写复杂的 PLC 程序时，可以将全部的控制功能划分为几个功能块，每个功能块的控制功能可用子程序来实现，这样会使整个程序的结构清晰简单，易于调试、查找错误和维护。

6.12.2 子程序指令

子程序指令有两条：子程序调用指令（CALL）和子程序条件返回指令（CRET）。

1. 指令说明

子程序指令说明如表 6-56 所示。

表 6-56　子程序指令说明

指令名称	梯形图	功能说明
子程序调用指令（CALL）	—[SBR_N EN]	用于调用并执行名称为 SBR_N 的子程序。调用子程序时可以带参数也可以不带参数。子程序执行完成后，返回到调用程序的子程序调用指令的下一条指令。 N 为常数，$N=0～127$。 该指令位于项目指令树区域的"调用子例程"指令包内
子程序条件返回指令（CRET）	—(RET)	根据该指令前面的条件决定是否终止当前子程序而返回调用程序。该指令位于项目指令树区域的"程序控制"指令包内

子程序指令使用要点：

❶ CRET 指令多用于子程序内部，该指令是否执行取决于它前面的条件，该指令执行的结果是结束当前的子程序返回调用程序。

❷ 子程序允许嵌套使用，即在一个子程序内部可以调用另一个子程序，但子程序的嵌套深度最多为 9 级。

❸ 当子程序在一个扫描周期内被多次调用时，在子程序中不能使用上升沿、下降沿、定时器和计数器指令。

❹ 在子程序中不能使用 END（结束）指令。

2．子程序的建立

编写子程序要在编程软件中进行，打开 STEP 7-Micro/WIN SMART 编程软件，在程序编辑器上方有"MAIN（主程序）""SBR_0（子程序）""INT_0（中断程序）"三个标签，默认打开主程序编辑器。单击"SBR_0"标签即可切换到子程序编辑器，如图 6-40（a）所示，在下面的编辑器中可以编写名称为"SBR_0"的子程序。另外，在项目指令树区域双击"程序块"内的"SBR_0"，也可以在右边切换到子程序编辑器。

如果需要编写两个或更多的子程序，可在"SBR_0"标签上右击，在弹出的快捷菜单中选择"插入"→"子程序"，就会新建一个名称为"SBR_1"的子程序（在程序编辑器上方多出一个"SBR_1"标签），如图 6-40（b）所示。在项目指令树区域的"程序块"内也新增了一个"SBR_1"程序块，选中"程序块"内的"SBR_1"，再按键盘上的"Delete"键可将"SBR_1"程序块删除。

(a) 切换到子程序编辑器

(b) 新建子程序

图 6-40 切换与建立子程序

3. 子程序指令使用举例

下面以主程序调用两个子程序为例,来说明子程序指令的使用。先用图 6-40(b)所示的方法建立一个 SBR_1 子程序块(可先不写具体程序),这样在项目指令树区域的"调用子例程"指令包内新增了一个调用 SBR_1 子程序的指令,如图 6-41(a)所示。在编写主程序时,双击该指令即可将其插入程序中;主程序编写完成后,再编写子程序。图 6-41(b)为编写好的主程序(MAIN),图 6-41(c)、(d)分别为子程序 0(SBR_0)和子程序 1(SBR_1)。

(a) 在主程序中插入调用子程序指令

(b) 主程序 (MAIN)

(c) 子程序0 (SBR_0)

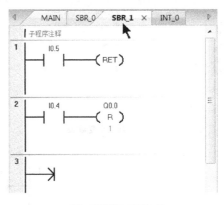

(d) 子程序1 (SBR_1)

图 6-41 子程序指令使用举例

主、子程序执行的过程是:当主程序(MAIN)中的 I0.0 触点闭合时,调用 SBR_0 指令执行,转入执行子程序 SBR_0。在 SBR_0 程序中,如果 I0.1 触点闭合,则将 Q0.0 线圈置位,然后又返回主程序,开始执行调用 SBR_0 指令的下一条指令(即程序段 2)。当程序运行到程序段 3 时,如果 I0.3 触点闭合,则调用子程序 SBR_1 指令执行,转入执行

SBR_1 程序；如果 I0.3 触点断开，则执行程序段 4 的指令，不会执行 SBR_1。若 I0.3 触点闭合，转入执行 SBR_1 后，如果 SBR_1 程序中的 I0.5 触点处于闭合状态，则条件返回指令执行，提前从 SBR_1 返回主程序，SBR_1 中的程序段 2 的指令无法执行。

6.12.3 带参数的子程序调用指令

子程序调用指令可以带参数，使用带参数的子程序调用指令可以扩大子程序的使用范围。在子程序调用时，如果存在数据传递，通常要求子程序调用指令带有相应的参数。

1. 参数的输入

子程序调用指令默认是不带参数的，也无法在指令梯形图符号上直接输入参数，使用子程序编辑器下方的变量表可给子程序调用指令设置参数。

子程序调用指令参数的设置方法是：打开 STEP 7-Micro/WIN SMART 编程软件，单击程序编辑器上方的"SBR_0"标签，切换到 SBR_0 子程序编辑器，在编辑器下方有一个空变量表，如图 6-42（a）所示；如果变量表被关闭，可执行菜单命令"视图"→"组件"→"变量表"打开变量表，再按图 6-42（b）所示在变量表内填写输入、输出参数的符号并选择数据类型。输入型参数要填写在变量类型为 IN 的行内，输入/输出型参数要填写在变量类型为 IN_OUT 类型的行内，输出型参数要填写在变量类型为 OUT 的行内，表中参数的地址 LB0、LB1 等是自动生成的。在变量表的左上角有"插入行"和"删除行"两个工具，可以对变量表进行插入行和删除行操作。变量表填写后，切换到主程序编辑器，在主程序中输入子程序调用指令，该子程序调用指令自动按变量表生成输入/输出参数，如图 6-42（c）所示。

(a) 空变量表

(b) 已填写输入/输出变量的变量表

(c) 在子程序中插入自动按变量表生成输入/输出参数的子程序调用指令

图 6-42 子程序调用指令参数的设置

2. 指令参数说明

子程序调用指令最多可以设置 16 个参数，每个参数包括变量名（又称符号）、变量类型、数据类型和注释四部分，注释部分不是必需的。

1）变量名

变量名在局部变量表中称作符号，它需要直接输入，变量名最多可用 23 个字符表示，并且第一个字符不能为数字。

2）变量类型

变量类型是根据参数传递方向来划分的，它可分为四种类型：IN（传入子程序）、IN_OUT（传入和传出子程序）、OUT（传出子程序）和 TEMP（暂变量）。参数的四种变量类型详细说明如表 6-57 所示。

表 6-57 参数的四种变量类型详细说明

变量类型	说明
IN	将参数传入子程序。该参数可以是直接寻址（如 VB10）、间接寻址（如 *AC1）、常数（如 16#1234），也可以是一个地址（如 &VB100）
IN_OUT	调用子程序时，该参数指定位置的值被传入子程序，子程序返回的结果值被传到同样位置。该参数可采用直接或间接寻址，常数（如 16#1234）和地址（如 &VB100）不允许作为输入/输出参数
OUT	子程序执行得到的结果值被返回到该参数位置。该参数可采用直接或间接寻址，常数和地址不允许作为输出参数
TEMP	在子程序内部用来暂存数据，任何不用于传递数据的局部存储器都可以在子程序中作为临时存储器使用

3）数据类型

参数的数据类型有布尔型（BOOL）、字节型（BYTE）、字型（WORD）、双字型（DWORD）、整数型（INT）、双整数型（DINT）、实数型（REAL）和字符型（STRING）。

3．指令使用注意事项

在使用带参数子程序调用指令时，要注意以下事项。

❶ 常数参数必须指明数据类型。例如，输入一个无符号双字常数 12345 时，该常数必须指定为 DW#12345，如果遗漏常数的数据类型，该常数可能会当作不同的类型使用。

❷ 输入或输出参数没有自动数据类型转换功能。例如，局部变量表明一个参数为实数型，而在调用时使用一个双字，子程序中的值就是双字。

❸ 在带参数调用的子程序指令中，参数必须按照一定顺序排列，参数排列顺序依次是：输入、输入/输出、输出和暂变量。如果用语句表编程，CALL 指令的格式是：

CALL 子程序号，参数 1，参数 2，…，参数 n

4．指令使用举例

带参数的子程序调用指令的使用如图 6-43 所示，图 6-43（a）为主程序，图 6-43（b）为子程序及局部变量表，主、子程序可以实现 $Y=(X+20)\times 3\div 8$ 运算。

程序执行过程为：在主程序中，常 ON 触点 SM0.0 处于闭合状态，首先执行第一个带参数子程序调用指令，转入执行子程序，同时将 VW0 单元中的数据作为 X 值传入子程序的 LW0 单元（局部变量存储器）。在子程序中，ADD_I 指令先将 LW0 中的值 +20，结果存入LW10中；然后MUL_I指令将LW10中的值×3，结果存入LW12中；DIV_I指令再将LW12中的值÷8，结果存入LW2中；最后子程序结束返回主程序，同时子程序LW2中的数据作为Y值被传入主程序的VW10单元中。子程序返回主程序后，接着执行主程序中的第二个带参数子程序调用指令，又将VW2中的数据作为X值传入子程序进行$(X+20)\times 3\div 8$运算，运算结果作为Y值返回到VW20单元中。

(a) 主程序 (b) 子程序及局部变量表

图6-43 带参数的子程序调用指令的使用

6.13 中断指令及相关内容说明

在生活中，人们经常遇到这样的情况：当你正在书房看书时，突然客厅的电话响了，你会停止看书，转而去接电话，接完电话后又继续去看书。**这种停止当前工作，转而去做其他工作，做完后又返回来做先前工作的现象称为中断。**

PLC也有类似的中断现象，当系统正在执行某程序时，如果突然出现意外事件，它就需要停止当前正在执行的程序，转而去处理意外事件，处理完后又接着执行原来的程序。

6.13.1 中断事件与中断优先级

1. 中断事件

让PLC产生中断的事件称为中断事件。S7-200 SMART PLC最多有34个中断事件，为了识别这些中断事件，给每个中断事件都分配有一个编号，称为中断事件号。**中断事件主要可分为三类：通信中断事件、I/O 中断事件和定时中断事件。**

1）通信中断

PLC 的串口通信可以由用户程序控制，通信口的这种控制模式称为自由端口通信模式。在该模式下，接收完成、发送完成均可产生一个中断事件，利用接收、发送中断可以简化程序对通信的控制。

2）I/O 中断

I/O 中断包括外部输入上升沿或下降沿中断、高速计数器（HSC）中断和高速脉冲输出（PTO）中断。外部输入中断是利用 I0.0 ～ I0.3 端口的上升沿或下降沿产生中断请求，这些输入端口可用于连接某些一旦发生就必须及时处理的外部事件；高速计数器中断可以响应当前值等于预设值、计数方向改变、计数器外部复位等事件引起的中断；高速脉冲输出中断可以用来响应给定数量的脉冲输出完成后产生的中断，常用于步进电动机的控制。

3）定时中断

定时中断包括定时中断和定时器中断。

定时中断可以用来支持一个周期性的活动，以 1ms 为计量单位，周期时间可以是 1 ～ 255ms。对于定时中断 0，必须把周期时间值写入 SMB34；对定时中断 1，必须把周期时间值写入 SMB35。每当到达定时值时，相关定时器溢出，执行中断程序。定时中断可以用固定的时间间隔去控制模拟量输入的采样或者执行一个 PID 回路。如果某个中断程序已连接到一个定时中断事件上，为改变定时中断的时间间隔，首先必须修改 SM3.4 或 SM3.5 的值，然后重新把中断程序连接到定时中断事件上。当重新连接时，定时中断功能清除前一次连接时的定时值，并用新值重新开始计时。

定时中断一旦允许，中断就连续地运行，每当定时时间到时就会执行被连接的中断程序。如果退出 RUN 模式或分离定时中断，则定时中断被禁止。如果执行了全局中断禁止指令，定时中断事件仍会继续出现，每个出现的定时中断事件将进入中断队列，直到中断允许或队列满。

定时器中断可以利用定时器来对一个指定的时间段产生中断，这类中断只能使用分辨率为 1ms 的定时器 T32 和 T96 来实现。当所用定时器的当前值等于预设值时，在 CPU 的 1ms 定时刷新中，执行被连接的中断程序。

2. 中断优先级

PLC 可以接受的中断事件很多，但如果这些中断事件同时发出中断请求，要同时处理这些请求是不可能的，正确的方法是对这些中断事件进行优先级别排队，优先级别高的中断事件请求先响应，然后再响应优先级别低的中断事件请求。

S7-200 SMART PLC 的中断事件优先级别从高到低的类别依次是：通信中断事件、I/O 中断事件、定时中断事件。由于每类中断事件中又有多种中断事件，所以每类中断事件内部也要进行优先级别排队。所有中断事件的优先级别顺序见表 6-58。

PLC 的中断处理规律主要有：

❶ 当多个中断事件发生时，按事件的优先级顺序依次响应；对于同级别的事件，则按先发生先响应的原则。

表 6-58 中断事件的优先级别顺序

中断优先级组	中断事件编号	中断事件说明	优先级顺序
通信中断 （最高优先级）	8	端口 0 接收字符	最高
	9	端口 0 发送完成	
	23	端口 0 接收消息完成	
	24	端口 1 接收消息完成	
	25	端口 1 接收字符	
	26	端口 1 发送完成	
I/O 中断 （中等优先级）	19	PLS0 脉冲计数完成	
	20	PLS1 脉冲计数完成	
	34	PLS2 脉冲计数完成	
	0	I0.0 上升沿	
	2	I0.1 上升沿	
	4	I0.2 上升沿	
	6	I0.3 上升沿	
	35	I7.0 上升沿（信号板）	
	37	I7.1 上升沿（信号板）	
	1	I0.0 下降沿	
	3	I0.1 下降沿	
	5	I0.2 下降沿	
	7	I0.3 下降沿	
	36	I7.0 下降沿（信号板）	
	38	I7.1 下降沿（信号板）	
	12	HSC0 CV=PV（当前值 = 预设值）	
	27	HSC0 方向改变	
	28	HSC0 外部复位	
	13	HSC1 CV=PV（当前值 = 预设值）	
	16	HSC2 CV=PV（当前值 = 预设值）	
	17	HSC2 方向改变	
	18	HSC2 外部复位	
	32	HSC3 CV=PV（当前值 = 预设值）	
定时中断 （最低优先级）	10	定时中断 0 SMB34	
	11	定时中断 1 SMB35	
	21	定时器 T32 CT=PT 中断	
	22	定时器 T96 CT=PT 中断	最低

注：CR40/CR60（经济型 CPU 模块）不支持 19、20、24、25、26 和 34～38 号中断。

❷ 在执行一个中断程序时，不会响应更高级别的中断请求，直到当前中断程序执行完成。

❸ 在执行某个中断程序时，若有多个中断事件发出请求，这些中断事件则按优先级顺序排成中断队列等候。中断队列能保存的中断事件个数有限，如果超出了队列的容量，则会产生溢出，将某些特殊标志继电器置位。

S7-200 SMART 系列 PLC 的中断队列容量及溢出置位继电器见表 6-59。

表 6-59 S7-200 SMART PLC 的中断队列容量及溢出置位继电器

中断队列	容量（所有 S7-200 SMART CPU）	溢出置位继电器（0：无溢出，1：溢出）
通信中断队列	4	SM4.0
I/O 中断队列	16	SM4.1
定时中断队列	8	SM4.2

6.13.2 中断指令

中断指令有 6 条：中断允许指令、中断禁止指令、中断连接指令、中断分离指令、清除中断事件指令和中断条件返回指令。

1. 指令说明

中断指令说明如表 6-60 所示。

表 6-60 中断指令说明

指令名称	梯形图	功能说明	操作数	
			INT	EVNT
中断允许指令（ENI）	—(ENI)	允许所有中断事件发出的请求		常数（中断事件号） CR40、CR60： 0～13、16～18、21～23、27、28 和 32； SR20、ST20、SR30、ST30、SR40、ST40、SR60、ST60： 0～13、16～28、32、34～38 （字节型）
中断禁止指令（DISI）	—(DISI)	禁止所有中断事件发出的请求		
中断连接指令（ATCH）	ATCH EN ENO ????—INT ????—EVNT	将 EVNT 端指定的中断事件与 INT 端指定的中断程序关联起来，并允许该中断事件	常数（中断程序号） (0～127) （字节型）	
中断分离指令（DTCH）	DTCH EN ENO ????—EVNT	将 EVNT 端指定的中断事件断开，并禁止该中断事件		
清除中断事件指令（CEVNT）	CLR_EVNT EN ENO ????—EVNT	清除 EVNT 端指定的中断事件		
中断条件返回指令（CRETI）	—(RETI)	若前面的条件使该指令执行，可让中断程序中断返回		

2. 中断程序的建立

中断程序是为处理中断事件而事先写好的程序，它不像子程序要用指令调用，而是当中断事件发生后系统会自动执行中断程序。如果中断事件未发生，中断程序就不会执行。在编写中断程序时，要求程序越短越好，并且在中断程序中不能使用 DISI、ENI、HDEF、LSCR 和 END 指令。

编写中断程序要在编程软件中进行，打开 STEP 7-Micro/WIN SMART 编程软件，单击程序编辑器上方的"INT_0"标签即可切换到中断程序编辑器,在此即可编写名称为"INT_0"的中断程序。

如果需要编写两个或更多的中断程序,可在"INT_0"标签上右击,在弹出的快捷菜单中选择"插入"→"中断",就会新建一个名称为 INT_1 的中断程序(在程序编辑器上方多出一个"INT_1"标签),如图 6-44 所示。在项目指令树区域的"程序块"内也新增了一个"INT_1"程序块,选中该程序块,按键盘上的"Delete"键可将"INT_1"程序块删除。

图 6-44 新建中断程序的操作

3. 指令使用举例

1)使用举例一

中断指令的使用如图 6-45 所示,图 6-45(a)为主程序,图 6-45(b)为名称为 INT_0 的中断程序。

图 6-45 中断指令的使用一

在主程序运行时，若 I0.0 端口输入一个脉冲下降沿（如 I0.0 端口外接开关突然断开），马上会产生一个中断请求，即中断事件 1 产生中断请求，由于在主程序中已用 ATCH 指令将中断事件 1 与 INT_0 中断程序连接起来，故系统响应此请求，停止主程序的运行，转而执行 INT_0 中断程序，中断程序执行完成后又返回主程序。

在主程序运行时，如果系统检测到 I/O 发生错误，会使 SM5.0 触点闭合，中断分离 DTCH 指令执行，禁用中断事件 1，即当 I0.0 端口输入一个脉冲下降沿时，系统不理会该中断，也就不会执行 INT_0 中断程序，但还会接受其他中断事件发出的请求；如果 I0.6 触点闭合，中断禁止 DISI 指令执行，则禁止所有的中断事件。在中断程序运行时，如果 I0.5 触点闭合，中断条件返回 RETI 指令执行，中断程序提前返回，不会执行该指令后面的内容。

2）使用举例二

图 6-46 所示程序的功能是对模拟量输入信号每 10ms 采样一次。

(a) 主程序

(b) 中断程序（INT_0）

图 6-46 中断指令的使用二

在主程序运行时，PLC 第一次扫描时 SM0.1 触点接通一个扫描周期，MOV_B 指令首先执行，将常数 10 送入定时中断时间存储器 SMB34 中，将定时中断时间间隔设为 10ms；然后中断连接 ATCH 指令执行，将中断事件 10（即定时器中断 0）与 INT_0 中断程序连接起来；再执行中断允许 ENI 指令，允许所有的中断事件。当定时中断时间存储器 SMB34 10ms 定时时间间隔到时，会向系统发出中断请求，由于该中断事件对应 INT_0 中断程序，所以 PLC 马上执行 INT_0 中断程序，将模拟量输入 AIW0 单元中的数据传送到 VW100 单元中；当 SMB34 下一个 10ms 定时时间间隔到时，又会发出中断请求，从而又执行一次中断程序，这样程序就可以每隔 10ms 时间对模拟量输入 AIW0 单元数据采样一次。

6.14 高速计数器指令及相关内容说明

普通计数器的计数速度与 PLC 的扫描周期有关，扫描周期越长，计数速度越慢，即计数频率越低，一般仅为几十赫兹，因而**普通计数器适用于计数速度要求不高的场合**。为了满足高速计数要求，S7-200 SMART PLC 专门设计了高速计数器，其计数速度很快，C 型 CPU（CR40、CR60）的计数频率最高为 100kHz，S 型 CPU（SR20、ST20……SR60、ST60）最高计数频率达 200kHz，均不受 PLC 扫描周期的影响。

S7-200 SMART PLC 支持 HSC0～HSC3 四个高速计数器，高速计数器有 0、1、3、4、6、7、9、10 共八种计数模式，HSC0 和 HSC2 支持八种计数模式（模式 0、1、3、4、6、7、9 和 10），HSC1 和 HSC3 只支持一种计数模式（模式 0）。

6.14.1 高速计数器指令说明

高速计数器指令包括高速计数器定义指令（HDEF）和高速计数器指令（HSC）。

高速计数器指令说明如表 6-61 所示。

表 6-61 高速计数器指令说明

指令名称	梯形图	功能说明	操作数	
			HSC、MODE	N
高速计数器定义指令（HDEF）	HDEF EN ENO ????-HSC ????-MODE	让 HSC 端指定的高速计数器工作在 MODE 端指定的模式下。 HSC 端用来指定高速计数器的编号，MODE 端用来指定高速计数器的工作模式	常数 HSC：0～3 MODE：0～10 （不含 2、5、8） （字节型）	常数 N：0～5 （字型）
高速计数器指令（HSC）	HSC EN ENO ????-N	让编号为 N 的高速计数器按 HDEF 指令设定的模式，并按有关特殊存储器某些位的设置和控制工作		

6.14.2 高速计数器的计数模式

S7-200 SMART PLC 高速计数器有八种计数模式：

❶ 模式 0 和 1（内部控制方向的单相加 / 减计数），模式 1 具有外部复位功能；
❷ 模式 3 和 4（外部控制方向的单相加 / 减计数），模式 4 具有外部复位功能；
❸ 模式 6 和 7（双相脉冲输入的加 / 减计数），模式 7 具有外部复位功能；
❹ 模式 9 和 10（双相脉冲输入的正交加 / 减计数），模式 10 具有外部复位功能。

1. 模式 0 和 1（内部控制方向的单相加 / 减计数）

在模式 0 和 1 时，只有一路脉冲输入，计数器的计数方向（即加计数或减计数）由 PLC 特定 SM 存储器某位值来决定，该位值为 1 时为加计数，该位值为 0 时为减计数。模式 0 和 1 说明如图 6-47 所示，以高速计数器 HSC0 为例，它采用 I0.0 端子为计数脉冲输入端，SM37.3 的位值决定计数方向，SMD42 用于写入计数预设值。当高速计数器的计数值达到预设值时会产生中断请求，触发中断程序的执行。

模式 0 和 1 的区别在于模式 1 具有外部复位功能，可以通过 PLC 特定的输入端子输入复位信号将计数器复位，模式 0 无此功能。模式 0 和 1 最大允许输入脉冲频率为 200kHz（S 型 CPU）和 100kHz（C 型 CPU）。

图 6-47　模式 0 和 1（内部控制方向的单相加 / 减计数）说明

2. 模式 3 和 4（外部控制方向的单相加 / 减计数）

在模式 3 和 4 时，只有一路脉冲输入，计数器的计数方向由 PLC 特定输入端子的输入值来决定，该输入值为 1 时为加计数，该输入值为 0 时为减计数。模式 3 和 4 说明如图 6-48 所示，以高速计数器 HSC4 为例，它采用 I0.3 端子作为计数脉冲输入端，I0.4 端子输入值决定计数方向，SMD152 用于写入计数预设值。

模式 3 和 4 的区别在于模式 4 具有外部复位功能，可以通过 PLC 特定的输入端子输入复位信号将计数器复位，模式 3 无此功能。模式 3 和 4 最大允许输入脉冲频率为 200kHz（S 型 CPU）和 100kHz（C 型 CPU）。

图 6-48　模式 3 和 4（外部控制方向的单相加 / 减计数）说明

3. 模式 6 和 7（双相脉冲输入的加 / 减计数）

在模式 6 和 7 时，有两路脉冲输入端，一路为加计数输入端，另一路为减计数输入端。模式 6 和 7 说明如图 6-49 所示，以高速计数器 HSC0 为例，当其工作模式为 6 时，它采用 I0.0 端子作为加计数脉冲输入端，I0.1 为减计数脉冲输入端，SMD42 用于写入计数预设值。

图 6-49 模式 6 和 7（双相脉冲输入的加/减计数）说明

模式 6 和 7 的区别在于模式 7 具有外部复位功能，可以通过 PLC 特定的输入端子输入复位信号将计数器复位，模式 6 无此功能。模式 6 和 7 最大允许输入脉冲频率为 100 kHz（S 型 CPU）和 50 kHz（C 型 CPU）。

4．模式 9 和 10（双相脉冲输入的正交加/减计数）

在模式 9 和 10 时，有两路脉冲输入端，一路为 A 脉冲输入端，另一路为 B 脉冲输入端，A、B 脉冲相位相差 90°（即正交，A、B 两脉冲相差 1/4 周期）。若 A 脉冲超前 B 脉冲 90°，则为加计数；若 A 脉冲滞后 B 脉冲 90°，则为减计数。**在这种计数模式下，可选择 1× 方式或 4× 方式**，1× 模式又称单倍频方式，当输入一个脉冲时计数器值增 1 或减 1；4× 模式又称四倍频方式，当输入一个脉冲时计数器值增 4 或减 4。模式 9 和 10 的 1× 方式和 4× 方式说明如图 6-50 所示。

模式 9 和 10 的区别在于模式 10 具有外部复位功能，可以通过 PLC 特定的输入端子输入复位信号将计数器复位，模式 9 无此功能。在模式 9 和 10 时，S 型 CPU 的最大允许输入脉冲频率为 100kHz（1× 方式时）和 400kHz（4× 方式时），C 型 CPU 的最大允许输入脉冲频率为 50kHz（1× 方式时）和 400kHz（4× 方式时）。

图 6-50 模式 9 和 10（双相脉冲输入的正交加/减计数）说明

(b) 4×模式

图 6-50 模式 9 和 10（双相脉冲输入的正交加 / 减计数）说明（续）

6.14.3 高速计数器分配的输入端子及在各工作模式下的功能

高速计数器工作时需要使用一些输入端子，HSC0～HSC3 高速计数器分配的输入端子及在不同工作模式下端子的功能见表 6-62。同一个输入端子不能用于两种不同的功能，但是任何一个没有被高速计数器当前模式使用的输入端子，均可以用作其他用途。例如，HSC0 计数器工作在模式 1 时，会分配占用 I0.0 端子用于脉冲输入，I0.4 端子用于复位信号输入，I0.1 端子在模式 1 时未使用，可以用作 HSC1 计数器工作在模式 0 时的脉冲输入端子。

表 6-62 HSC0～HSC3 高速计数器分配的输入端子及在不同工作模式下端子的功能

高速计数器及工作模式		说　明	计数器分配的输入端子及在各工作模式下的功能		
高速计数器	HSC0		I0.0	I0.1	I0.4
	HSC1		I0.1		
	HSC2		I0.2	I0.3	I0.5
	HSC3		I0.3		
工作模式	0	内部控制方向的单相加 / 减计数模式。SM37.3=0，减计数；SM37.3=1，加计数。模式 1 具有外部复位功能	脉冲输入		
	1		脉冲输入		复位输入
	3	外部控制方向的单相加 / 减计数模式。方向控制端 =0，减计数；方向控制端 =1，加计数。模式 4 具有外部复位功能	脉冲输入	加 / 减控制	
	4		脉冲输入	加 / 减控制	复位输入

(续表)

高速计数器及工作模式		说　　明	计数器分配的输入端子及在各工作模式下的功能		
工作模式	6	双相脉冲输入的加/减计数模式。	加脉冲输入	减脉冲输入	
	7	加脉冲输入时，加计数；减脉冲输入时，减计数。模式 7 具有外部复位功能	加脉冲输入	减脉冲输入	复位输入
	9	双相脉冲输入的正交加/减计数模式。	A 脉冲输入	B 脉冲输入	
	10	A 脉冲超前 B 脉冲 90° 时，加计数；A 脉冲滞后 B 脉冲 90° 时，减计数。模式 10 具有外部复位功能	A 脉冲输入	B 脉冲输入	复位输入

6.14.4　高速计数器输入端子滤波时间的设置

由于 PLC 使用时大多数情况下输入信号频率较低，为了抑制高频信号的干扰，输入端子的默认滤波时间为 6.4ms，该滤波时间较长，最高只允许 78Hz 信号输入。如果要将某些端子用于高速计数器输入，需要将这些端子的滤波时间设短。表 6-63 列出了 PLC 输入端子滤波时间与对应的最大检测频率。

表 6-63　PLC 输入端子滤波时间与对应的最大检测频率

输入滤波时间	可检测到的最大频率	输入滤波时间	可检测到的最大频率
0.2μs	200kHz（S 型号 CPU）[1]	6.4μs	78kHz
	100kHz（C 型号 CPU）[2]	12.8μs	39kHz
0.4μs	200kHz（S 型号 CPU）	0.2ms	2.5kHz
	100kHz（C 型号 CPU）	0.4ms	1.25kHz
0.8μs	200kHz（S 型号 CPU）	0.8ms	625Hz
	100kHz（C 型号 CPU）	1.6ms	312Hz
1.6μs	200kHz（S 型号 CPU）	3.2ms	156Hz
	100kHz（C 型号 CPU）	6.4ms	78Hz
3.2μs	156kHz（S 型号 CPU）	12.8ms	39Hz
	100kHz（C 型号 CPU）		

注：1. S 型号 CPU 包括 SR20、ST20、SR30、ST30、SR40、ST40、SR60、ST60。
　　2. C 型号 CPU 包括 CR40、CR60。

在 STEP 7-Micro/WIN SMART 软件中可以设置（组态）PLC 输入端子的滤波时间，设置操作如图 6-51 所示。在项目指令树区域双击"系统块"，弹出"系统块"对话框；在对话框上方选中 CPU 模块，在左边选择数字量输入项内的 I0.0 ～ I0.7，然后在右边对高速计数器使用的端子进行滤波时间设置；先勾选端子旁"脉冲捕捉"选项，再根据计数可能的最大频率来选择合适的滤波时间，不用作高速计数器的输入端子滤波时间保持默认值；单击"确定"按钮关闭"系统块"对话框，将系统块下载到 CPU 模块即可使滤波时间设置生效。

图 6-51 在编程软件的系统块内设置输入端子的滤波时间

6.14.5 高速计数器的控制字节

高速计数器定义 HDEF 指令只能让某编号的高速计数器工作在某种模式,无法设置计数器的方向、复位等内容。为此,每个高速计数器都配备了一个专用的控制字节来对计数器进行各种控制设置。

1. 控制字节功能说明

高速计数器 HSC0~HSC3 的控制字节各位功能说明见表 6-64。例如,高速计数器 HSC0 的控制字节为 SMB37,其中 SM37.0 位用来设置复位有效电平,当该位为 0 时高电平复位有效,该位为 1 时低电平复位有效。

表 6-64 高速计数器 HSC0~HSC3 的控制字节各位功能说明

HSC0 (SMB37)	HSC1 (SMB47)	HSC2 (SMB57)	HSC3 (SMB137)	说　　明
SM37.0		SM57.0		复位有效电平控制 (0:复位信号高电平有效;1:低电平有效)
SM37.1				未用
SM37.2		SM57.2		正交计数器计数速率选择 (0:4× 计数速率;1:1× 计数速率)
SM37.3	SM47.3	SM57.3	SM137.3	计数方向控制位 (0:减计数;1:加计数)
SM37.4	SM47.4	SM57.4	SM137.4	将计数方向写入 HSC (0:无更新;1:更新计数方向)

(续表)

HSC0 (SMB37)	HSC1 (SMB47)	HSC2 (SMB57)	HSC3 (SMB137)	说　明
SM37.5	SM47.5	SM57.5	SM137.5	将新预设值写入 HSC （0：无更新；1：更新预置值）
SM37.6	SM47.6	SM57.6	SM137.6	将新的当前值写入 HSC （0：无更新；1：更新初始值）
SM37.7	SM47.7	SM5.7	SM137.7	HSC 指令执行允许控制 （0：禁用 HSC；1：启用 HSC）

2．控制字节设置举例

用控制字节设置高速计数器如图 6-52 所示。PLC 第一次扫描时 SM0.1 触点接通一个扫描周期，首先 MOV_B 指令执行，将十六进制数 F8（即 11111000）送入 SMB37 单元，则 SM37.7～SM37.0 为 11111000，这样就将高速计数器 HSC0 的复位设为高电平，正交计数设为 4× 模式；然后 HDEF 指令执行，将 HSC0 工作模式设为模式 10。

图 6-52　用控制字节设置高速计数器

6.14.6　高速计数器计数值的读取与设置

1．计数值的读取

高速计数器的当前计数值保存在 HC 存储单元中，高速计数器 HSC0～HSC3 的当前值分别保存在 HC0～HC3 单元中，这些单元中的数据为只读类型，即不能向这些单元写入数据。

图 6-53　高速计数器计数值的读取

高速计数器计数值的读取如图 6-53 所示。当 I0.0 触点由断开转为闭合时，上升沿 P 触点接通一个扫描周期，MOV_DW 指令执行，将高速计数器 HSC0 的当前计数值（保存在 HC0 单元）读入并保存在 VD200 单元。

2．计数值的设置

每个高速计数器都用两个专用存储单元分别存放当前计数值（CV）和预设计数值（PV），这两个值都是 32 位（双字）。在高速计数器工作时，当 CV=PV 时会触发 HSC 中断。当前计数值可从 HC 单元中读取，预设值则无法直接读取。要将新的 CV 值或 PV 值载入高速计数器，必须先设置相应的控制字节和专用双字存储单元，再执行 HSC 指令以将新值传送到高速计数器。

HSC0 ~ HSC3 高速计数器存放 CV 值和 PV 值的专用存储单元见表 6-65。例如，高速计数器 HSC0 采用 SMD38 双字单元存放新 CV 值，采用 SMD42 双字单元存放新 PV 值。

表 6-65　HSC0 ~ HSC3 高速计数器存放 CV 值和 PV 值的专用存储单元

两种类型计数值	计数值的专用存储单元			
	HSC0	HSC1	HSC2	HSC3
新当前计数值（新 CV 值）	SMD38	SMD48	SMD58	SMD138
新预设计数值（新 PV 值）	SMD42	SMD52	SMD62	SMD142

高速计数器计数值的设置如图 6-54 所示。当 I0.2 触点由断开转为闭合时，上升沿 P 触点接通一个扫描周期，首先第 1 个 MOV_DW 指令执行，将新 CV 值（当前计数值）"100"送入 SMD38 单元；然后第 2 个 MOV_DW 指令执行，将新 PV 值（预设计数值）"200"送入 SMD42 单元；接着高速计数器 HSC0 的控制字节中的 SM37.5、SM37.6 两位均得电为 1，允许 HSC0 更新 CV 值和 PV 值；最后 HSC 指令执行，将新 CV 值和 PV 值载入高速计数器 HSC0。

图 6-54　高速计数器计数值的设置

在执行 HSC 指令前，设置控制字节和修改 SMD 单元中的新 CV 值、PV 值不会影响高速计数器的运行；只有执行 HSC 指令后，高速计数器才按新设置值开始工作。

6.14.7　高速计数器的状态字节

每个高速计数器都有一个控制字节和一个状态字节，控制字节用来设置控制计数器的工作，状态字节则用来反映计数器的一些工作状态。HSC0 ~ HSC3 高速计数器的状态字节见表 6-66，其中每个状态字节的 0 ~ 4 位不用。监视高速计数器状态字节的状态位值，除了可以了解计数器当前的工作状态外，还可以用状态位值来触发其他操作。例如，当 SM36.6=1 时，表示 HSC0 的当前计数值正好等于预设值，可以用 SM36.6=1 触发执行一段程序。

表 6-66 HSC0～HSC3 高速计数器的状态字节

HSC0	HSC1	HSC2	HSC3	说 明
SM36.5	SM46.5	SM56.5	SM136.5	当前计数方向状态位：0= 减计数，1= 加计数
SM36.5	SM46.6	SM56.6	SM136.6	当前值等于预设值状态位：0= 不等，1= 相等
SM36.7	SM46.7	SM56.7	SM136.7	当前值大于预设值状态位：0= 小于等于，1= 大于

6.14.8 高速计数器的编程步骤与举例

1. 高速计数器的编程步骤

高速计数器的编程较为复杂，一般步骤如下。

❶ 根据计数要求设置高速计数器的控制字节。例如，让 HSC1 的控制字节 SMB47= 16#F8，则将 HSC1 设为允许计数、允许写入计数初始值、允许写入计数预设值、更新计数方向为加计数、正交计数为 4× 模式、高电平复位。

❷ 执行 HDEF 指令，将某编号的高速计数器设为某种工作模式。

❸ 将计数初始值写入当前值存储器。当前值存储器是指 SMD38、SMD48、SMD58 和 SMD138。

❹ 将计数预设值写入预设值存储器。预设值存储器是指 SMD42、SMD52、SMD62 和 SMD142。如果往预设值存储器写入 16#00，则高速计数器不工作。

❺ 为了捕捉当前值（CV）等于预设值（PV），可用中断连接 ATCH 指令将条件 CV=PV 中断事件（HSC0 的 CV=PV 对应中断事件 12）与某中断程序连接起来。

❻ 为了捕捉计数方向改变，可用中断连接 ATCH 指令将方向改变中断事件（HSC0 的方向改变对应中断事件 27）与某中断程序连接起来。

❼ 为了捕捉计数器外部复位，可用中断连接 ATCH 指令将外部复位中断事件（HSC0 的外部复位对应中断事件 28）与某中断程序连接起来。

❽ 执行中断允许 ENI 指令，允许系统接受高速计数器（HSC）产生的中断请求。

❾ 执行 HSC 指令，启动某高速计数器按前面的设置工作。

❿ 编写相关的中断程序。

2. 高速计数器的编程举例

高速计数器的编程举例见表 6-67，整个程序由 MAIN（主程序）、SBR_0（子程序 0）和 INT_0（中断程序 0）组成。

PLC 进入 RUN 模式第一次扫描时，主程序中的 SM0.1 触点接通一个扫描周期，执行调用子程序 SBR_0 指令，程序转入执行 SBR_0 子程序。在子程序 SBR_0 中，对高速计数器 HSC0 进行初始化设置，设置内容有：

❶ 用 MOV_B 指令设置 HSC0 的控制字节 SMB37；

❷ 用 HDEF 指令让 HSC0 工作在模式 10；

❸ 用 MOV_DW 指令将 HSC0 当前值（CV）存储器 SMD38 清 0；

❹ 用 MOV_DW 指令往 HSC0 的计数预设值（PV）存储器 SMD42 中写入 PV 值；

❺ 用 ATCH 指令将中断事件 12（HSC0 的 CV=PV 时触发的事件）与中断程序 INT_0 关联起来；

❻ 用 ENI 指令打开所有的中断；
❼ 用 HSC 指令使设置生效并启动 HSC0 工作。

表 6-67 高速计数器的编程举例

高速计数器 HSC0 启动后开始计数，当 HSC0 的当前计数值（CV）等于计数预设值（PV）时，触发中断事件 12，由于已将中断事件 12 与中断程序 INT_0 关联起来，故马上执行中断程序 INT_0。在 INT_0 程序中，先用 MOV_DW 指令将 HSC0 当前值（CV）存储器 SMD38 清 0，再用 MOV_B 指令重新设置 HSC0 的控制字节 SMB37，然后用 HSC 指令使新设置生效并启动 HSC0 重新工作。

高速计数器 HSC0 每计数到 CV=PV 时都会产生中断，执行一次中断程序 INT_0；执行中断程序后，HSC0 又按新的设置重新开始计数，以后不断重复这个过程。

6.15 高速脉冲输出指令及相关内容说明

利用高速脉冲输出指令可让 CPU 模块内部的高速脉冲发生器输出占空比为 50%、周期可调的方波脉冲（即 PTO 脉冲），或者输出占空比及周期均可调的脉宽调制脉冲（即 PWM 脉冲）。占空比是指高电平时间与周期时间的比值。PTO 脉冲和 PWM 脉冲如图 6-55 所示。

图 6-55　PTO 脉冲和 PWM 脉冲

在使用脉冲发生器功能时，其产生的脉冲从 Q0.0、Q0.1 和 Q0.3 端子输出；若不使用脉冲输出功能，则这三个端子恢复普通端子功能。**要使用高速脉冲发生器功能，PLC 应选择晶体管输出型，以满足高速输出要求。**

6.15.1　指令说明

高速脉冲输出指令说明如表 6-68 所示。

表 6-68　高速脉冲输出指令说明

指令名称	梯形图	功能说明	操作数 Q0.X
高速脉冲输出指令 (PLS)	PLS EN　ENO ????—Q0.X	根据相关特殊存储器（SM）的控制和参数设置要求，启动高速脉冲发生器从 Q0.X 指定的端子输出相应的 PTO 或 PWM 脉冲	常数：0—Q0.0，1—Q0.1，3—Q0.3（字型）

S7-200 SMART 经济型 CPU 模块（CR40/CR60）无高速脉冲输出功能；标准型 CPU 模块有两个或三个脉冲输出端子，可使用高速脉冲输出（PLS）指令，具体如下：

❶ SR20/ST20 有两个高速脉冲输出端子（Q0.0、Q0.1）；

❷ SR30/ST30、SR40/ST40、SR60/ST60 有三个高速脉冲输出端子（Q0.0、Q0.1 和 Q0.3）。

6.15.2　高速脉冲输出的控制字节、参数设置和状态位

要让高速脉冲发生器产生符合要求的脉冲，须对其进行有关控制及参数设置。另外，通过读取其工作状态可触发需要的操作。

1. 控制字节

高速脉冲发生器的控制采用一个 SM 控制字节（8 位），用来设置脉冲输出类型（PTO 或 PWM）、脉冲时间单位等内容。高速脉冲发生器的控制字节说明见表 6-69。例如，当 SM67.6=0 时，让 Q0.0 端子输出 PTO 脉冲；当 SM77.3=1 时，让 Q0.1 端子输出时间单位为 ms 的脉冲。

表 6-69 高速脉冲发生器的控制字节说明

Q0.0	Q0.1	Q0.3	说　　明
SM67.0	SM77.0	SM567.0	PTO/PWM 更新频率/周期时间：0= 不更新，1= 更新频率/周期时间
SM67.1	SM77.1	SM567.1	PWM 更新脉冲宽度时间：0= 不更新，1= 更新脉冲宽度
SM67.2	SM77.2	SM567.2	PTO 更新脉冲计数值：0= 不更新，1= 更新脉冲计数
SM67.3	SM77.3	SM567.3	PWM 时基：0=1μs/ 时标，1=1ms/ 刻度
SM67.4	SM77.4	SM567.4	保留
SM67.5	SM77.5	SM567.5	PTO 单/多段操作：0= 单端，1= 多段
SM67.6	SM77.6	SM567.6	PTO/PWM 模式选择：0=PWM，1=PTO
SM67.7	SM77.7	SM567.7	PWM 使能：0= 禁用，1= 启用

高速脉冲发生器的控制字节需要设置的控制位较多，采用对照表 6-69 来逐位确定各位值比较麻烦，表 6-70 所示为高速脉冲发生器的控制字节常用设置值及对应实现的控制功能。

表 6-70 高速脉冲发生器的控制字节常用设置值及对应实现的控制功能

控制字节设置值	启用	选择模式	PTO 段操作	时基	脉冲计数	脉冲宽度	周期时间/频率
16#80	是	PWM		1μs/周期			
16#81	是	PWM		1μs/周期			更新周期时间
16#82	是	PWM		1μs/周期		更新	
16#83	是	PWM		1μs/周期		更新	更新周期时间
16#88	是	PWM		1ms/周期			
16#89	是	PWM		1ms/周期			更新周期时间
16#8A	是	PWM		1ms/周期		更新	
16#8B	是	PWM		1ms/周期		更新	更新周期时间
16#C0	是	PTO	单段				
16#C1	是	PTO	单段				更新频率
16#C4	是	PTO	单段		更新		
16#C5	是	PTO	单段		更新		更新频率
16#E0	是	PTO	多段				

2. 参数设置寄存器

高速脉冲发生器的参数设置寄存器用来设置脉冲参数等内容，具体见表 6-71。例如，SM67.3=1，SMW68=25，则将脉冲周期设为 25ms。

表 6-71 高速脉冲发生器的参数设置寄存器

Q0.0	Q0.1	Q0.3	说　　明
SMW68	SMW78	SMW568	PTO 频率或 PWM 周期时间值：1～65535Hz (PTO)，2～65535ms (PWM)
SMW70	SMW80	SMW570	PWM 脉冲宽度值：0～65535
SMD72	SMD82	SMD572	PTO 脉冲计数值：1～2147483647
SMB166	SMB176	SMB576	进行中段的编号：仅限多段 PTO 操作
SMW168	SMW178	SMW578	包络表的起始单元（相对 V0 的字节偏移）：仅限多段 PTO 操作

3. 状态位

高速脉冲发生器的状态位用于显示工作状态等信息，通过读取状态位值可触发需要的操作。高速脉冲发生器的状态位功能说明见表 6-72，例如，SM66.7=1 表示 Q0.0 端子的 PTO 脉冲输出完成。

表 6-72 高速脉冲发生器的状态位功能说明

Q0.0	Q0.1	Q0.3	说 明
SM66.4	SM76.4	SM566.4	PTO 增量计算错误（因添加错误导致）：0= 无错误，1= 因错误而中止
SM66.5	SM76.5	SM566.5	PTO 包络被禁用（因用户指令导致）：0= 非手动禁用的包络，1= 用户禁用的包络
SM66.6	SM76.6	SM566.6	PTO/PWM 管道溢出 / 下溢：0= 无溢出 / 下溢，1= 溢出 / 下溢
SM66.7	SM76.7	SM566.7	PTO 空闲：0= 进行中，1=PTO 空闲

6.15.3 PTO 脉冲的产生与使用

PTO 脉冲是一种占空比为 50%、周期可调的方波脉冲。PTO 脉冲的频率范围为 1～65535 Hz（单段）或 1～100000 Hz（多段），PTO 脉冲数范围为 1～2147483647。

在设置脉冲个数时，若将脉冲个数设为 0，系统会默认个数为 1；在设置脉冲周期时，如果周期小于两个时间单位，系统会默认周期值为两个时间单位，比如时间单位为 ms，周期设为 1.3ms，系统会默认周期为 2ms。另外，如果将周期值设为奇数值（如 75ms），产生的脉冲波形会失真。

PTO 脉冲可分为单段脉冲串和多段脉冲串，多段脉冲串由多个单段脉冲串组成。

1. 单段脉冲串的产生

要让高速脉冲输出端子输出单段脉冲串，须先对相关的控制字节和参数进行设置，再执行高速脉冲输出 PLS 指令。

图 6-56 所示是一段让 Q0.0 端子输出单段脉冲串的程序。在 PLC 首次扫描时，SM0.1 触点闭合一个扫描周期，复位指令将 Q0.0 输出映像寄存器（即 Q0.0 线圈）置 0，以便将 Q0.0 端子用作高速脉冲输出；当 I0.1 触点闭合时，上升沿 P 触点接通一个扫描周期，MOV_B、MOV_W 和 MOV_DW 依次执行，对高速脉冲发生器的控制字节和参数进行设置，然后执行高速脉冲输出 PLS 指令，让高速脉冲发生器按设置产生单段 PTO 脉冲串并从 Q0.0 端子输出。在 PTO 脉冲串输出期间，如果 I0.2 触点闭合，MOV_B、MOV_DW 依次执行，将控制字节设为禁止脉冲输出，脉冲个数设为 0，然后执行 PLS 指令，高速脉冲发生器马上按新的设置工作，即停止从 Q0.0 端子输出脉冲。单段 PTO 脉冲串输出完成后，状态位 SM66.7 会置 1，表示 PTO 脉冲输出结束。

若网络 2 中不使用边沿 P 触点，那么在单段 PTO 脉冲串输出完成后如果 I0.1 触点仍处于闭合状态，则会在前一段脉冲串后面继续输出相同的下一段脉冲串。

2. 多段脉冲串的产生

多段脉冲串由多个单段脉冲串组成，每个单段脉冲串的参数可以不同，单段脉冲串中的每个脉冲参数也可以不同。

图 6-56 让 Q0.0 端子输出单段脉冲串的程序

1) 参数设置包络表

由于多段脉冲串的各个脉冲串允许有较复杂的变化，无法用产生单段脉冲串的方法来输出多段脉冲串，S7-200 SMART PLC 在变量存储区（V 区）建立一个包络表，由该表来设置多段脉冲串中的各个脉冲串的参数。

表 6-73 所示为多段脉冲串参数设置包络表。包络表的第 1 个字节单元 VBn 存放脉冲串的总段数，此后用 3 个连续的双字单元（每 4 个字节单元组成一个双字单元）分别存放一段脉冲串的起始频率、结束频率和脉冲数。在多段模式下，系统仍使用特殊存储器区的相应控制字节和状态位，每个脉冲串的参数则从包络表的变量存储器区读出。在多段编程时，必须将包络表的变量存储器起始地址（即包络表中的 n 值）装入 SMW168（使用 Q0.0 端子输出脉冲时）、SMW178 或 SMW578。在运行时不能改变包络表中的内容，执行 PLS 指令来启动多段操作。

表 6-73 多段脉冲串参数设置包络表

包络表占用的连续 V 存储单元	存储内容及说明	
VBn	总段数（1～255）	段数值不能为 0
VD(n+1)	起始频率（1～100000Hz）	第 1 段 脉冲串的参数
VD(n+5)	结束频率（1～100000Hz）	
VD(n+9)	脉冲数（1～2147483647）	
VD(n+13)	起始频率（1～100000Hz）	第 2 段 脉冲串的参数
VD(n+17)	结束频率（1～100000Hz）	
VD(n+21)	脉冲数（1～2147483647）	
VD(n+25)	起始频率（1～100000Hz）	第 3 段 脉冲串的参数
VD(n+29)	结束频率（1～100000Hz）	
VD(n+33)	脉冲数（1～2147483647）	
以后类推		

2）输出多段脉冲串的应用举例

多段脉冲串常用于步进电动机的控制。图 6-57 所示是一个步进电动机的控制包络线，包络线分三段：第 1 段（AB 段）为加速运行，电动机的起始频率为 2kHz，终止频率为 10kHz，要求运行脉冲数目为 200 个；第 2 段（BC 段）为恒速运行，电动机的起始和终止频率均为 10kHz，要求运行脉冲数目为 3400 个；第 3 段（CD 段）为减速运行，电动机的起始频率为 10kHz，终止频率为 2kHz，要求运行脉冲数目为 400 个。

根据步进电动机的控制包络线可列出相应的包络表，如表 6-74 所示。

图 6-57 一个步进电动机的控制包络线

表 6-74 根据步进电动机的控制包络线列出的包络表

包络表占用的连续 V 存储单元	值	说 明	
VB500	3	总段数	
VD501	2000	起始频率（Hz）	第 1 段 脉冲串的参数
VD505	10000	结束频率（Hz）	
VD509	200	脉冲数	
VD513	10000	起始频率（Hz）	第 2 段 脉冲串的参数
VD517	10000	结束频率（Hz）	
VD521	3400	脉冲数	
VD525	10000	起始频率（Hz）	第 3 段 脉冲串的参数
VD529	2000	结束频率（Hz）	
VD533	400	脉冲数	

根据包络表可编写出步进电动机的控制程序，如表 6-75 所示，该程序由主程序、SBR_0 子程序和 INT_0 中断程序组成。

表 6-75 产生多段脉冲串的程序（用于控制步进电动机）及说明

程序类型	梯形图程序	程序说明
MAIN（主程序）	程序注释 程序段 1 SM0.1 —┤├— Q0.0 —(R) 1 SBR_0 EN	PLC 进入运行模式首次扫描时，SM0.1 触点接通一个扫描周期，先执行复位（R）指令，将 Q0.0 线圈复位（即让 Q0.0 输出映像寄存器为 0），以便将该端子用于高速脉冲输出；然后执行调用子程序 SBR_0 指令，程序转入执行 SBR_0 子程序
SBR_0（子程序）	子程序注释 程序段 1 SM0.0 —┤├— MOV_B：3→VB500 MOV_DW：2000→VD501 MOV_DW：10000→VD505 MOV_DW：200→VD509 MOV_DW：10000→VD513 MOV_DW：10000→VD517 MOV_DW：3400→VD521 MOV_DW：10000→VD525 MOV_DW：2000→VD529 MOV_DW：400→VD533 程序段 2 SM0.0 —┤├— MOV_B：16#E0→SMB67 MOV_W：500→SMW168 ATCH：INT_0:INT0，19:EVNT (ENI) PLS：0→N	子程序执行时，先执行程序段 1，SM0.0 触点处于闭合状态，从上往下依次执行 10 个指令，往 VB500、VD501～VD533 组成的包络表写入 3 段脉冲串参数。 MOV_B 指令执行，将总段数值 3 写入 VB500。 第 1 个 MOV_DW 指令执行，把第 1 段脉冲串的起始频率 2000（Hz）写入 VD501。 第 2 个 MOV_DW 指令执行，把第 1 段脉冲串的结束频率 10000（Hz）写入 VD505。 第 3 个 MOV_DW 指令执行，把第 1 段脉冲串的脉冲个数 200 写入 VD509。 第 4 个 MOV_DW 指令执行，把第 2 段脉冲串的起始频率 10000（Hz）写入 VD513。 第 5 个 MOV_DW 指令执行，把第 2 段脉冲串的结束频率 10000（Hz）写入 VD517。 第 6 个 MOV_DW 指令执行，把第 2 段脉冲串的脉冲个数 3400 写入 VD521。 第 7 个 MOV_DW 指令执行，把第 3 段脉冲串的起始频率 10000（Hz）写入 VD525。 第 8 个 MOV_DW 指令执行，把第 3 段脉冲串的结束频率 2000（Hz）写入 VD529。 第 9 个 MOV_DW 指令执行，把第 3 段脉冲串的脉冲个数 400 写入 VD533。 程序段 1 执行后接着执行程序段 2。SM0.0 触点处于闭合状态，从上往下依次执行 5 个指令。 MOV_B 指令执行，将十六进制数 16#E0 写入 SMB67，启用多段 PTO 脉冲输出。 MOV_W 指令执行，将 V 存储器的地址 500（即 VB500）写入 SMW168，以该地址单元作为包络表的首地址单元。 ATCH 指令执行，将中断事件 19（Q0.0 端脉冲输出完成）与中断程序 INT_0 关联起来。 ENI 指令执行，开启所有的中断请求。 PLS 指令执行，根据 SM67 和包络的设置，启动高速脉冲发生器从 Q0.0 端子输出多段 PTO 脉冲

(续表)

程序类型	梯形图程序	程序说明
INT_0 (中断程序)	中断例程注释 程序段 1 SM0.0　　　　　Q0.5 ─┤├─────────(S) 　　　　　　　　　　1	当 Q0.0 端子脉冲输出完成后会触发中断事件 19，由于已用 ATCH 指令将中断事件 19 与中断程序 INT_0 关联起来，故 Q0.0 端子脉冲输出完成马上开始执行 INT_0 中断程序。 SM0.0 触点在程序运行时始终闭合，置位(S)指令执行，将 Q0.5 线圈置 1

6.15.4 PWM 脉冲的产生与使用

PWM 脉冲是一种占空比和周期都可调的脉冲。PWM 脉冲的周期范围为 10～65535μs 或 2～65535ms，在设置脉冲周期时，如果周期小于两个时间单位，系统会默认周期值为两个时间单位；PWM 脉宽时间为 0～65535μs 或 0～65535ms，若设定的脉宽等于周期（即占空比为 100%），输出一直接通，设定脉宽等于 0（即占空比为 0%），输出断开。

1．波形改变方式

PWM 脉冲的波形改变方式有两种：同步更新和异步更新。

❶ 同步更新。如果不需改变时间基准，则可以使用同步更新方式。利用同步更新，信号波形特性的变化发生在周期边沿，使波形能平滑转换。

❷ 异步更新。如果需要改变 PWM 发生器的时间基准，就要使用异步更新。异步更新会使 PWM 功能被瞬时禁止，PWM 信号波形过渡不平滑，这会引起被控设备的振动。

由于异步更新生成的 PWM 脉冲有较大的缺陷，一般情况下尽量使用脉宽变化、周期不变的 PWM 脉冲，这样可使用同步更新。

2．产生 PWM 脉冲的编程方法

要让高速脉冲发生器产生 PWM 脉冲，可按以下步骤编程。

❶ 根据需要设置控制字节 SMB67（Q0.0）、SMB77（Q0.1）或 SMB567（Q0.3）。

❷ 根据需要设置脉冲的周期值和脉宽值。周期值在 SMW68、SMW78 或 SMB568 中设置，脉宽值在 SMW70、SMW80 或 SMW570 中设置。

❸ 执行高速脉冲输出 PLS 指令，系统则会让高速脉冲发生器按设置从 Q0.0、Q0.1 或 Q0.3 端子输出 PWM 脉冲。

3．产生 PWM 脉冲的编程实例

图 6-58 所示是一个产生 PWM 脉冲的程序，其实现的功能是：让 PLC 从 Q0.0 端子输出 PWM 脉冲，要求 PWM 脉冲的周期固定为 5s，初始脉宽为 0.5s，每周期脉宽递增 0.5s，当脉宽达到 4.5s 后开始递减，每周期递减 0.5s，直到脉宽为 0。以后重复上述过程。

该程序由主程序、SBR_0 子程序和 INT_0、INT_1 两个中断程序组成，SBR_0 子程序为 PWM 初始化程序，用来设置脉冲控制字节和初始脉冲参数，INT_0 中断程序用于实现脉宽递增，INT_1 中断程序用于实现脉宽递减。由于程序采用中断事件 0（I0.0

上升沿中断）产生中断，因此要将脉冲输出端子 Q0.0 与 I0.0 端子连接，这样在 Q0.0 端子输出脉冲上升沿时，I0.0 端子会输入脉冲上升沿，从而触发中断程序，实现脉冲递增或递减。

(a) 主程序

(b) SBR_0 子程序（PWM 初始化程序）

图 6-58 产生 PWM 脉冲的程序

图 6-58 产生 PWM 脉冲的程序（续）

程序工作过程说明如下。

在主程序中，PLC 上电首次扫描时 SM0.1 触点接通一个扫描周期，子程序调用指令执行，转入执行 SBR_0 子程序。在子程序中，先将 M0.0 线圈置 1，然后设置脉冲的控制字节和初始参数，再允许所有的中断，最后执行高速脉冲输出 PLS 指令，让高速脉冲发生器按设定的控制字节和参数产生并从 Q0.0 端子输出 PWM 脉冲，同时从子程序返回到主程序网络 2。由于网络 2、3 指令条件不满足，程序执行网络 4，M0.0 常开触点闭合（在子程序中 M0.0 线圈被置 1），中断连接 ATCH 指令执行，将 INT_0 中断程序与中断事件 0（I0.0 上升沿中断）连接起来。当 Q0.0 端子输出脉冲上升沿时，I0.0 端子输入脉冲上升沿，中断事件 0 马上发出中断请求，系统响应该中断而执行 INT_0 中断程序。

在 INT_0 中断程序中，ADD_I 指令将脉冲宽度值增加 0.5s，再执行 PLS 指令，让 Q0.0 端子输出完前一个 PWM 脉冲后按新设置的宽度输出下一个脉冲，接着执行中断分离 DTCH 指令，将中断事件 0 与 INT_0 中断程序分离，然后从中断程序返回主程序。在主程序中，又执行中断连接 ATCH 指令，又将 INT_0 中断程序与中断事件 0 连接起来，在 Q0.0 端子输出第二个 PWM 脉冲上升沿时，又会产生中断而再次执行 INT_0 中断程序，将脉冲宽度值再增加 0.5s，然后执行 PLS 指令让 Q0.0 端子输出的第三个脉冲宽度增加

0.5s。以后 INT_0 中断程序会重复执行,直到 SMW70 单元中的数值增加到 4500。

当 SMW70 单元中的数值增加到 4500 时,主程序中的"SMW70 | >=I | 4500"触点闭合,将 M0.0 线圈复位;网络 4 中的 M0.0 常开触点断开,中断连接 ATCH 指令无法执行,INT_0 中断程序也无法执行;网络 5 中的 M0.0 常闭触点闭合,中断连接 ATCH 指令执行,将 INT_1 中断程序与中断事件 0 连接起来。当 Q0.0 端子输出脉冲上升沿(I0.0 端子输入脉冲上升沿)时,中断事件 0 马上发出中断请求,系统响应该中断而执行 INT_1 中断程序。

在 INT_1 中断程序中,将脉冲宽度值减 0.5s,再执行 PLS 指令,让 Q0.0 端子输出 PWM 脉冲宽度减小 0.5s,接着执行中断分离 DTCH 指令,分离中断,然后从中断程序返回主程序。在主程序中,又执行网络 5 中的中断连接 ATCH 指令,又将 INT_1 中断程序与中断事件 0 连接起来,在 Q0.0 端子输出 PWM 脉冲上升沿时,又会产生中断而再次执行 INT_1 中断程序,将脉冲宽度值再减 0.5s。以后 INT_1 中断程序会重复执行,直到 SMW70 单元中的数值减小到 0。

当 SMW70 单元中的数值减小到 0 时,主程序中的"SMW70 | ==I | 0"触点闭合,子程序调用指令执行,转入执行 SBR_0 子程序,又进行 PWM 初始化操作。

以后程序重复上述工作过程,从而使 Q0.0 端子输出先递增 0.5s、后递减 0.5s、周期为 5s 连续的 PWM 脉冲。

6.16 PID 指令及相关内容说明

6.16.1 PID 控制

PID 英文全称为 Proportion Integration Differentiation,PID 控制又称比例积分微分控制,是一种闭环控制。下面以图 6-59 所示的恒压供水系统为例来说明 PID 控制原理。

图 6-59 恒压供水系统的 PID 控制

电动机驱动水泵将水抽入水池,水池中的水除了经出水口提供用水外,还经阀门送到压力传感器,传感器将水压大小转换成相应的电信号 X_f,X_f 反馈到比较器与给定信号 X_i 进行比较,得到偏差信号 ΔX($\Delta X=X_i-X_f$)。

若 $\Delta X>0$,表明水压小于给定值,偏差信号经 PID 运算得到控制信号,控制变频器,使之输出频率上升,电动机转速加快,水泵抽水量增多,水压增大。

若 $\Delta X<0$,表明水压大于给定值,偏差信号经 PID 运算得到控制信号,控制变频器,使之输出频率下降,电动机转速变慢,水泵抽水量减少,水压下降。

若 $\Delta X=0$,表明水压等于给定值,偏差信号经 PID 运算得到控制信号,控制变频器,使之输出频率不变,电动机转速不变,水泵抽水量不变,水压不变。

由于控制回路的滞后性,会使水压值总与给定值有偏差。例如,当用水量增多水压下降时，$\Delta X>0$，控制电动机转速变快，提高水泵抽水量，从压力传感器检测到水压下降到控制电动机转速加快，提高抽水量，恢复水压需要一定时间。通过提高电动机转速恢复水压后，系统又要将电动机转速调回正常值，这也要一定时间，在这段回调时间内水泵抽水量会偏多，导致水压又增大，又需进行反调。这样的结果是水池水压会在给定值上下波动（振荡），即水压不稳定。

采用 PID 运算可以有效减少控制环路滞后和过调问题（无法彻底消除）。PID 运算包括 P（比例）运算、I（积分）运算和 D（微分）运算。P 运算是将偏差信号 ΔX 按比例放大，提高控制的灵敏度；I 运算是对偏差信号进行积分运算，消除 P 运算比例引起的误差和提高控制精度，但积分运算使控制具有滞后性；D 运算是对偏差信号进行微分运算，使控制具有超前性和预测性。

6.16.2 PID 指令介绍

1. 指令说明

PID 指令说明如表 6-76 所示。

表 6-76 PID 指令说明

指令名称	梯 形 图	功能说明	操作数	
			TBL	LOOP
PID 指令 (PID)	PID EN ENO ????-TBL ????-LOOP	从 TBL 指定首地址的参数表中取出有关值对 LOOP 回路进行 PID 运算。TBL 为 PID 参数表的起始地址；LOOP 为 PID 回路号	VB（字节型）	常数 0~7（字节型）

2. PID 控制回路参数表

PID 运算公式如下。

$$M_n=[K_C\times(SP_n-PV_n)]+[K_C\times(T_S/T_I)\times(SP_n-PV_n)+M_x]+[K_C\times(T_D/T_S)\times(SP_n-PV_n)]$$

在上式中，M_n 为 PID 运算输出值，$[K_C\times(SP_n-PV_n)]$ 为比例运算项，$[K_C\times(T_S/T_I)\times(SP_n-PV_n)+M_x]$ 为积分运算项，$[K_C\times(T_D/T_S)\times(SP_n-PV_n)]$ 为微分运算项。

要进行 PID 运算，须先在 PID 控制回路参数表中设置运算公式中的变量值。PID 控制回路参数表见表 6-77。在表中，过程变量（PV_n）相当于图 6-59 中的反馈信号，设定值（SP_n）相当于图 6-59 中的给定信号，输出值（M_n）为 PID 运算结果值，相当于图 6-59 中的控制信号。如果将过程变量（PV_n）值存放在 VD200 双字单元，那么设定值（SP_n）、输出值（M_n）则要分别存放在 VD204、VD208 单元。

表 6-77 PID 控制回路参数表

地址偏移量	变量名	格 式	类 型	说 明
0	过程变量（PV_n）	实型	输入	过程变量，必须在 0.0~1.0 之间
4	设定值（SP_n）	实型	输入	设定值必须标定在 0.0~1.0 之间

(续表)

地址偏移量	变量名	格式	类型	说明
8	输出值（M_n）	实型	输入/输出	输出值必须在 0.0～1.0 之间
12	增益（K_C）	实型	输入	增益是比例常数，可正可负
16	采样时间（T_S）	实型	输入	采样时间单位为秒，必须是正数
20	积分时间（T_I）	实型	输入	积分时间单位为分钟，必须是正数
24	微分时间（T_D）	实型	输入	微分时间单位为分钟，必须是正数
28	上一次的积分值（M_x）	实型	输入/输出	积分项前项，必须在 0.0～1.0 之间
32	上一次过程变量值（PV_{n-1}）	实型	输入/输出	最近一次运算的过程变量值

3．PID 运算项的选择

PID 运算由 P、I 和 D 三项运算组成，可以根据需要选择其中的一项或两项运算。

❶ 如果不需要积分运算，应在参数表中将积分时间（T_I）设为无限大，这样（T_S/T_I）值接近 0，虽然没有积分运算，但由于有上一次的积分值 M_x，积分项的值也不为 0。

❷ 如果不需要微分运算，应将微分时间（T_D）设为 0.0。

❸ 如果不需要比例运算，但需要积分或微分回路，可以把增益（K_C）设为 0.0，系统会在计算积分项和微分项时，把增益（K_C）当作 1.0 看待。

4．PID 输入量的转换与标准化

PID 控制电路有两个输入量：设定值和过程变量值。 设定值通常是人为设定的参照值，如设置的水压值；过程变量值来自受控对象，如压力传感器检测到的水压值。**由于现实中的设定值和过程变量值的大小、范围和工程单位可能不一样，在执行 PID 指令进行 PID 运算前，必须先把输入量转换成标准的浮点型数值。**

PID 输入量的转换与标准化过程如下。

❶ 将输入量从 16 位整数值转换成 32 位实数（浮点数）。该转换程序如图 6-60 所示。

图 6-60　16 位整数值转换成 32 位实数

❷ 将实数转换成 0.0～1.0 之间的标准化数值。转换表达式为

输入量的标准化值 = 输入量的实数值 / 跨度 + 偏移量

跨度值通常取 32000（针对 0～32000 单极性数值）或 64000（针对 -32000～+32000 双极性数值）；偏移量取 0.0（单极性数值）或 0.5（双极性数值）。该转换程序如图 6-61 所示。

图 6-61 实数转换成 0.0～1.0 之间的标准化数值

5．PID 输出量的转换

在 PID 运算前，需要将实际输入量转换成 0.0～1.0 之间的标准值，然后进行 PID 运算，PID 运算后得到的输出量也是 0.0～1.0 之间的标准值，这样的数值无法直接驱动 PID 的控制对象，因此需要将 PID 运算输出的 0.0～1.0 标准值按比例转换成 16 位整数，再送到模拟量输出单元，通过模拟量输出端子输出。

PID 输出量的转换表达式为

　　　　PID 输出量整数值 =(PID 运算输出量标准值 − 偏移量)× 跨度

PID 输出量的转换程序如图 6-62 所示。

图 6-62 PID 输出量的转换程序

6.16.3　PID 指令应用举例

下面以图 6-59 所示的恒压供水控制为例来说明 PID 指令的应用。

1）确定 PID 控制回路参数表的内容

在编写 PID 控制程序前，首先要确定 PID 控制回路参数表的内容。参数表中的给定

值 SP_n、增益值 K_C、采样时间 T_S、积分时间 T_I、微分时间 T_D 需要在 PID 指令执行前输入，来自压力传感器的过程变量值需要在 PID 指令执行前转换成标准化数值并存入过程变量单元。参数表中的变量值要根据具体情况来确定，还要在实际控制时反复调试以达到最佳控制效果。本例中的 PID 控制回路参数表的值见表 6-78，因为希望水箱水压维持在满水压的 70%，故将给定值 SP_n 设为 0.7，不需要微分运算，将微分时间设为 0。

表 6-78 PID 控制回路参数表的值

变量存储地址	变量名	数值
VB100	过程变量当前值 PV_n	来自压力传感器，并经 A/D 转换和标准化处理得到标准化数值
VB104	给定值 SP_n	0.7
VB108	输出值 M_n	PID 回路的输出值（标准化数值）
VB112	增益值 K_C	0.3
VB116	采样时间 T_S	0.1
VB120	积分时间 T_I	30
VB124	微分时间 T_D	0（关闭微分作用）
VB128	上一次积分值 M_x	根据 PID 运算结果更新
VB132	上一次过程变量 PV_{n-1}	最近一次 PID 的变量值

2）编写 PID 控制程序

恒压供水 PID 控制程序如图 6-63 所示。

图 6-63 恒压供水 PID 控制程序

图 6-63 恒压供水 PID 控制程序（续）

AIW0 单元中的整数值由压力传感器产生的模拟信号经 PLC 的 A/D 转换模块转换而来；网络 3 用于启动系统从参数表取变量值进行 PID 运算，运算输出值 M_n 存入参数表的 VD108 单元；网络 4 用于将 VD108 中的标准化输出值（0.0～1.0）按比例转换成相应的整数值（0～32000），再存入模拟量输出 AQW0 单元，AQW0 单元的整数经 D/A 转换模块转换成模拟信号，去控制变频器的工作频率，进而控制水泵电动机的转速来调节水压。

第 7 章　PLC 通信

在科学技术迅速发展的推动下，为了提高效率，越来越多的企业工厂使用可编程设备（如工业控制计算机、PLC、变频器、机器人和数控机床等）。为了便于管理和控制，需要将这些设备连接起来，实现分散控制和集中管理，要实现这一点，就必须掌握这些设备的通信技术。

7.1　通信基础知识

通信是指一地与另一地之间的信息传递。PLC 通信是指 PLC 与计算机、PLC 与 PLC、PLC 与人机界面（触摸屏）和 PLC 与其他智能设备之间的数据传递。

7.1.1　通信方式

1．有线通信和无线通信

有线通信是指以导线、电缆、光缆、纳米材料等看得见的材料为传输媒质的通信。无线通信是指以看不见的材料（如电磁波）为传输媒质的通信，常见的无线通信有微波通信、短波通信、移动通信和卫星通信等。

2．并行通信和串行通信

1）并行通信

同时传输多位数据的通信方式称为并行通信。并行通信如图 7-1 所示，计算机中的 8 位数据 10011101 通过 8 条数据线同时送到外部设备中。并行通信的特点是数据传输速度快，由于需要的传输线多，故成本高，只适合近距离的数据通信。PLC 主机与扩展模块之间通常采用并行通信。

2）串行通信

逐位依次传输数据的通信方式称为串行通信。串行通信如图 7-2 所示，计算机中的 8 位数据 10011101 通过一条数据线逐位传送到外部设备中。串行通信的特点是数据传输速度慢，但由于只需要一条传输线，故成本低，适合远距离的数据通信。PLC 与计算机、PLC 与 PLC、PLC 与人机界面之间通常采用串行通信。

3．异步通信和同步通信

串行通信又可分为异步通信和同步通信。PLC 与其他设备通常采用串行异步通信方式。

1）异步通信

在异步通信中，数据是一帧一帧地传送的。异步通信如图 7-3 所示，这种通信以帧为单位进行数据传输，一帧数据传送完成后，可以接着传送下一帧数据，也可以等待，等待期间为空闲位（高电平）。

图 7-1　并行通信　　　　图 7-2　串行通信

图 7-3　异步通信

串行通信时，数据是以帧为单位传送的，帧数据有一定的格式。异步通信帧数据格式如图 7-4 所示，从图中可以看出，**一帧数据由起始位、数据位、奇偶校验位和停止位组成**。

图 7-4　异步通信帧数据格式

起始位：表示一帧数据的开始，起始位一定为低电平。当甲机要发送数据时，先送一个低电平（起始位）到乙机，乙机接收到起始信号后，马上开始接收数据。

数据位：它是要传送的数据，紧跟在起始位后面。数据位的数据为 5～8 位，传送数据时是从低位到高位逐位进行的。

奇偶校验位：该位用于检验传送的数据有无错误。奇偶校验是检查数据传送过程中有无发生错误的一种校验方式，它分为奇校验和偶校验。奇校验是指数据和校验位中 1 的总个数为奇数，偶校验是指数据和校验位中 1 的总个数为偶数。

以奇校验为例，如果发送设备传送的数据中有偶数个 1，为保证数据和校验位中 1 的总个数为奇数，奇偶校验位应为 1。如果在传送过程中数据发生错误，其中一个 1 变为 0，那么传送到接收设备的数据和校验位中 1 的总个数为偶数，外部设备就知道传送过来的数据发生错误，会要求重新传送数据。

数据传送采用奇校验或偶校验均可，但要求发送端和接收端的校验方式一致。在帧数据中，奇偶校验位也可以不用。

停止位：它表示一帧数据的结束。停止位可以是 1 位、1.5 位或 2 位，但一定为高电平。

一帧数据传送结束后，可以接着传送第二帧数据，也可以等待，等待期间数据线为高电平（空闲位）。如果要传送下一帧，只要让数据线由高电平变为低电平（下一帧起始位开始），接收器就开始接收下一帧数据。

2）同步通信

在异步通信中，每一帧数据发送前要用起始位，在结束时要用停止位，这样会占用一定的时间，导致数据传输速度较慢。为了提高数据传输速度，在计算机与一些高速设备进行数据通信时，常采用同步通信。同步通信的数据格式如图 7-5 所示。

图 7-5 同步通信的数据格式

从图 7-5 中可以看出，同步通信的数据后面取消了停止位，前面的起始位用同步信号代替，在同步信号后面可以跟很多数据，所以同步通信传输速度快，但由于同步通信要求发送端和接收端严格保持同步，这需要用复杂的电路来保证，所以 PLC 不采用这种通信方式。

4．单工通信和双工通信

在串行通信中，根据数据的传输方向不同，可分为三种通信方式：单工通信、半双工通信和全双工通信。

1）单工通信

在这种方式下，数据只能往一个方向传送。单工通信如图 7-6（a）所示，数据只能由发送端（T）传输给接收端（R）。

2）半双工通信

在这种方式下，数据可以双向传送，但同一时间内，只能往一个方向传送，只有一个方向的数据传送完成后，才能往另一个方向传送数据。半双工通信如图 7-6(b)所示，通信的双方都有发送器和接收器，一方发送时，另一方接收，由于只有一条数据线，所以双方不能在发送时同时进行接收。

图 7-6 三种通信方式

3）全双工通信

在这种方式下，数据可以双向传送，通信的双方都有发送器和接收器，由于有两条数据线，所以双方在发送数据的同时可以接收数据。全双工通信如图7-6（c）所示。

7.1.2 通信传输介质

有线通信采用的传输介质主要有双绞线、同轴电缆和光缆。这三种通信传输介质如图7-7所示。

(a) 双绞线　　　　　　(b) 同轴电缆　　　　　　(c) 光缆

图 7-7　三种通信传输介质

1）双绞线

双绞线是将两根导线扭绞在一起，以减少电磁波的干扰，如果再加上屏蔽套层，则抗干扰能力更好。双绞线的成本低、安装简单，RS232C、RS422A、RS485 和 RJ45 等接口多用双绞线电缆进行通信连接。

2）同轴电缆

同轴电缆的结构是从内到外依次为内导体（芯线）、绝缘线、屏蔽层及外保护层。由于从截面看这四层构成了四个同心圆，故称为同轴电缆。根据通频带不同，同轴电缆可分为基带（50Ω）和宽带（75Ω）两种，其中基带同轴电缆常用于 Ethernet（以太网）中。同轴电缆的传送速率高、传输距离远，但价格较双绞线高。

3）光缆

光缆由石英玻璃经特殊工艺拉成细丝结构，这种细丝的直径比头发丝还要细，一般直径在 8～10μm(单模光纤) 及 50/62.5μm(多模光纤,50μm 为欧洲标准,62.5μm 为美国标准)，但它能传输的数据量却是巨大的。

光缆是以光的形式传输信号的，其优点是传输数字的光脉冲信号，不会受电磁干扰，不怕雷击，不易被窃听，数据传输安全性好，传输距离远，且带宽宽、传输速度快。但由于通信双方发送和接收的都是电信号，因此通信双方都需要价格昂贵的光纤设备进行光电转换。另外，光纤连接头的制作与光纤连接需要专门工具和专门的技术人员。

双绞线、同轴电缆和光缆的参数特性见表7-1。

表 7-1 双绞线、同轴电缆和光缆的参数特性

特 性	双绞线	同轴电缆		光 缆
		基带（50Ω）	宽带（75Ω）	
传输速率	1～4Mbps	1～10Mbps	1～450Mbps	10～500Mbps
网络段最大长度	1.5km	1～3km	10km	50km
抗电磁干扰能力	弱	中	中	强

7.2 PLC 以太网通信

以太网是一种常见的通信网络，多台计算机通过网线与交换机连接起来就构成一个以太网局域网，局域网之间也可以进行以太网通信。以太网最多可连接 32 个网段、1024 个节点。以太网可实现高速（高达 100Mbps）、长距离（铜缆最远约为 1.5km，光纤最远约为 4.3km）的数据传输。

7.2.1 S7-200 SMART CPU 模块以太网连接的设备类型

S7-200 SMART CPU 模块具有以太网端口（俗称 RJ45 网线接口），可以与编程计算机、HMI（又称触摸屏、人机界面等）和另一台 S7-200 SMART CPU 模块连接，也可以通过交换机与以上多台设备连接，以太网连接电缆通常使用普通的网线。S7-200 SMART CPU 模块以太网连接的设备类型如图 7-8 所示。

图 7-8 S7-200 SMART CPU 模块以太网连接的设备类型

7.2.2 IP 地址的设置

以太网中的各设备要进行通信，必须为每台设备设置不同的 IP 地址，IP 是英文 Internet Protocol 的缩写，意思是"网络之间互连协议"。

1．IP 地址的组成

在以太网通信时，处于以太网络中的设备都要有不同的 IP 地址，这样才能找到通信的对象。图 7-9 所示是 S7-200 SMART CPU 模块的 IP 地址设置项，以太网 IP 地址由 IP 地址、子网掩码和默认网关组成，站名称是为了区分各通信设备而取的名称，可不填。

图 7-9　S7-200 SMART CPU 模块的 IP 地址设置项

IP 地址由 32 位二进制数组成，分为四组，每组 8 位（数值范围为 00000000～11111111），各组用十进制数表示（数值范围为 0～255），前三组组成网络地址，后一组为主机地址（编号）。**如果两台设备 IP 地址的前三组数相同，表示两台设备属于同一子网，同一子网内的设备主机地址不能相同**，否则会产生冲突。

子网掩码与 IP 地址一样，也由 32 位二进制数组成，分为四组，每组 8 位，各组用十进制数表示。**子网掩码用于检查以太网内的各通信设备是否属于同一子网**。在检查时，将子网掩码 32 位的各位与 IP 地址的各位进行相与运算（1·1=1，1·0=0，0·1=0，0·0=0），如果某两台设备的 IP 地址（如 192.168.1.6 和 192.168.1.28）分别与子网掩码（255.255.255.0）进行相与运算，得到的结果相同（均为 192.168.1.0），则表示这两台设备属于同一子网。

网关（Gateway）又称网间连接器、协议转换器，是一种具有转换功能，能将不同网络连接起来的计算机系统或设备（如路由器）。同一子网（IP 地址前三组数相同）的两台设备可以直接用网线连接进行以太网通信，同一子网的两台以上设备通信需要用到以太网交换机，不需要用到网关；**如果两台或两台以上设备的 IP 地址不属于同一子网，其通信就需要用到网关（路由器）**。网关可以将一个子网内的某设备发送的数据包转换后发送到其他子网内的某设备内，反之同样也能进行。如果通信设备处于同一子网内，则不需要用到网关，故可不用设置网关地址。

2．计算机 IP 地址的设置及网卡型号查询

当计算机与 S7-200 SMART CPU 模块用网线连接起来后，就可以进行以太网通信，两者必须设置不同的 IP 地址。

计算机 IP 地址的设置（以 Windows XP 系统为例）如图 7-10 所示。在计算机桌面上双击"网上邻居"图标，弹出网上邻居窗口，单击窗口左边的"查看网络连接"，出现"网络连接"窗口；如图 7-10（a）所示，在窗口右边的"本地连接"上右击，弹出快捷菜单，选择其中的"属性"，弹出"本地连接 属性"对话框，如图 7-10(b) 所示；在该对话框的"连接时使用"项可查看当前本地连接使用的网卡（网络接口卡）型号，在对话框的下方选中"Internet 协议（TCP/IP）"项后，单击"属性"按钮，弹出"Internet 协议（TCP/IP）属性"对话框，如图 7-10（c）所示；选中"使用下面的 IP 地址"，再在下面设置 IP 地址（前三组数应与 CPU 模块 IP 地址前三组数相同）、子网掩码（设为 255.255.255.0），如果计算机与 CPU 模块同属于一个子网，则不用设置网关，下面的 DNS 服务器地址也不用设置。

(a) 在"本地连接"的右键快捷菜单中选择"属性"

(b) "本地连接 属性"对话框

(c) "Internet协议（TCP/IP）属性"对话框

图 7-10 计算机 IP 地址的设置（Windows XP 系统）

在操作系统为 Windows 7 的计算机中设置及查询网卡型号在 3.2.4 节有详细说明。

3. CPU 模块 IP 地址的设置

S7-200 SMART CPU 模块 IP 地址设置有三种方法：

❶ 用编程软件的"通信"对话框设置 IP 地址；

❷ 用编程软件的"系统块"对话框设置 IP 地址；
❸ 在程序中使用 SIP_ADDR 指令设置 IP 地址。

1) 用编程软件的"通信"对话框设置 IP 地址

在 STEP 7-Micro/WIN SMART 软件中，双击项目指令树区域的"通信"，弹出"通信"对话框，如图 7-11 (a) 所示；在对话框中先选择计算机与 CPU 模块连接的网卡型号，再单击下方的"查找"按钮，计算机与 CPU 模块连接成功后，在"找到 CPU"下方会出现 CPU 模块的 IP 地址，如图 7-11 (b) 所示。如果要修改 CPU 模块的 IP 地址，可先在左边选中 CPU 模块的 IP 地址，然后单击右边或下方的"编辑"按钮，右边 IP 地址设置项变为可编辑状态，同时"编辑"按钮变成"设置"按钮，输入新的 IP 地址后，单击"设置"按钮，左边的 CPU 模块 IP 地址换成新的 IP 地址，如图 7-11 (c) 所示。

(a) 双击项目指令树区域的"通信"弹出"通信"对话框

(b) 在"通信"对话框中查找与计算机连接的CPU模块

图 7-11 用编程软件的"通信"对话框设置 IP 地址

第 7 章 PLC通信

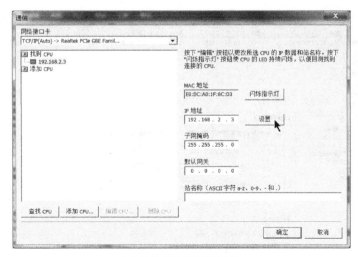

(c) 修改CPU模块的IP地址

图 7-11 用编程软件的"通信"对话框设置 IP 地址（续）

注意：如果在系统块中设置了固定 IP 地址（又称静态 IP 地址），并下载到 CPU 模块，则在"通信"对话框中是不能修改 IP 地址的。

2）用编程软件的"系统块"对话框设置 IP 地址

在 STEP 7-Micro/WIN SMART 软件中，双击项目指令树区域的"系统块"，弹出"系统块"对话框，如图 7-12（a）所示；在对话框中勾选" IP 地址数据固定为下面的值，不能通过其他方式更改"，然后在下面对 IP 地址各项进行设置，如图 7-12（b）所示；然后单击"确定"按钮关闭对话框，再将系统块下载到 CPU 模块，这样就给 CPU 模块设置了静态 IP 地址。设置了静态 IP 地址后，在"通信"对话框中是不能修改 IP 地址的。

(a) 双击项目指令树区域的"系统块"打开"系统块"对话框

图 7-12 用编程软件的"系统块"对话框设置 IP 地址

219

(b) 在"系统块"对话框中设置CPU模块的IP地址

图 7-12 用编程软件的"系统块"对话框设置 IP 地址（续）

3）在程序中使用 SIP_ADDR 指令设置 IP 地址

S7-200 SMART PLC 有 SIP_ADDR 指令和 GIP_ADDR 指令，如图 7-13 所示，使用 SIP_ADDR 指令可以设置 IP 地址（如果已在系统块中设置固定 IP 地址，则本指令无法设置 IP 地址），而 GIP_ADDR 指令用于获取 IP 地址，两指令的使用在后面会有介绍。

图 7-13 SIP_ADDR 指令和 GIP_ADDR 指令

7.2.3 以太网通信指令

S7-200 SMART PLC 的以太网通信专用指令有 4 条：SIP_ADDR 指令、GIP_ADDR 指令、GET 指令和 PUT 指令。

1. SIP_ADDR、GIP_ADDR 指令

SIP_ADDR 指令用于设置 CPU 模块的 IP 地址，GIP_ADDR 指令用于获取 CPU 模块的 IP 地址。

SIP_ADDR、GIP_ADDR 指令说明如表 7-2 所示。

表 7-2 SIP_ADDR、GIP_ADDR 指令说明

指令名称	梯形图及操作数	使用举例
设置 IP 地址指令 (SIP_ADDR)	SIP_ADDR EN ENO ????-ADDR ????-MASK ????-GATE ADDR、MASK、GATE 均为双字类型，可为 ID、QD、VD、MD、SMD、SD、LD、AC、*VD、*LD、*AC	I0.0──┤├── SIP_ADDR EN ENO VD100-ADDR VD104-MASK VD108-GATE 当 I0.0 触点闭合时，将 VD100 中的值设为 IP 地址（VB100～VB103 依次为 IP 地址的第 1～4 组数），将 VD104 中的值设为子网掩码，将 VD108 中的值设为网关。 在执行该指令前，应先向 VB100～VB103、VB104～VB107、VB108～VB111 中写入 IP 地址、子网掩码和网关的值。 若在系统块中设置了固定 IP 地址，则无法使用该指令设置 IP 地址
获取 IP 地址指令 (GIP_ADDR)	GIP_ADDR EN ENO ADDR-???? MASK-???? GATE-???? ADDR、MASK、GATE 均为双字类型，可为 ID、QD、VD、MD、SMD、SD、LD、AC、*VD、*LD、*AC	I0.1──┤├── GIP_ADDR EN ENO ADDR-VD200 MASK-VD204 GATE-VD208 当 I0.1 触点闭合时，将 CPU 模块的 IP 地址复制到 VD200（VB200～VB203 依次存放 IP 地址的第 1～4 组数），将子网掩码复制到 VD204，将网关复制到 VD208

2. GET、PUT 指令

GET 指令用于通过以太网通信方式从远程设备读取数据，PUT 指令用于通过以太网通信方式往远程设备写入数据。

1）指令说明

GET、PUT 指令说明如表 7-3 所示。

表 7-3 GET、PUT 指令说明

指令名称	梯形图	功能说明	操作数
以太网读取数据指令（GET）	GET EN ENO ????–TABLE	按 ???? 为首单元构成的 TABLE 表的定义，通过以太网通信方式从远程设备读取数据	TABLE 均为字节类型，可为 IB、QB、VB、MB、SMB、SB、*VD、*LD、*AC
以太网写入数据指令（PUT）	PUT EN ENO ????–TABLE	按 ???? 为首单元构成的 TABLE 表的定义，通过以太网通信方式将数据写入远程设备	

在程序中使用的 GET 和 PUT 指令数量不受限制，但在同一时间内最多只能激活共 16 个 GET 或 PUT 指令。例如，在某 CPU 模块中可以同时激活 8 个 GET 和 8 个 PUT 指令，或者 6 个 GET 和 10 个 PUT 指令。

当执行 GET 或 PUT 指令时，CPU 与 GET 或 PUT 表中的远程 IP 地址建立以太网连接。该 CPU 可同时保持最多 8 个连接。连接建立后，该连接将一直保持到 CPU 进入 STOP 模式为止。

针对所有与同一 IP 地址直接相连的 GET/PUT 指令，CPU 采用单一连接。例如，远程 IP 地址为 192.168.2.10，如果同时启用 3 个 GET 指令，则会在一个 IP 地址为 192.168.2.10 的以太网连接上按顺序执行这些 GET 指令。

如果尝试创建第 9 个连接（第 9 个 IP 地址），CPU 将在所有连接中搜索，查找处于未激活状态时间最长的一个连接。CPU 将断开该连接，然后再与新的 IP 地址创建连接。

2）TABLE 表说明

在使用 GET、PUT 指令进行以太网通信时，需要先设置 TABLE 表，然后执行 GET 或 PUT 指令，CPU 模块按 TABLE 表的定义，从远程站读取数据或往远程站写入数据。

GET、PUT 指令的 TABLE 表说明见表 7-4。以 GET 指令将 TABLE 表指定为 VB100 为例，VB100 用于存放通信状态或错误代码，VB100～VB104 按顺序存放远程站 IP 地址的 4 组数，VB105、VB106 为保留字节，须设为 0，VB107～VB110 用于存放远程站待读取数据区的起始字节单元地址，VB111 存放远程站待读取字节的数量，VB112～VB115 用于存放接收远程站数据的本地数据存储区的起始单元地址。

在使用 GET、PUT 指令进行以太网通信时，如果通信出现问题，可以查看 TABLE 表首字节单元中的错误代码，以了解通信出错的原因。TABLE 表的错误代码含义见表 7-5。

表 7-4　GET、PUT 指令的 TABLE 表说明

字节偏移量	位 7	位 6	位 5	位 4	位 3	位 2	位 1	位 0
0	D（完成）	A（激活）	E（错误）	0	错误代码			
1	IP 地址的第 1 组数							
2	远程站 IP 地址							
3								
4	IP 地址的第 4 组数							
5	保留 =0（必须设置为零）							
6	保留 =0（必须设置为零）							
7								
8	远程站待访问数据区的起始单元地址							
9	（I、Q、M、V、DB）							
10								
11	数据长度（远程站待访问的字节数量，PUT 为 1～212 字节，GET 为 1～222 字节）							
12								
13	本地站待访问数据区的起始单元地址							
14	（I、Q、M、V、DB）							
15								

表 7-5　TABLE 表的错误代码含义

错误代码	含　义
0（0000）	无错误
1	PUT/GET 表中存在非法参数： • 本地区域不包括 I、Q、M 或 V • 本地区域的大小不足以提供请求的数据长度 • 对于 GET，数据长度为零或大于 222 字节；对于 PUT，数据长度大于 212 字节 • 远程区域不包括 I、Q、M 或 V • 远程 IP 地址是非法的（0.0.0.0） • 远程 IP 地址为广播地址或组播地址 • 远程 IP 地址与本地 IP 地址相同 • 远程 IP 地址位于不同的子网
2	当前处于活动状态的 PUT/GET 指令过多（仅允许 16 个）
3	无可用连接。当前所有连接都在处理未完成的请求
4	从远程 CPU 返回的错误： • 请求或发送的数据过多 • STOP 模式下不允许对 Q 存储器执行写入操作 • 存储区处于写保护状态（请参见 SDB 组态）
5	与远程 CPU 之间无可用连接： • 远程 CPU 无可用的服务器连接 • 与远程 CPU 之间的连接丢失（CPU 断电、物理断开）
6～9、A～F	未使用（保留以供将来使用）

7.2.4 PLC 以太网通信实例详解

1. 硬件连接及说明

图 7-14 所示是一条由 4 台装箱机（分别用 4 台 S7-200 SMART PLC 控制）、1 台分流机（用 1 台 S7-200 SMART PLC 控制）和 1 台操作员面板 HMI 组成的黄油桶装箱生产线，控制装箱机和分流机的 5 台 PLC 之间通过以太网交换器连接并用以太网方式通信，操作员面板 HMI 仅与分流机 PLC 连接，两者以串口连接通信。

图 7-14 由装箱机、分流机和操作员面板 HMI 组成的黄油桶装箱生产线示意图

工作时，黄油桶装箱生产线装箱机 PLC 用 VB100 单元存储本机的控制和出错等信息（比如 VB100.1=1 表示装箱机的纸箱供应不足），用 VB101、VB102 单元存储装箱数量，每台装箱机 PLC 都需要编写程序来控制和检测装箱机，并把有关信息存放到本机的 VB100 和 VB101、VB102 中。分流机 PLC 按 GET 表（TABLE）的定义用 GET 指令从各装箱机 PLC 读取控制和装箱数量信息，访问 1# ~ 4#（站 2 ~ 站 5）装箱机 PLC 的 GET 表的起始单元分别为 VB200、VB220、VB240、VB260。分流机 PLC 按 PUT 表（TABLE）的定义用 PUT 指令将 0 发送到各装箱机 PLC 的 VB101、VB102，对装箱数量（装满 100 箱）清 0，以重新开始计算装箱数量，访问 1# ~ 4#（站 2 ~ 站 5）装箱机 PLC 的 PUT 表的起始单元分别为 VB300、VB320、VB340、VB360。操作员面板 HMI 通过监控分流机 PLC 的 GET 表有关单元值来显示各装箱机的工作情况，比如 1# 装箱机 PLC 的 VB100 单元的控制信息会被分流机用 GET 指令读入 VB216 单元，HMI 监控分流机 VB216 的各位值就能了解

1# 装箱机的一些工作情况。

2. GET、PUT 指令 TABLE 表的设定

在使用 GET、PUT 指令进行以太网通信时，必须先确定 TABLE 表的内容，然后编写程序设定好 TABLE 表，再执行 GET 或 PUT 指令，使之按设定的 TABLE 表进行以太网接收（读取）或发送（写入）数据。表 7-6 所示为黄油桶装箱生产线分流机 PLC 用于与 1# 装箱机 PLC 进行以太网通信的 GET 和 PUT 指令 TABLE 表，分流机 PLC 与 2#～4# 装箱机 PLC 进行以太网通信的 GET 和 PUT 指令 TABLE 表与此类似，仅各 TABLE 表分配的单元不同。

表 7-6 分流机 PLC 与 1# 装箱机 PLC 进行以太网通信的 GET 和 PUT 指令 TABLE 表

GET_TABLE 缓冲区	位7	位6	位5	位4	位3	位2	位1	位0	PUT_TABLE 缓冲区	位7	位6	位5	位4	位3	位2	位1	位0
VB200	D	A	E	0	错误代码				VB300	D	A	E	0	错误代码			
VB201	远程站 IP 地址（站2）			192					VB301	远程站 IP 地址（站2）			192				
VB202				168					VB302				168				
VB203				50					VB303				50				
VB204				2					VB304				2				
VB205	保留 =0（必须设置为零）								VB305	保留 =0（必须设置为零）							
VB206	保留 =0（必须设置为零）								VB306	保留 =0（必须设置为零）							
VB207	远程站待读数据区的起始单元地址（&VB100）								VB307	远程站待写数据区的起始单元地址（&VB101）							
VB208									VB308								
VB209									VB309								
VB210									VB310								
VB211	远程站待读数据区的数据长度（3字节）								VB311	远程站待写数据区的数据长度（2字节）							
VB212	本地站存放读入数据的起始单元地址（&VB216）								VB312	待写入远程站的本地站数据起始单元地址（&VB316）							
VB213									VB313								
VB214									VB314								
VB215									VB315								
VB216	存储从远程站读取的第 1 个字节（远程站 VB100，反映装箱机工作情况等）								VB316	待写入远程站的本地站第 1 个字节数据（0，将装箱数量高 8 位清 0）							
VB217	存储从远程站读取的第 2 个字节（远程站 VB101，装箱数量高 8 位）								VB317	待写入远程站的本地站第 2 个字节数据（0，将装箱数量低 8 位清 0）							
VB218	存储从远程站读取的第 3 个字节（远程站 VB102，装箱数量低 8 位）																

3. 分流机 PLC 的程序及详解

分流机 PLC 通过 GET 指令从 1#～4# 装箱机 PLC 的 VB100 单元读取装箱机工作情况信息，从 VB101、VB102 读取装箱数量，当装箱数量达到 100 时，通过 GET 指令往装箱机 PLC 的 VB101、VB102 写入 0（清 0），让装箱机 PLC 重新开始计算装箱数量。

表 7-7 所示是写入分流机 PLC 的用于与 1# 装箱机 PLC 进行以太网通信的程序，1#

表 7-7 分流机 PLC 与 1# 装箱机 PLC 进行以太网通信的程序

(续表)

装箱机PLC的IP地址为192.168.50.2。分流机PLC与其他各装箱机PLC进行以太网通信的程序与本程序类似，区别主要在于与各装箱机PLC通信的GET、PUT表不同（如2#装箱机PLC的GET表起始单元为VB220，PUT表起始单元为VB320，表中的IP地址也与1#装箱机PLC不同），可以追加在本程序之后。

7.3 RS485/RS232 端口自由通信

自由端口模式是指用户编程来控制通信端口，以实现自定义通信协议的通信方式。在该模式下，通信功能完全由用户程序控制，所有的通信任务和信息均由用户编程来定义。

7.3.1 RS232C、RS422A 和 RS485 接口电路结构

S7-200 SMART CPU 模块上除了有一个以太网接口外，还有一个 RS485 端口（端口0）。此外，还可以给 CPU 模块安装 RS485/RS232 信号板，增加一个 RS485/RS232 端口（端口1）。

1. RS232C 接口

RS232C 接口又称 COM 接口，是美国 1969 年公布的串行通信接口，至今在计算机和 PLC 等工业控制中还广泛使用。RS232C 接口如图 7-15 所示。

图 7-15 RS232C 接口

RS232C 标准有以下特点。

❶ 采用负逻辑，用 +5～+15V 电压表示逻辑"0"，用 -5～-15V 电压表示逻辑"1"。
❷ 只能进行一对一方式通信，最大通信距离为 15m，最高数据传输速率为 20Kbps。
❸ 该标准有 9 针和 25 针两种类型的接口，9 针接口使用更广泛，PLC 多采用 9 针接口。
❹ 该标准的接口采用单端发送、单端接收电路，电路的抗干扰性较差。

2. RS422A 接口

RS422A 接口采用平衡驱动差分接收电路，如图 7-16 所示，该电路采用极性相反的两根导线传送信号，这两根线都不接地，当 B 线电压较 A 线电压高时，规定传送的为"1"电平；当 A 线电压较 B 线电压高时，规定传送的为"0"电平，A、B 线的电压差可从零点几伏到近十伏。采用平衡驱动差分接收电路作为接口电路，可使 RS422A 接口有较强的抗干扰性。

RS422A 接口采用发送和接收分开处理的方式，数据传送采用 4 根导线，如图 7-17 所示，由于发送和接收独立，两者可同时进行，故 RS422A 通信是全双工方式。与 RS232C 接口相比，RS422A 的通信速率和传输距离有了很大的提高，在最高通信速率 10Mbps 时最大通信距离为 12m，在通信速率为 100Kbps 时最大通信距离可达 1200m，一台发送端可接 12 个接收端。

图 7-16　平衡驱动差分接收电路　　　　图 7-17　RS422A 接口的电路结构

3. RS485 接口

RS485 是 RS422A 的变形，RS485 接口只有一对平衡驱动差分信号线，如图 7-18 所示，发送和接收不能同时进行，属于半双工通信方式。使用 RS485 接口与双绞线可以组成分布式串行通信网络，如图 7-19 所示，网络中最多可接 32 个站。

图 7-18　RS485 接口的电路结构　　　　图 7-19　RS485 与双绞线组成分布式串行通信网络

RS485、RS422A、RS232C 接口通常采用相同的 9 针 D 型连接器，但连接器中的 9 针功能定义有所不同，故不能混用。当需要将 RS232C 接口与 RS422A 接口连接通信时，两接口之间须有 RS232C/RS422A 转换器，转换器结构如图 7-20 所示。

图 7-20　RS232C/RS422A 转换器结构

7.3.2 RS485/RS232 各引脚功能定义

1. CPU 模块自带 RS485 端口说明

S7-200 SMART CPU 模块自带一个与 RS485 标准兼容的 9 针 D 型通信端口,该端口也符合欧洲标准 EN50170 中的 PROFIBUS 标准。S7-200 SMART CPU 模块自带 RS485 端口(端口 0)的各引脚功能说明见表 7-8。

表 7-8 S7-200 SMART CPU 模块自带 RS485 端口(端口 0)的各引脚功能说明

CPU 自带的 9 针 D 型 RS485 端口(端口 0)	引脚编号	信号	说明
	1	屏蔽	机壳接地
	2	24V−	逻辑公共端
	3	RS485 信号 B	RS485 信号 B
	4	请求发送	RTS(TTL)
	5	5V−	逻辑公共端
	6	5V+	+5V,100Ω 串联电阻
	7	24V+	+24V
	8	RS485 信号 A	RS485 信号 A
	9	不适用	10 位协议选择(输入)
	连接器外壳	屏蔽	机壳接地

2. CM01 信号板的 RS485/RS232 端口说明

CM01 信号板上有一个 RS485/RS232 端口,在编程软件的系统块中可设置将其用作 RS485 端口或 RS232 端口。CM01 信号板可直接安装在 S7-200 SMART CPU 模块上,其 RS485/RS232 端口的各引脚采用接线端子方式,各引脚功能说明见表 7-9。

表 7-9 CM01 信号板的 RS485/RS232 端口各引脚功能说明

CM01 信号板(SB)端口(端口 1)	引脚编号	信号	说明
	1	接地	机壳接地
	2	Tx/B	RS232-Tx(发送端)/RS485-B
	3	请求发送	RTS(TTL)
	4	M 接地	逻辑公共端
	5	Rx/A	RS232-Rx(接收端)/RS485-A
	6	+5V DC	+5V,100Ω 串联电阻

7.3.3 获取端口地址（GET_ADDR）指令和设置端口地址（SET_ADDR）指令

GET_ADDR、SET_ADDR 指令说明如表 7-10 所示。

表 7-10 GET_ADDR、SET_ADDR 指令说明

指令名称	梯形图	功能说明	操作数 ADDR	操作数 PORT
获取端口地址指令（GET_ADDR）	GET_ADDR EN　ENO ????—ADDR ????—PORT	读取 PORT 端口所接设备的站地址（站号），并将站地址存放到 ADDR 指定的单元中	IB、QB、VB、MB、SMB、SB、LB、AC、*VD、*LD、*AC、常数（常数值仅对 SET_ADDR 指令有效）	常数：0 或 1。CPU 自带 RS485 端口为端口 0。CM01 信号板 RS232/RS485 端口为端口 1
设置端口地址指令（SET_ADDR）	SET_ADDR EN　ENO ????—ADDR ????—PORT	将 PORT 端口所接设备的站地址（站号）设为 ADDR 指定的值。新地址不会永久保存，循环上电后，受影响的端口将返回原来的地址（即系统块设定的地址）		

7.3.4 发送（XMT）和接收（RCV）指令

1. 指令说明

XMT 和 RCV 指令说明如表 7-11 所示。

表 7-11 XMT 和 RCV 指令说明

指令名称	梯形图	功能说明	操作数 TBL	操作数 PORT
发送指令（XMT）	XMT EN　ENO ????—TBL ????—PORT	将 TBL 表数据存储区的数据通过 PORT 端口发送出去。TBL 端指定 TBL 表的首地址，PORT 端指定发送数据的通信端口	IB、QB、VB、MB、SMB、SB、*VD、*LD、*AC（字节型）	常数：0 或 1。CPU 自带 RS485 端口为端口 0。CM01 信号板 RS232/RS485 端口为端口 1
接收指令（RCV）	RCV EN　ENO ????—TBL ????—PORT	将 PORT 通信端口接收来的数据保存在 TBL 表的数据存储区中。TBL 端指定 TBL 表的首地址，PORT 端指定接收数据的通信端口		

XMT 和 RCV 指令用于自由模式下通信，通过设置 SMB30（端口 0）和 SMB130（端口 1）可将 PLC 设为自由通信模式，SMB30、SMB130 各位功能说明见表 7-12。PLC 只有处于 RUN 状态时才能进行自由模式通信，处于自由通信模式时，PLC 无法与编程设备通信；在 STOP 状态时自由通信模式被禁止，PLC 可与编程设备通信。

表 7-12 SMB30、SMB130 各位功能说明

位 号	位 定 义	说 明
7	校验位	00=不校验；01=偶校验；10=不校验；11=奇校验
6		
5	每个字符的数据位	0=8 位/字符；1=7 位/字符
4	自由口波特率选择（Kbps）	000=38.4；001=19.2；010=9.6；011=4.8；100=2.4；101=1.2；110=115.2；111=57.6
3		
2		
1	协议选择	00=PPI 从站模式；01=自由口模式；10=保留；11=保留
0		

2. XMT 指令使用说明

XMT 指令可发送一字节或多字节（最多为 255 字节），要发送的字节存放在 TBL 表中。TBL 表（发送存储区）的格式如图 7-21 所示，TBL 表中的首字节单元用于存放要发送字节的个数，该单元后面为要发送的字节，发送的字节不能超过 255 个。

图 7-21 TBL 表（发送存储区）的格式

如果将一个中断程序连接到发送结束事件上，在发送完存储区中的最后一个字符时，则会产生一个中断，端口 0 对应中断事件 9，端口 1 对应中断事件 26。如果不使用中断来执行发送指令，则可以通过监视 SM4.5 或 SM4.6 位值来判断发送是否完成。

如果将发送存储区的发送字节数设为 0 并执行 XMT 指令，会发送一个间断语（BREAK），发送间断语和发送其他任何消息的操作是一样的。当间断语发送完成后，会产生一个发送中断，SM4.5 或 SM4.6 的位值反映该发送操作状态。

3. RCV 指令使用说明

RCV 指令可以接收一字节或多字节（最多为 255 字节），接收的字节存放在 TBL 表中。TBL 表（接收存储区）的格式如图 7-22 所示，TBL 表中的首字节单元用于存放要接收字节的个数值，该单元后面依次是起始字符、数据存储区和结束字符，起始字符和结束字符为可选项。

图 7-22 TBL 表（接收存储区）的格式

如果将一个中断程序连接到接收完成事件上，在接收完存储区的最后一个字符时，会

产生一个中断，端口 0 对应中断事件 23，端口 1 对应中断事件 24。如果不使用中断，也可通过监视 SMB86（端口 0）或 SMB186（端口 1）来接收信息。

RCV 指令允许设置接收信息的起始和结束条件，端口 0 由 SMB86～SMB94 设置，端口 1 由 SMB186～SMB194 设置。接收信息端口的状态与控制字节见表 7-13。

表 7-13　接收信息端口的状态与控制字节

端口 0	端口 1	说　明
SMB86	SMB186	接收消息状态字节 　7　　　　　　　　　　　0 　| n | r | e | 0 | 0 | t | c | p | n: 1= 接收消息功能被终止（用户发送禁止命令） r: 1= 接收消息功能被终止（输入参数错误或丢失启动或结束条件） e: 1= 接收到结束字符 t: 1= 接收消息功能被终止（定时器时间已用完） c: 1= 接收消息功能被终止（实现最大字符计数） p: 1= 接收消息功能被终止（奇偶校验错误）
SMB87	SMB187	接收消息控制字节 　7　　　　　　　　　　　0 　| en | sc | ec | il | c/m | tmr | bk | 0 | en: 0= 接收消息功能被禁止 　　　1= 允许接收消息功能 　　　每次执行 RCV 指令时检查允许/禁止接收消息位 sc: 0= 忽略 SMB88 或 SMB188 　　　1= 使用 SMB88 或 SMB188 的值检测起始消息 ec: 0= 忽略 SMB89 或 SMB189 　　　1= 使用 SMB89 或 SMB189 的值检测结束消息 il: 0= 忽略 SMW90 或 SMW190 　　　1= 使用 SMW90 或 SMB190 的值检测空闲状态 c/m: 0= 定时器是字符间定时器 　　　1= 定时器是消息定时器 tmr: 0= 忽略 SMW92 或 SMW192 　　　1= 当 SMW92 或 SMW192 中的定时时间超出时终止接收 bk: 0= 忽略断开条件 　　　1= 用中断条件作为消息检测的开始
SMB88	SMB188	消息字符的开始
SMB89	SMB189	消息字符的结束
SMW90	SMW190	空闲线时间段按毫秒设定，空闲线时间用完后接收的第一个字符是新消息的开始
SMW92	SMW192	中间字符/消息定时器溢出值按毫秒设定，如果超过这个时间段，则终止接收消息
SMB94	SMB194	要接收的最大字符数（1～255 字节）。此范围必须设置为期望的最大缓冲区大小，即使不使用字符计数消息终端

4．XMT、RCV 指令使用举例

XMT、RCV 指令使用举例见表 7-14，其实现的功能是从 PLC 的端口 0 接收数据并存

放到VB100为首单元的存储区（TBL表）内，然后又将VB100为首单元的存储区内的数据从端口0发送出去。

表7-14 XMT、RCV指令使用举例

(续表)

在 PLC 上电进入运行状态时，SM0.1 常开触点闭合一个扫描周期，主程序执行一次。先对 RS485 端口 0 通信进行设置，然后将中断事件 23（端口 0 接收消息完成）与中断程序 INT_0 关联起来，将中断事件 9（端口 0 发送消息完成）与中断程序 INT_2 关联起来，并开启所有的中断，再执行 RCV 指令，启动端口 0 接收数据，接收的数据存放在 VB100 为首单元的 TBL 表中。

一旦端口 0 接收数据完成，会触发中断事件 23 而执行中断程序 INT_0。在中断程序 INT_0 中，如果接收消息状态字节 SMB86 的位 5 为 1（表示已接收到消息结束字符），==B 触点闭合，则将定时器中断 0（中断事件 10）的时间间隔设为 10ms，并把定时器中断 0 与中断程序 INT_1 关联起来；如果 SMB86 的位 5 不为 1（表示未接收到消息结束字符），==B 触点断开，经 NOT 指令取反后，RCV 指令执行，启动新的数据接收。

由于在中断程序 INT_0 中将定时器中断 0（中断事件 10）与中断程序 INT_1 关联起来，10ms 后会触发中断事件 10 而执行中断程序 INT_1。在中断程序 INT_1 中，先将定时器中断 0（中断事件 10）与中断程序 INT_1 断开，再执行 XMT 指令，将 VB100 为首单元的 TBL 表中的数据从端口 0 发送出去。

一旦端口 0 数据发送完成，会触发中断事件 9（端口 0 发送消息完成）而执行中断程序 INT_2。在中断程序 INT_2 中，执行 RCV 指令，启动端口 0 接收数据，接收的数据存放在 VB100 为首单元的 TBL 表中。

在本例中，发送 TBL 表和接收 TBL 表分配的单元相同，实际通信编程时可根据需要设置不同的 TBL 表。另外，本例中没有编写发送 TBL 表的各单元的具体数据。

7.3.5　PLC 与打印机之间的通信（自由端口模式）

在 PLC 与打印机通信前，需要用编程软件编写相应的 PLC 通信程序，再将通信程序编译并下载到 PLC 中。图 7-23 为 PLC 与打印机通信程序，其实现的功能是：当 PLC 的 I0.0 端子输入 ON（如按下 I0.0 端子外接按钮）时，PLC 将有关数据通过端口 0 发送给打印机，打印机会打印文字"SIMATIC S7-200"；当 I0.1、I0.2～I0.7 端子依次输入 ON 时，打印机会依次打印出"INPUT 0.1 IS SET!"、"INPUT 0.2 IS SET!"～"INPUT 0.7 IS SET!"。在使用自由端口模式发送数据时，PLC 从端口 0 发送数据，不会从端口检测数据是否发送成功，所以即使 PLC 端口 0 没有连接打印机，PLC 仍会从端口 0 发送数据。

图 7-23 所示的 PLC 与打印机通信程序由主程序和 SBR_0 子程序组成。在主程序中，PLC 首次上电扫描时，SM0.1 触点接通一个扫描周期，调用并执行 SBR_0 子程序。在子程序中，网络 1 的功能是先设置通信控制 SMB30，将通信速率设为 9.6Kbps、无奇偶校验、每字符 8 位，然后往首地址为 VB80 的 TBL 表中送入字符"SIMATIC S7-200"的 ASCII 码；网络 2 的功能是往首地址为 VB100 的 TBL 表中送入字符"INPUT 0.x IS SET!"的 ASCII 码，其中 x 的 ASCII 码由主程序送入。子程序执行完后，转到主程序的网络 2，当 PLC 处于 RUN 状态时，SM0.7 触点闭合，SM30.0 位变为 1，通信模式设为自由端口模式；在网络 3 中，当 I0.0 触点闭合时，执行 XMT 指令，将 TBL 表（VB80～VB95 单元）中"INPUT 0.0 IS SET!"发送给打印机；在网络 4 中，当 I0.1 触点闭合时，先执行 MOV_B 指令，将字符"1"的 ASCII 码送入 VB109 单元，再执行 XMT 指令，将 TBL 表中"INPUT 0.1 IS SET!"发送给打印机；I0.2～I0.7 触点闭合时的工作过程与 I0.1 触点闭合时相同，程序会将字符"INPUT 0.2 IS SET!"～"INPUT 0.7 IS SET!"的 ASCII 码发送给打印机。

(a) 主程序

图 7-23　PLC 与打印机通信程序

第 7 章 PLC通信

(a) 主程序

图 7-23 PLC与打印机通信程序（续）

237

(a) 主程序

(b) SBR_0子程序

图 7-23　PLC 与打印机通信程序（续）

(b) SBR_0 子程序

图 7-23 PLC 与打印机通信程序（续）

第 8 章 变频器的基本结构原理

8.1 异步电动机的两种调速方式

当三相异步电动机定子绕组通入三相交流电后，定子绕组会产生旋转磁场，旋转磁场的转速 n_0 与交流电源的频率 f 和电动机的磁极对数 p 有如下关系：

$$n_0 = 60f/p$$

电动机转子的旋转速度 n（即电动机的转速）略低于旋转磁场的旋转速度 n_0（又称同步转速），两者的转速差称为转差 s，电动机的转速为

$$n = (1-s) \, 60f/p$$

由于转差 s 很小，一般为 0.01～0.05，为了计算方便，可认为电动机的转速近似为

$$n = 60f/p$$

从上面的近似公式可以看出，三相异步电动机的转速 n 与交流电源的频率 f 和电动机的磁极对数 p 有关。当交流电源的频率 f 改变时，电动机的转速会发生变化。**通过改变交流电源的频率来调节电动机转速的方法称为变频调速；通过改变电动机的磁极对数 p 来调节电动机转速的方法称为变极调速。**

变极调速只适用于笼型异步电动机（不适用于绕线型转子异步电动机），它通过改变电动机定子绕组的连接方式来改变电动机的磁极对数，从而实现变极调速。适合变极调速的电动机称为多速电动机，常见的多速电动机有双速电动机、三速电动机和四速电动机等。

变极调速方式只适用于结构特殊的多速电动机调速，而且由一种速度转变为另一种速度时，速度变化较大，采用变频调速则可以解决这些问题。如果对异步电动机进行变频调速，需要用到专门的电气设备——变频器。变频器先将工频（50Hz 或 60Hz）交流电源转换成频率可变的交流电源并提供给电动机，只要改变输出交流电源的频率，就能改变电动机的转速。由于变频器输出电源的频率可连续变化，故电动机的转速也可以连续变化，从而实现电动机无级变速调节。图 8-1 列出了几种常见的变频器。

图 8-1 几种常见的变频器

8.2 变频器的基本结构及原理

变频器的功能是将工频（50Hz 或 60Hz）交流电源转换成频率可变的交流电源提供给电动机，通过改变交流电源的频率来对电动机进行调速控制。**变频器种类很多，主要可分为两类：交－直－交型变频器和交－交型变频器。**

8.2.1 交－直－交型变频器的结构与原理

交－直－交型变频器利用电路先将工频电源转换成直流电源，再将直流电源转换成频率可变的交流电源，然后提供给电动机，通过调节输出电源的频率来改变电动机的转速。交－直－交型变频器的典型结构框图如图 8-2 所示。

图 8-2 交－直－交型变频器的典型结构框图

下面对照图 8-2 所示框图说明交－直－交型变频器的工作原理。

三相或单相工频交流电源经整流电路转换成脉动的直流电，直流电再经中间电路进行滤波平滑，然后送到逆变电路。与此同时，控制系统会产生驱动脉冲，经驱动电路放大后送到逆变电路，在驱动脉冲的控制下，逆变电路将直流电转换成频率可变的交流电并送给电动机，驱动电动机运转。改变逆变电路输出交流电的频率，电动机转速就会发生相应的变化。

整流电路、中间电路和逆变电路构成变频器的主电路，用来完成交－直－交的转换。由于主电路工作在高电压大电流状态，为了保护主电路，变频器通常设有主电路电压检测和输出电流检测电路。当主电路电压过高或过低时，主电路电压检测电路则将该情况反映给控制电路，当变频器输出电流过大（如电动机负荷大）时，电流取样元件或电路会产生过流信号，经电流检测电路处理后也送到控制电路。当主电路电压不正常或输出电流过大时，控制电路通过检测电路获得该情况后，会根据设定的程序做出相应的控制，如让变频器主电路停止工作，并发出相应的报警指示。

控制电路是变频器的控制中心，当它接收到输入调节装置或通信接口送来的指令信号后，会发出相应的控制信号去控制主电路，使主电路按设定的要求工作。同时，控制电路还会将有关的设置和机器状态信息送到显示装置，以显示有关信息，便于用户操作或了解变频器的工作情况。

变频器的显示装置一般采用显示屏和指示灯；输入调节装置主要包括按钮、开关和旋钮等；通信接口用来与其他设备（如可编程序控制器 PLC）进行通信，接收它们发送过来的信息，同时还将变频器有关信息反馈给这些设备。

8.2.2 交-交型变频器的结构与原理

交-交型变频器利用电路直接将工频电源转换成频率可变的交流电源并提供给电动机，通过调节输出电源的频率来改变电动机的转速。交-交型变频器的结构框图如图 8-3 所示。从图中可以看出，交-交型变频器与交-直-交型变频器的主电路不同，它采用交-交变频电路直接将工频电源转换成频率可调的交流电源进行变频调速。

图 8-3 交-交型变频器的结构框图

交-交变频电路一般只能将输入交流电频率降低输出，而工频电源频率本来就低，所以交-交型变频器的调速范围很窄。另外，这种变频器要采用大量的晶闸管等电力电子器件，导致装置体积大、成本高，故交-交型变频器的使用远没有交-直-交型变频器广泛，因此本书主要介绍交-直-交型变频器。

8.3 变频调速控制方式

变频器主要由主电路（整流电路、中间电路和逆变电路）和控制电路组成，主电路在控制电路的控制下对电能进行交-直-交转换。控制系统的变频调速控制方式主要有四种：压/频控制方式、转差频率控制方式、矢量控制方式和直接转矩控制方式。

8.3.1 压/频控制方式

压/频控制方式又称 V/f 控制方式，该方式在控制主电路输出电源频率变化的同时也调节输出电源的电压大小。

1. 压/频同调的原因

变频器通过改变输出交流电压的频率来调节电动机的转速，交流电压频率越高，电动机的转速越快。为什么在调节交流电压频率的同时要改变输出电压呢？原因主要有以下几点。

❶ 电动机绕组对交流电呈感性，当变频器输出的交流电压频率高时绕组感抗大，流入绕组的电流偏小；而当变频器输出的交流电压频率降低时绕组感抗减小，流入绕组的电流大，过大的电流易烧坏绕组。为此，需要在交流电压频率升高时提高电压，在交流电压

频率下降时降低电压。

❷ 在异步电动机运转时，一般希望不管是高速还是低速都具有恒定的转矩（即转力）。理论实践证明，只要施加给异步电动机绕组的交流电的电压与频率之比是定值，$U/f=$ 定值，转子就能产生恒定的转矩。根据 $U/f=$ 定值可知，为了使电动机产生恒定的转矩，要求 $U\uparrow \to f\uparrow$，$U\downarrow \to f\downarrow$。

2. 压/频控制的实现方式

变频器的压/频控制的实现方式有两种：整流变压逆变变频方式和逆变变压变频方式。

1）整流变压逆变变频方式

整流变压逆变变频方式是指在整流电路进行变压，在逆变电路进行变频。 如图 8-4 所示是整流变压逆变变频方式示意图，由于在整流电路进行变压，因此需采用可控整流电路。

在工作时，先通过输入调节装置设置输出频率，控制系统会按设置的频率产生相应的变压控制信号和变频控制信号，变压控制信号去控制可控整流电路改变整流输出电压（如设定频率较低时，会控制整流电路提高输出电压），变频控制信号去控制逆变电路，使之输出设定频率的交流电压。

2）逆变变压变频方式

逆变变压变频方式是指在逆变电路中进行变压和变频。 如图 8-5 所示是逆变变压变频方式示意图，由于无须在整流电路变压，因此采用不可控整流电路；为了容易实现在逆变电路中同时进行变压变频，一般采用 SPWM 逆变电路。

在工作时，先设置好变频器的输出频率，控制系统会按设置的频率产生相应的变压变频控制信号去控制 SPWM 逆变电路，使之产生等效电压和频率，同时改变的 SPWM 波去驱动电动机。

图 8-4 整流变压逆变变频方式示意图　　图 8-5 逆变变压变频方式示意图

3. 压/频控制的特点

采用压/频控制方式的变频器优点是控制电路简单，通用性强，性价比高，可配接通用标准的异步电动机，故通用变频器广泛采用这种控制方式。由于压/频控制方式未采用速度传感器检测电动机实际转速，故转速控制精度较差；另外，在转速低时产生的转矩不足。

8.3.2 转差频率控制方式

转差频率控制方式又称 **SF 控制方式**，该方式通过控制电动机旋转磁场频率与转子转速频率之差来控制转矩。

1. 转差频率控制原理

异步电动机是依靠定子绕组产生的旋转磁场来使转子旋转的，转子的转速略低于旋转磁场的转速，两者之差称为转差 s。旋转磁场的频率用 ω_1 表示（ω_1 与磁场旋转速度成正比，转速越快，ω_1 越大），转子转速频率用 ω 表示。理论实践证明，在转差不大的情况下，只要保持电动机磁通 Φ 不变，异步电动机转矩与转差频率 ω_s（$\omega_s = \omega_1 - \omega$）成正比。

从上述原理不难看出，**转差频率控制有两个要点：**

❶ **在控制时要保持电动机的磁通 Φ 不变。** 磁通 Φ 的大小与定子绕组电流 I 及转差频率 ω_s 有关，图 8-6 是保持 Φ 恒定的 I、ω_s 曲线，该曲线表明，要保持 Φ 恒定，在转差频率 ω_s 大时须增大定子绕组电流 I；反之，在 ω_s 小时须减小 I，如在 $\omega_s = 0$ 时，只要很小的电流 I_0 就能保持 Φ 不变。电动机定子绕组的电流大小是通过改变电压来实现的，提高电压可增大电流。

❷ **异步电动机的转矩与转差频率成正比。** 调节转差频率就可以改变转矩大小，如增大转差频率可以增大转矩。

2. 转差频率控制的实现

如图 8-7 所示是一种转差频率控制实现示意图。电动机在运行时，测速装置检测出转子转速频率 ω，该频率再与设定频率 ω_1 相减，经调节器调节后得到转差频率 ω_s（$\omega_s = \omega_1 - \omega$）。$\omega_s$ 分作两路：一路经恒定磁通处理电路处理形成控制电压 U，去控制整流电路改变输出电压，如 ω_s 较大时，控制整流电路输出电压升高，以增大定子绕组电流；另一路 ω_s 与 ω 相加得到设定频率 ω_1 经变频控制电路，让它控制逆变电路输出与设定频率相同的交流电压。

图 8-6　保持 Φ 恒定的 I、ω_s 曲线　　　　图 8-7　一种转差频率控制实现示意图

3. 转差频率控制的特点

转差频率控制采用测速装置实时检测电动机的转速频率，然后与设定转速频率比较得到转差频率，再根据转差频率形成相应的电压和频率控制信号，去控制主电路。这种闭环控制较压/频开环控制方式的加/减速性能有较大的改善，调速精度也大大提高。

转差频率控制需采用测速装置。由于不同的电动机特性有差异，在变频器配接不同电动机时需要对测速装置进行参数调整，这样除比较麻烦外，还会因调整偏差引起调速误

差,所以采用转差频率控制方式的变频器通用性较差。

8.3.3 矢量控制方式

矢量控制通过控制变频器输出电流的大小、频率和相位来控制电动机的转矩,从而控制电动机的转速。

1. 矢量控制原理

直流电动机是一种调速性能较好的电动机,可通过改变励磁线圈电流或电枢线圈电流大小进行调速,与异步电动机相比,其调速范围宽,能够实现无级调速。为了让异步电动机也能实现像直流电动机一样良好的调速性能,可采用矢量控制方式的变频器。

矢量控制依据直流电动机调速控制特点,将异步电动机定子绕组电流(即变频器输出电流)按矢量变换的方法分解形成类似于直流电动机的磁场电流分量(励磁电流)和转矩电流分量(转子电流)。只要控制异步电动机定子绕组电流的大小和相位,就能控制励磁电流和转矩电流,从而实现像直流电动机一样的良好调速控制。

矢量控制基本过程如图 8-8 所示。将电动机反馈过来的速度反馈信号送到控制器,同时将给定信号也送到控制器,两信号经控制器处

图 8-8 矢量控制基本过程

理后形成与励磁电流和转矩电流对应的 I_1、I_2 电流,并通过变换器变换得到三相电流信号,经驱动控制电路形成相应的控制信号,去控制 PWM 逆变电路开关器件的通断,为电动机提供定子绕组电流。在对电动机进行调速时,改变给定信号,送给 PWM 逆变电路的控制信号就会变化,PWM 逆变电路开关器件的通断情况也会发生变化,从而改变提供给电动机定子绕组的电流的大小、频率和相位,实现对电动机良好的调速控制。

2. 矢量控制的类型

矢量控制分为无速度传感器的矢量控制和有速度传感器的矢量控制。

1) 无速度传感器的矢量控制

无速度传感器的矢量控制如图 8-9 所示,它没有应用速度传感器检测电动机转速信息,而是采用电流传感器(或电压传感器)检测提供给定子绕组的电流,然后送到矢量控制的速度换算电路推算出电动机的转速,再参照给定信号形成相应的控制信号去控制 PWM 逆变电路。

图 8-9 无速度传感器的矢量控制

2）有速度传感器的矢量控制

有速度传感器的矢量控制如图 8-10 所示，它采用速度传感器来检测电动机的转速。

图 8-10 有速度传感器的矢量控制

有速度传感器的矢量控制较无速度传感器的矢量控制的速度调节范围更宽，前者可达后者的 10 倍，这主要是因为后者缺少准确的转速反馈信号。采用速度传感器矢量控制方式的变频器通用性较差，这是因为速度传感器对不同特性的异步电动机的检测会有差异。

3. 矢量控制的特点及适用范围

矢量控制的特点主要有：

❶ 低频转矩大。一般通用变频器在低频时的转矩较小，在 5Hz 以下无法满负荷工作，而采用矢量控制的变频器在低频时也能使转矩高于额定转矩。

❷ 动态响应快。直流电动机不允许电流变化率过高，而矢量控制变频器允许电流变化快，因此调速响应快，一般可达毫秒级。

❸ 控制灵活。直流电动机通常根据不同的负载，来选择不同特性的串励、并励或他励方式，而矢量控制的电动机通过改变控制参数，就能使一台电动机具有不同的特性。

矢量控制系统的适用范围主要有：

❶ 恶劣的工作环境，如工作在高温、高湿并有腐蚀性气体环境中的印染机、造纸机可用矢量控制方式的变频器。

❷ 要求高速响应的生产机械，如机械人驱动系统等。

❸ 高精度的电力拖动，如钢板、线材卷取机等。

❹ 高速电梯拖动。

8.3.4 直接转矩控制方式

直接转矩控制又称 **DTC 控制**，是目前最先进的交流异步电动机控制方式，在中、小型变频器中还很少采用。直接转矩控制的基本原理是通过对磁链和转矩的直接控制来确定逆变器的开关状态，这样不需要复杂的数学模型及中间变换环节就能对转矩进行有效的控制，非常适应重载、起重、电力牵引、大惯量、电梯等设备的拖动要求，且价格低、电路较矢量控制简单、调试容易，但精度不如矢量控制的好。

直接转矩控制过程如图 8-11 所示，它通过检测定子电流和电压，计算出磁通和转矩，再经速度调节器、转矩调节器、磁链调节器、开关模式器来控制 PWM 逆变器。

图 8-11 直接转矩控制过程

8.3.5 控制方式比较

四种变频调速控制方式有各自的优点，由于目前较少采用直接转矩控制方式，下面仅将其他三种控制方式进行比较，具体见表 8-1。

表 8-1 三种控制方式比较

控制方式	V/f 控制	转差频率控制	矢量控制	
			（无 PG 控制）	（带 PG 控制）
速度传感器	不要	要	无	要
调速范围	1：20	1：40	1：100	1：1000
启动转矩	150% 额定转矩（3Hz 时）	150% 额定转矩（3Hz 时）	150% 额定转矩（1Hz 时）	150% 额定转矩（0Hz 时）
调速精度	-3%～-2% 2%～3%	±0.03%	±0.2%	±0.01%
转矩限制	无	无	可以	可以
转矩控制	无	无	无	可以
应用范围	通用设备单纯调速或多电动机驱动	稳态调速精度提高，动态性能有限度提高	一般调速	伺服控制高精度调速转矩可控

第9章 西门子变频器的接线、操作与参数设置

西门子 MICROMASTER 440 变频器简称 MM440 变频器，是一种用于控制三相交流电动机速度的变频器。该变频器有多种型号，其额定功率范围为 0.12～200kW（在恒定转矩 CT 控制方式时）），或者可达 250kW（在可变转矩 VT 控制方式时）。

MM440 变频器内部由微处理器控制，功率输出器件采用先进的绝缘栅双极型晶体管（IGBT），故具有很高的运行可靠性和功能的多样性，其具有的全面而完善的保护功能，可为变频器和电动机提供良好的保护。

MM440 变频器具有默认的工厂设置参数，在驱动数量众多的简单电动机时可直接让变频器使用默认参数。另外，MM440 变频器具有全面而完善的控制功能参数，在设置相关参数后，可用于更高级的电动机控制系统。MM440 变频器可用于单机驱动系统，也可集成到自动化系统中。

9.1 MM440 变频器的内部结构及外部接线

9.1.1 外形和型号（订货号）含义

MM440 变频器的具体型号很多，区别主要在于功率不同，功率越大，体积越大。根据外形尺寸不同，可分为 A～F、FX 和 GX 型，A 型最小，GX 型最大。MM440 变频器的具体型号一般用订货号来表示，MM440 变频器的外形和订货号含义如图 9-1 所示，图中订货号表示的含义为"西门子 MM440 变频器，防护等级是 IP20，无滤波器，输入电压为三相 380V，功率为 0.37kW，外形尺寸为 A 型"。

图 9-1 MM440 变频器的外形和订货号含义

9.1.2 内部结构及外部接线图

MM440 变频器的内部结构及外部接线图如图 9-2 所示，其外部接线主要分为主电路接线和控制电路接线。

图 9-2 MM440 变频器的内部结构及外部接线图

9.1.3 主电路的外部端子接线

变频器的主电路由整流电路、中间电路和逆变电路组成，整流电路将输入的单相或三相交流电源转换成直流电源，再经中间电路滤波平滑后，由逆变电路将直流电源转换成频率可调的三相交流电源输出，提供给三相交流电动机。

MM440 变频器主电路的接线端子（以 D、E 机型为例）如图 9-3 所示，其接线方法如图 9-4 所示。变频器如果使用单相交流电源，则 L、N 两根电源线分别接到变频器的 L/L1、L1/N 端；如果使用三相交流电源，则 L1、L2、L3 三根电源线分别接到变频器的 L/L1、L1/N、L3 端。变频器的 U、V、W 输出端接到三相交流电动机的 U、V、W 端。

图 9-3 MM440 变频器主电路的接线端子（以 D、E 机型为例）

图 9-4 MM440 变频器主电路的接线方法

在需要电动机停机时,变频器停止输出三相交流电源,电动机失电后会惯性运转,此时的电动机相当于一台发电机(再生发电),其绕组会产生电流(再生电流),该电流经逆变电路对中间电路的滤波电容充电而构成回路,电流再经逆变电路流回电动机绕组,这个流回绕组的电流会产生磁场对电动机进行制动,电流越大,制动力矩越大,制动时间越短。为了提高制动效果,变频器在中间电路增加一个制动管。在需要使用变频器的制动功能时,应给制动管外接制动电阻。在制动时,CPU控制制动管导通,这样电动机惯性运转产生的再生电流的途径为电动机绕组→逆变电路→制动电阻→制动管→逆变电路→电动机绕组。由于制动电阻阻值小,故再生电流大,产生很强的磁场对电动机进行制动。对于A~F机型,采用制动管外接制动电阻方式进行制动;对于FX、GX机型,由于其连接的电动机功率大,电动机再生发电产生的电流大,不宜使用制动管和制动电阻制动,而是采用在D/L-、C/L+外接制动单元进行制动。

9.1.4 控制电路外部端子的典型接线

MM440变频器的控制电路端子包括数字量输入端子、模拟量输入端子、数字量输出端子、模拟量输出端子和控制电路电源端子,其典型接线如图9-5所示。

图9-5 MM440变频器控制电路外部端子的典型接线

9.1.5 数字量输入端子的接线及参数设置

1. 接线

MM440变频器有DIN1~DIN6六路数字量(又称开关量)输入端子,这些端子可以外接开关。在接线时,可使用变频器内部24V直流电源,如图9-6(a)所示;也可以使用外部24V直流电源,如图9-6(b)所示。当某端的外接开关闭合时,24V直流电源会产生电流流过开关和该端内部的光电隔离电路,表示输入为ON(或称输入为"1")。

2. 参数设置

DIN1~DIN6六路数字量输入端子的功能分别由变频器的P0701~P0706参数设定,参数值不同,其功能不同。P0701~P0706有相同的参数值,各参数值对应的功能见

表 9-1。比如参数 P0701 用于设置 DIN1（即 5 号端子）的功能，其默认值为 1，对应的功能为接通正转/断开停车，即 DIN1 端子外接开关闭合时启动电动机正转，外接开关断开时让电动机停转。参数 P0704 用于设置 DIN4 端子的功能，其默认值为 15，对应的功能是让电动机以某一固定的频率运行。

(a) 使用内部24V直流电源　　(b) 使用外部24V直流电源

图 9-6　数字量输入端子的两种接线方式

表 9-1　DIN1～DIN6 端对应的设置参数及各参数值的含义

数字输入	端子编号	参数编号	出厂设置	功能说明
DIN1	5	P0701	1	P0701～P0706 各参数值对应功能：
DIN2	6	P0702	12	=0 禁用数字输入
DIN3	7	P0703	9	=1 接通正转/断开停车
DIN4	8	P0704	15	=2 接通反转/断开停车
DIN5	16	P0705	15	=3 断开，按惯性自由停车
DIN6	17	P0706	15	=4 断开，按第二降速时间快速停车
	9		公共端	=9 故障复位
说明： 1. 开关量的输入逻辑可以通过 P0725 改变 2. 开关量输入状态由参数 r0722 监控，开关闭合时相应笔画点亮				=10 正向点动
^				=11 反向点动
^				=12 反转（与正转命令配合使用）
^				=13 电动电位计升速
^				=14 电动电位计降速
^				=15 固定频率直接选择
^				=16 固定频率选择 +ON 命令
^				=17 固定频率编码选择 +ON 命令
^				=25 使能直流制动
^				=29 外部故障信号触发跳闸
^				=33 禁止附加频率设定值
^				=99 使能 BICO 参数化

DIN1～DIN6 端的输入逻辑由参数 P0725 设置，P0725=1（默认值）时，高电平输入为 ON；P0725=0 时，低电平输入为 ON。DIN1～DIN6 端的输入状态由参数 r0722 监控，在变频器操作面板上调出 r0722 的值，通过查看显示值 6 个纵向笔画的亮灭来了解 DIN1～DIN6 端的输入状态，某纵向笔画亮时表示对应的 DIN 端输入为 ON。

9.1.6 模拟量输入端子的接线及参数设置

MM440 变频器有 AIN1、AIN2 和 PTC 三路模拟量输入端子，AIN1、AIN2 用作调速输入端子，PTC 用作温度检测输入端子。

1. AIN1、AIN2 端子的接线及参数设置

1）接线

AIN1、AIN2 端子用于输入 0～10V 直流电压或 0～20mA 直流电流，控制变频器输出电源的频率在 0～50Hz 范围变化，对电动机进行调速。AIN1、AIN2 端子的接线如图 9-7（a）所示；在变频器面板上有 AIN1、AIN2 两个设置开关，如图 9-7（b）所示，开关选择 ON 时将输入类型设为 0～20mA 直流电流输入，开关选择 OFF 时将输入类型设为 0～10V 直流电压输入。当某路输入端子设为电流输入类型时，变频器会根据输入电流的变化（不会根据电压变化）来改变输出电源频率。

(a) AIN1、AIN2 端子的接线

(b) 用 AIN1、AIN2 设置开关可将各自端子设为电流或电压输入类型

图 9-7　AIN1、AIN2 端子的接线及输入类型的设置

2）AIN 端输入值与变频器频率输出值关系的参数设置

在用 AIN 设置开关将 AIN 端子设为电流（或电压）输入类型时，会默认将 0～20mA（或 0～10V）对应 0～50Hz；如果需要其他范围的电流（或电压）对应 0～50Hz，可通过设置参数 P0757～P0761 来实现。

表 9-2 是将 AIN1 端输入 2～10V 对应变频器输出 0～50Hz 的参数设置，该设置让 2V 对应基准频率（P2000 设定的频率，默认为 50Hz）的 0%（即 0Hz），10V 对应基准频率的 100%（即 50Hz）。P0757[0] 表示 P0757 的第一组参数（又称下标参数 0），P0761[0] 用于设置死区宽度（即输入电压或电流变化而输出频率不变的一段范围）。

表 9-2　AIN1 端输入 2～10V 对应变频器输出 0～50Hz 的参数设置

参数号	设定值	参数功能
P0757[0]	2	电压 2V 对应 0% 的标度，即 0Hz
P0758[0]	0%	
P0759[0]	10	电压 10V 对应 100% 的标度，即 50Hz
P0760[0]	100%	
P0761[0]	2	死区宽度

表 9-3 是将 AIN2 端输入 4～20mA 对应变频器输出 0～50Hz 的参数设置，该设置使 AIN2 端在输入 4～20mA 范围内的电流时，让变频器输出电源频率在 0～50Hz 范围内变化。P0757[1] 表示 P0757 的第二组参数（又称下标参数 1）。

表 9-3　AIN2 端输入 4～20mA 对应变频器输出 0～50Hz 的参数设置

参数号	设定值	参数功能
P0757[1]	4	电流 4mA 对应 0% 的标度，即 0Hz
P0758[1]	0%	
P0759[1]	20	电流 20mA 对应 100% 的标度，即 50Hz
P0760[1]	100%	
P0761[1]	4	死区宽度

3）AIN 端用作数字量输入端的接线及参数设置

AIN1、AIN2 端默认用作模拟量输入端，也可以将其用作 DIN7、DIN8 数字量输入端，其接线如图 9-8 所示。另外，还需将 AIN1、AIN2 端子对应的参数 P0707、P0708 的值设为 0 以外的值，P0707、P0708 的参数值功能与 P0701～P0706 一样，详见表 9-1。

2. PTC 端子（电动机温度保护）的接线

PTC 端子用于外接温度传感器（PTC 型或 KTY84 型），传感器一般安装在电动机上，变频器通过温度传感器检测电动机的温度，一旦温度超过某一值，变频器将会发出温度报警。PTC 端子的接线如图 9-9 所示。

图 9-8　AIN1、AIN2 端用作 DIN7、DIN8
　　　　数字量输入端的接线

图 9-9　PTC 端子的接线

1）采用 PTC 传感器（P0601=1）

如果变频器 PTCA、PTCB 端（即 14、15 脚）连接 PTC 型温度传感器，需要将参数 P0601 设为 1，使 PTC 功能有效。在正常情况下，PTC 传感器阻值在 1500Ω 以下，温度越高，其阻值越大。一旦阻值大于 1500Ω，14、15 脚之间的输入电压超过 4V，变频器将发出报警信号，并停机保护。PTC 传感器阻值变化范围应在 1000～2000Ω。

2）采用 KTY84 传感器（P0601=2）

如果变频器 PTCA、PTCB 端连接 KTY84 型温度传感器，应将 KTY84 型温度传感器阳极接到 PTCA 端，阴极接到 PTCB 端，并将参数 P0601 设为 2，使 KTY84 型温度传感器功能有效，进行温度监控，检测的温度测量值会被写入参数 r0035。电动机过温保护的动作阈值可用参数 P0604（默认值为 130℃）设定。

9.1.7 数字量输出端子的接线及参数设置

1．接线

MM440 变频器有三路继电器输出端子，也称为数字量输出端子，其中有两个双触点继电器和一个单触点继电器，其外部接线如图 9-10 所示。如果这些端子外接电阻性负载（如电阻、灯泡等），且采用直流电源，则允许直流电压最高为 30V，直流电流最大为 5A；若这些端子外接感性负载（如各类线圈），且采用交流电源，则允许交流电压最高为 250V，交流电流最大为 2A。

图 9-10 数字量（继电器）输出端子的接线

2．参数设置

三个数字量输出端子的功能可由参数 P0731、P0732 和 P0733 的设定值来确定。数字量输出端子 1 的默认功能为变频器故障（P0731=52.3），即变频器出现故障时，该端子内部的继电器常闭触点断开，常开触点闭合；数字量输出端子 2 的默认功能为变频器报警（P0732=52.7）；数字量输出端子 3 对应的设置参数 P0733=0.0，无任何功能，用户可修改 P0733 的值来设置该端子的功能。

9.1.8 模拟量输出端子的接线及参数设置

1．接线

MM440 变频器有两路模拟量输出端子（AOUT1、AOUT2），如图 9-11 所示，用于输出 0～20mA 的电流来反映变频器输出频率、电压、电流等的大小，一般外接电流表（内阻最大允许值为 500Ω）来指示变频器的频率、电压或电流等数值。

图 9-11 模拟量输出端子的接线及参数设置

2. 参数设置

模拟量输出端子的功能由参数 P0771 来设定，P0771[0]、P0771[1] 分别用于设置 AOUT1、AOUT2 端的功能。例如，设置 P0771[0]=24.0，将 AOUT1 端设为变频器实际输出频率，该端输出的电流越大，表示变频器输出电源频率越高。

AOUT 端默认输出 0～20mA，对应变频器输出频率为 0～50Hz，通过设置参数 P0777～P0780 可以改变 AOUT 端输出电流与变频器输出频率之间的关系，AOUT1、AOUT2 端分别由各参数的第一、二组参数（即下标参数 [0]、[1]）设置。表 9-4 是让 AOUT1 端输出 4～20mA 对应变频器输出频率 0～50Hz 的参数设置。

表 9-4 AOUT1 端用输出 4～20mA 对应变频器输出频率 0～50Hz 的参数设置

参数号	设定值	参数功能
P0777[0]	0%	0Hz 对应输出电流 4mA
P0778[0]	4	
P0779[0]	100%	50Hz 对应输出电流 20mA
P0780[0]	20	

9.2 变频器的停车、制动及再启动方式

9.2.1 电动机的铭牌数据与变频器对应参数

变频器是用来驱动电动机运行的，只有了解电动机的一些参数，才能对变频器有关参数做出合适的设置。电动机的主要参数一般会在铭牌上标示，如图 9-12 所示是一种典型的电动机及铭牌数据，该铭牌同时标注了电动机在电源频率为 50Hz 和 60Hz 时的主要参数，铭牌主要数据对应的变频器参数如图 9-13 所示。例如，变频器参数 P0304 用于设置电动机的额定电压，设置范围为 10～2000（V），默认值为 230（V），电动机铭牌标注的额定电压为 230～400V，那么可以将 P0304 的值设为 400，这样变频器额定输出电压即被限制在 400V 以内。

图 9-12 一种典型的电动机及铭牌数据

P0304 [3]	电动机的额定电压			最小值：10	访问级：
	CStat: C	数据类型：U16	单位：V	默认值：230	1
	参数组：电动机	使能有效：确认	快速调试：是	最大值：2000	
P0305 [3]	电动机的额定电流			最小值：0.01	访问级：
	CStat: C	数据类型：浮点数	单位：A	默认值：3.25	1
	参数组：电动机	使能有效：确认	快速调试：是	最大值：10000.00	
P0307 [3]	电动机的额定功率			最小值：0.01	访问级：
	CStat: C	数据类型：浮点数	单位：kW	默认值：0.75	1
	参数组：电动机	使能有效：确认	快速调试：是	最大值：2000.00	
P0308 [3]	电动机的额定功率因数			最小值：0.000	访问级：
	CStat: C	数据类型：浮点数	单位：-	默认值：0.000	2
	参数组：电动机	使能有效：确认	快速调试：是	最大值：1.000	
P0309 [3]	电动机的额定效率			最小值：0.0	访问级：
	CStat: C	数据类型：浮点数	单位：%	默认值：0.0	2
	参数组：电动机	使能有效：确认	快速调试：是	最大值：99.9	
P0310 [3]	电动机的额定频率			最小值：12.00	访问级：
	CStat: C	数据类型：浮点数	单位：Hz	默认值：50.00	1
	参数组：电动机	使能有效：确认	快速调试：是	最大值：650.00	
P0311 [3]	电动机的额定转速			最小值：0	访问级：
	CStat: C	数据类型：U16	单位：r/min	默认值：0	1
	参数组：电动机	使能有效：确认	快速调试：是	最大值：40000	

图 9-13 电动机铭牌主要数据对应的变频器参数

9.2.2 变频器的停车方式

MM440 变频器有 OFF1、OFF2、OFF3 三种停车方式。

（1）OFF1 为变频器默认停车方式。OFF1 停车方式用 DIN 端子控制，当 DIN 端子输入为 ON 时运行，输入为 OFF（如 DIN 端子外接开关断开）时停车，即输入低电平有效。在按 OFF1 方式停车时，变频器按 P1121 设定的时间停车（即从 P1082 设定的最高频率下降到 0Hz 的时间）。OFF1 用作一般场合的常规停车。

（2）OFF2 为自由停车方式。当有 OFF2 命令输入时，变频器马上停止输出电源，电动机按惯性自由停车。OFF2 除了可以用于紧急停车外，还可以用在变频器输出端有接触器的场合。在变频器运行时，禁止断开输出端接触器，可在使用 OFF2 停车 0.1s 后，再断开输出端接触器。

（3）OFF3 为快速停车方式。其停车时间可在参数 P1135 中设定，该时间也是从最高频率下降到 0Hz 的时间。OFF3 一般用作快速停车，也可用在需要不同停车时间的场合。

OFF1、OFF2、OFF3 命令均为低电平有效。

9.2.3 变频器的制动方式

为了缩短电动机减速时间，MM440 变频器支持直流制动方式和能耗制动方式，可以快速将电动机制动而停止下来。

1）直流制动方式

直流制动是指给电动机的定子绕组通入直流电流，该电流产生磁场对转子进行制动。在使用直流制动时，电动机的温度会迅速上升，因此直流制动不能长期、频繁地使用。当变频器连接同步电动机时，不能使用直流制动。

与直流制动的相关参数有 P1230=1（使能直流制动）、P1232（直流制动强度）、P1233（直流制动持续时间）和 P1234（直流制动的起始频率）。

2）能耗制动方式

能耗制动是指将电动机惯性运转时产生的电能反送入变频器并消耗在制动电阻或制动单元上，从而达到快速制动停车的目的。与能耗制动相关的参数有 P1237（能耗制动的工作周期）、P1240=0（禁止直流电压控制器，从而防止斜坡下降时间的自动延长）。

电动机惯性运转时，会工作在发电状态，其产生的电压会反送入变频器，导致变频器主电路的电压升高（过高时可能会引起变频器过电压保护）。在变频器的制动电路中连接合适的制动电阻或制动单元（75kW 以上变频器使用制动单元），可以迅速消耗这些电能。变频器的功率越大，可连接电动机的功率也就越大。大功率电动机惯性运转时产生的电流大，因此选用的制动电阻要求功率大，否则容易烧坏。MM440 变频器不同规格选用的制动电阻见表 9-5，表中的制动电阻是按 5% 的工作周期确定阻值和功率的，如果实际工作周期大于 5%，需要将制动电阻功率加大而阻值不变，确保制动电阻不被烧坏。

表 9-5　MM440 变频器不同规格选用的制动电阻

变频器规格		选用的制动电阻		
功率 /kW	外形尺寸	额定电压 /V	电阻值 /Ω	连续功率 /W
0.12～0.75	A	230	180	50
1.1～2.2	B	230	68	120
3.0	C	230	39	250
4，5.5	C	230	27	300
7.5，11，15	D	230	10	800
18.5，22	E	230	7	1200
30，37，45	F	230	3	2500
2.2，3，4	B	380	160	200
5.5，7.5，11	C	380	56	650
15，18.5，22	D	380	27	1200
30，37	E	380	15	2200
45，55，75	F	380	8	4000
5.5，7.5，11	C	575	82	650
15，18.5，22	D	575	39	1300
30，37	E	575	27	1900
45，55，75	F	575	12	4200

9.2.4　变频器的再启动方式

变频器的再启动分为自动再启动和捕捉再启动。

自动再启动是指变频器在主电源跳闸或故障后的重新启动。只有当启动命令在数字输入端保持常 ON 时，才能进行自动再启动。

捕捉再启动是指变频器快速地改变输出频率，去搜寻正在自由旋转的电动机的实际速度，一旦捕捉到电动机的实际速度，就让电动机按常规斜坡函数曲线升速运行到频率的设定值。

自动再启动和捕捉再启动的设置参数分别为 P1210、P1200。MM440 变频器再启动方式及参数设置见表9-6。

表9-6 MM440变频器再启动方式及参数设置

再启动方式	自动再启动	捕捉再启动
应用场合	上电自启动	重新启动旋转的电动机
参数设置	P1210：默认值为1 =0 禁止自动再启动 =1 上电后跳闸复位 =2 在主电源中断后再启动 =3 在主电源消隐或故障后再启动 =4 在主电源消隐后再启动 =5 在主电源中断和故障后再启动 =6 在电源消隐、电源中断或故障后再启动	P1200：默认值为0 =0 禁止捕捉再启动 =1 捕捉再启动总是有效的，双方向搜索电动机速度 =2 捕捉再启动在上电、故障、OFF2停车时有效，双方向搜索电动机速度 =3 捕捉再启动在故障、OFF2停车时有效，双方向搜索电动机速度 =4 捕捉再启动总是有效的，单方向搜索电动机速度 =5 捕捉再启动在上电、故障、OFF2停车时有效，单方向搜索电动机速度 =6 故障、OFF2停车时有效，单方向搜索电动机速度
建议		同时采用上述两种功能

9.3 用面板和外部端子操作调试变频器

MM440变频器可以外接SDP（状态显示板）、BOP（基本操作板）或AOP（高级操作板），如图9-14所示，SDP为变频器标配面板，BOP、AOP为选件面板（需另外购置）。

9.3.1 用SDP（状态显示板）和外部端子操作调试变频器

SDP上只有两个用于显示状态的LED指示灯，无任何按键，故只能通过SDP查看状态而无法操作变频器。操作变频器需要通过外部端子连接的开关或电位器来进行。由于无法通过SDP修改变频器的参数，因此只能按出厂参数值或先前通过其他方式设置的参数值工作。

1. SDP指示灯及指示含义

SDP上有两个指示灯，指示含义如图9-15所示。

图9-14 MM40变频器可连接的面板

图9-15 SDP的指示灯及指示含义

2. 通过外部端子操作变频器

当变频器连接 SDP 时，只能使用变频器控制电路的外部端子来操作变频器。MM440 变频器的控制电路外部端子典型接线如图 9-5 所示，部分端子的设置参数及默认值对应的功能见表 9-1。

当 DIN1 端子外接开关闭合时，电动机启动并正转，开关断开时，电动机停转。在电动机运转时，调节 AIN1 端子外接的电位器，可以对电动机进行调速，同时 AOUT1 端子输出电流会发生变化，外接电流表表针偏转，指示变频器当前输出至电动机的电源频率。变频器输出频率越高，AOUT1 端子输出电流越大，指示输出电源频率越高。一旦变频器出现故障，RL1 端子（继电器输出端子 1）内部的继电器动作，常开触点闭合，外接指示灯通电发光，指示变频器出现故障。如果将 DIN3 端子外接开关闭合，会对变频器进行故障复位，RL1 端子内部继电器的常开触点断开，外接指示灯断电熄灭。

9.3.2 用 BOP（基本操作板）操作调试变频器

BOP 上有显示屏和操作按键，在使用 BOP 连接变频器（要先将 SDP 从变频器上拆下）时，可以设置变频器的参数，也可以直接用 BOP 上的按键控制变频器运行。

1. BOP 介绍

BOP 上方为五位数字七段显示屏，用于显示参数号、参数值、数值、报警和故障等信息，BOP 不能存储参数信息。BOP 外形及按键名称如图 9-16 所示，显示屏及按键功能说明见表 9-7。

图 9-16　BOP 外形及按键名称

表 9-7　BOP 面板显示屏及按键功能说明

显示按钮	功　能	功能说明
P(1) r0000 Hz	状态显示	LCD 显示变频器当前的设定值
I	启动电动机	按此键启动变频器。默认值运行时此键是被封锁的，为了使此键的操作有效，应设定 P0700=1
O	停止电动机	OFF1：按此键，变频器将按选定的斜坡下降速率减速停车。默认值运行时此键被封锁，为了允许此键操作，应设定 P0700=1。 OFF2：按此键两次（或一次，但时间较长），电动机将在惯性作用下自由停车。此功能总是"使能"的
↺	改变电动机的转动方向	按此键可以改变电动机的转动方向。电动机的反向用负号 (-) 表示或用闪烁的小数点表示。默认值运行时此键是被封锁的，为了使此键的操作有效，应设定 P0700=1
jog	点动电动机	在变频器无输出的情况下按此键，将使电动机启动，并按预设的点动频率运行。释放此键时，变频器停车。如果变频器/电动机正在运行，按此键将不起作用

(续表)

显示按钮	功　能	功能说明
Fn	功能	此键用于浏览辅助信息。 变频器运行过程中，在显示任何一个参数时按下此键并保持 2s 不动，将显示以下参数值： 1. 直流电路电压(用 d 表示，单位：V)； 2. 输出电流（A）； 3. 输出频率（Hz）； 4. 输出电压(用 o 表示，单位：V)； 5. 由 P0005 选定的数值（如果 P0005 选择显示上述参数中的任何一个，如 3、4 或 5，这里将不再显示）。 连续多次按下此键，将轮流显示以上参数。 跳转功能。 在显示任何一个参数（r×××× 或 P××××）时短时间按下此键，将立即跳转到 r0000，如果需要的话，可以接着修改其他的参数。跳转到 r0000 后，按此键将返回原来的显示点。 在出现故障或报警的情况下，按此键可以将操作板上显示的故障或报警信息复位
P	访问参数	按此键即可访问参数
▲	增加数值	按此键即可增加面板上显示的参数值
▼	减小数值	按此键即可减小面板上显示的参数值

2．用 BOP 设置变频器的参数

在变频器处于默认设置时，BOP 可以设置修改参数，但不能控制电动机运行，要控制电动机运行必须将参数 P0700 的值设为 1，参数 P1000 的值也应设为 1。在变频器通电时可以安装或拆卸 BOP，如果在电动机运行时拆卸 BOP，变频器将会让电动机自动停车。

用 BOP 设置变频器的参数方法见表 9-8 和表 9-9。表 9-8 为设置参数 P0004=7 的操作方法，表 9-9 为设置参数 P100[0]=1 的操作方法，P1000[0] 表示 P0100 的第 0 组参数（又称下标参数 0）。"r----"参数为只读参数，其显示的是特定的参数值，用户无法修改，"P----"参数的值可以由用户修改。

在用 BOP 设置变频器的参数时，如果面板显示"busy"，表明变频器正在忙于处理更高优先级的任务。

3．故障复位操作

如果变频器运行时发生故障或报警，变频器会出现提示，并按照设定的方式进行默认的处理（一般是停车），此时需要用户查找原因并排除故障，然后在面板上进行故障复位操作。下面以变频器出现"F0003(电压过低)"故障为例，来说明故障复位的操作方式。

当变频器欠电压时，面板会显示故障代码"F0003"。如果故障已经排除，按 Fn 键，变频器会复位到运行准备状态，显示设定频率"5000"并闪烁；若故障仍然存在，则故障代码"F0003"仍会显现。

表 9-8　设置参数 P0004=7 的操作方法

操作步骤		显示结果
1	按 P 访问参数	r0000
2	按 ▲ 直到显示出 P0004	P0004
3	按 P 进入参数值访问级	0
4	按 ▲ 或 ▼ 达到所需要的参数值	7
5	按 P 确认并存储参数值	P0004
6	使用者只能看到电动机的参数	

表 9-9　设置参数 P0100[0]=1 的操作方法

操作步骤		显示结果
1	按 P 键，访问参数	r0000
2	按 ▲ 键，直到显示 P1000	P1000
3	按 P 键，显示 in000，即 P1000 的第 0 组值	in000
4	按 P 键，显示当前参数值 2	2
5	按 ▼ 键，达到所要求的参数值 1	1
6	按 P 键，存储当前设置	P1000
7	按 FN 键，显示 r0000	r0000
8	按 P 键，显示频率	50.00

9.3.3　用 AOP（高级操作板）操作调试变频器

1．AOP 的外形与特点

AOP 与 BOP 一样，也有显示屏和操作按键，但 AOP 功能更为强大，在使用 AOP 连接变频器时，要先将 SDP 或 BOP 从变频器上拆下。用 AOP 可以设置变频器的参数，也可以直接用面板上的按键控制变频器运行，另外还有更多其他功能。在变频器通电情况下，可以安装或拆卸 AOP。

AOP 是可选件，具有以下特点。
- 清晰的多种语言文本显示
- 多组参数组的上装和下载功能
- 可以通过 PC 编程
- 具有连接多个站点的能力，最多可以连接 30 台变频器

图 9-17　AOP 的外形与特点

AOP 的外形与特点如图 9-17 所示。

2．用 AOP 控制变频器运行的参数设置及操作

为了让 AOP 能操作变频器驱动电动机运行（启动、停转、点动等），须设参数 P0700=4（或 5），具体步骤如下。

❶ 在变频器上安装好 AOP。
❷ 用 ▲ 和 ▼ 键选择文本语言的语种。
❸ 按 P 键，确认所选择的文本语种。
❹ 按 P 键，翻过开机"帮助"显示屏幕。
❺ 用 ▲ 和 ▼ 键选择参数。
❻ 按 P 键，确认选择的参数。
❼ 选定所有的参数。
❽ 按 P 键，确认所有选择的参数。
❾ 用 ▲ 和 ▼ 键选择 P0010（参数过滤器）。
❿ 按 P 键，编辑参数值。

⑪ 将 P0010 的访问级设定为 1。
⑫ 按 P 键，确认所做的选择。
⑬ 用 ▲ 和 ▼ 键选择 P0700（选择命令源）。
⑭ 按 P 键，编辑参数值。
⑮ 设置 P0700=4（通过 AOP 链路的 USS 进行设置）。
⑯ 按 P 键，确认所做的选择。
⑰ 用 ▲ 和 ▼ 键选择 P1000（频率设定值源）。
⑱ 设置 P1000=1（让操作面板设定频率有效）。
⑲ 用 ▲ 和 ▼ 键，选择 P0010。
⑳ 按 P 键，编辑参数值。
㉑ 把 P0010 的访问级设定为 0。
㉒ 按 P 键，确认所做的选择。
㉓ 按 Fn 键，返回 r0000。
㉔ 按 P 键，显示标准屏幕。
㉕ 按 键，启动变频器/电动机。
㉖ 用 ▲ 键增加输出。
㉗ 用 ▼ 键减小输出。
㉘ 按 键停止变频器/电动机。

如果将 AOP 用作变频器的常规控制装置，建议用户设定 P2014.1=5000，为此应先设定 P0003=3。P2014 的这一设定值将在变频器与控制源（即 AOP）通信停止时使变频器跳闸。

9.4 MM440 变频器的参数调试及常规操作

MM440 变频器的参数分为 P 型参数（以字母 P 开头）和 r 型参数（以字母 r 开头）。P 型参数是用户可修改的参数。r 型参数为只读参数，主要用于显示一些特定的信息，用户可查看但不能修改它。

9.4.1 变频器所有参数的复位

如果要把变频器所有参数复位到工厂默认值，须将 BOP 或 AOP 连接到变频器，再进行以下操作。

❶ 设置参数过滤器参数 P0010=30（0—准备，1—快速调试，2—用于维修，29—下载，30—工厂设定值）。

❷ 设置工厂复位参数 P0970=1（0—禁止复位，1—参数复位）。

整个复位过程需要约 3min 才能完成。

MM440 变频器所有参数复位的操作流程如图 9-18 所示。

图 9-18 MM440 变频器所有参数复位的操作流程

9.4.2 变频器参数快速调试步骤及说明

MM440 变频器一些常用参数默认值通常是根据西门子标准电动机设置的，如果连接其他类型的电动机，建议在运行前对变频器进行快速调试，即根据电动机及负载具体特性，以及变频器的控制方式等对变频器有关参数进行必要的设置，再来驱动电动机运行。在快速调试时，需要给变频器连接 BOP 或 AOP，也可以使用带调试软件 STARTER 或 DriveMonitor 的 PC 工具。

MM440 变频器参数快速调试流程如图 9-19 所示。在快速调试时，首先要设置用户访问级参数 P0003，如果设 P0003=1，则调试操作时只能看到标准级（即访问级 1）的参数，扩展级（访问级 2）和专家级（访问级 3）的参数不会显示出来。图 9-19 中设置 P0003=3，故快速调试时会显示有关的扩展级和专家级参数。在快速调试过程中，如果对某参数不是很了解，可查看变频器使用手册的参数表，阅读该参数的详细说明。对于一些不是很重要的参数，可以保持默认值。如果调试时不了解电动机的参数，可设参数 P3900=3，让变频器自动检测所连接电动机的参数。

9.4.3 变频器的常规操作

1. 常规操作的前提条件

MM440 变频器常规操作的前提条件如下。

❶ 设置 P0010=0，让变频器进行初始化，进入运行准备状态。

❷ 设置 P0700=1，让 BOP 或 AOP 的启动 / 停止按键操作有效。

❸ 设置 P1000=1，使能 BOP 或 AOP 的电动电位计（即让 ▲ 和 ▼ 键可调节频率来改变电动机转速）。

2. 常规操作

用 BOP 或 AOP 对 MM440 变频器进行常规操作步骤如下。

❶ 按下 ⓘ（运行）键，启动电动机。

❷ 在电动机运转时，按下 ▲（增加）键，使电动机频率升到 50Hz。

❸ 在电动机频率达到 50Hz 时，按下 ▼（减小）键，使电动机转速下降。

❹ 按下 ⓞ（转向）键，改变电动机的运转方向。

❺ 按下 ⓞ（停止）键，让电动机停转。

3. 操作注意事项

在操作 MM440 变频器时，要注意以下事项。

❶ 变频器自身没有主电源开关，电源电压一接通变频器内部就会通电。在按下运行键或 DIN1 端子输入 ON 信号（正转）之前，变频器的输出一直被封锁，处于等待状态。

❷ 如果变频器安装了 BOP 或 AOP，且已设置要显示输出频率（P0005=21），那么在变频器减速停车时，相应的设置值大约每 1s 显示一次。

❸ 在变频器出厂时，已按相同额定功率的西门子四极标准电动机的常规应用对象进行了参数设置。如果用户采用了其他型号的电动机，就必须按电动机铭牌上的规格数据对

有关参数进行重新设置。

❹ 只有 P0010=1 时才能设置、修改电动机参数。

❺ 在启动电动机运行前，必须确保 P0010=0。

图 9-19　MM440 变频器参数快速调试流程

图 9-19 MM440 变频器参数快速调试流程（续）

9.5 西门子 MM440、MM430 和 MM420 变频器的主要区别与技术规格

9.5.1 MM440、MM430 和 MM420 变频器的主要区别

MM440、MM430 和 MM420 变频器的主要区别如下。

（1）MM420、MM440 属于通用型变频器，一般应用于恒转矩负载；MM430 属于水泵风机专用型变频器，一般应用于变转矩负载。

（2）MM420、MM430、MM440 的功率范围不同，MM420 为 0.12～11kW，MM430 为 7.5～250kW，MM440 为 0.12～200kW。

（3）I/O 端子数量区别：

MM420 有 3 个数字输入、1 个数字输出、1 路模拟输入和 1 路模拟输出。
MM430 有 6 个数字输入、3 个数字输出、2 路模拟输入和 2 路模拟输出。
MM440 有 6 个数字输入、3 个数字输出、2 路模拟输入和 2 路模拟输出。

（4）其他区别：

❶ MM430 具有应用于流体设备上的特殊功能，如分级控制、PID 休眠功能、旁路功能等。
❷ MM430 操作面板上具有手动 / 自动切换按钮，MM420/440 无该功能。
❸ MM420、MM 430 仅具有 V/f 控制，而 MM440 不但具有 V/f 控制，还具有矢量控制。
❹ MM420、MM430 无制动单元，MM440 功率小于等于 75kW 时包含内置制动单元，无内置制动单元的 MM440 和 MM420 可以使用外置制动单元。

9.5.2 MM420 变频器的主要技术规格

MM420 变频器的主要技术规格见表 9-10。

表 9-10 MM420 变频器的主要技术规格

项　目	内　容	
电源电压和功率范围	单相交流 200～240V±10%	0.12～3kW
	三相交流 200～240V±10%	0.12～5.5kW
	三相交流 380～480V±10%	037～11kW
输入频率	47～63Hz	
输出频率	0～650Hz	
功率因数	不小于 0.95	
变频器效率	96%～97%	
过载能力	1.5 倍额定输出电流，60s（重复周期每 300s 一次）	
合闸冲击电流	小于额定输入电流	
控制方式	线性 V/f 控制、平方 V/f 控制、多点 V/f 控制、（可编程的 V/f 控制）、磁通电流控制（FCC）	
PWM 频率	16kHz（230V，单相 / 三相交流变频器的标准配置） 4kHz（400V，三相交流变频器的标准配置） 2～16kHz（每级调整 2kHz）	
固定频率	7 个，可编程	
跳转频率	4 个，可编程	

(续表)

项 目	内 容
频率设定值的分辨率	0.01Hz，数字设定 0.01Hz，串行通信设定 10 位二进制数的模拟设定
数字输入	3 个完全可编程的带隔离的数字输入：可切换为 PNP/NPN 型接线
模拟输入	1 个，用于设定值输入或 PI 控制器输入（0～10V），可标定；也可以作为第 4 个数字输入使用
继电器输出	1 个，可组态为 30V DC/5A（电阻性负载），或 250V AC/2A（电感性负载）
模拟输出	1 个，可编程（0～20m/A）
串行接口	RS485、RS232，可选
电动机电缆的长度	不带输出电抗器时　最大 50m（带屏蔽的） 　　　　　　　　　最大 100m（不带屏蔽的） 带有输出电抗器时　参看相关选件
电磁兼容性	变频器可以带有内置 A 级 EMC 滤波器，作为选件，可以带有 EMC 滤波器，使之符合 EN55011 A 级或 B 级标准的要求
制动	直流制动、复合制动
防护等级	IP20
工作温度范围	-10～+50℃
存放温度	-40～+70℃
湿度	相对湿度为 95%，无结露
工作地区的海拔高度	海拔 1000m 以下使用时不降低额定参数
标准额定短路电流（SCCR）	10kA
保护功能	• 欠电压 • 过电压 • 过负载 • 接地故障 • 短路 • 防止电动机失速 • 闭锁电动机 • 电动机过温 • 变频器过温 • 参数互锁

9.5.3　MM430 变频器的主要技术规格

MM430 变频器的主要技术规格见表 9-11。

表 9-11　MM430 变频器的主要技术规格

项　　目	内　　容	
电源电压和功率范围	380～480V±10%，三相交流	7.5～250kW（变转矩）
输入频率	47～63Hz	
输出频率	7.5～90kW 110～250kW	0～650Hz 0～267Hz
功率因数	不小于 0.95	
变频器效率	7.5～90kW 110～250kW	96%～97% 97%～98%

(续表)

项　目	内　容
过载能力	7.5～90kW： 可达 1.4× 额定输出电流（即允许过载 140%），持续时间 3s，重复周期时间 300s；或 1.1× 额定输出电流（即允许过载 110%），持续时间 60s，重复周期时间 300s 110～250kW： 可达 1.5× 额定输出电流（即允许过载 150%），持续时间 1s，重复周期时间 300s；或 1.1× 额定输出电流（即允许过载 110%），持续时间 59s，重复周期时间 300s
合闸冲击电流	小于额定输入电流
控制方法	线性 V/f 控制、平方 V/f 控制、多点 V/f 控制 (可编程的 V/f 控制)、磁通电流控制（FCC）、节能控制方式
脉冲调制频率	7.5～90kW： 4kHz（标准的设置）； 2～16kHz（每级可调整 2kHz）。 110～250kW： 2kHz（标准的设置）； 2～4 kHz（每级可调整 2kHz）
固定频率	15 个，可编程
跳转频率	4 个，可编程
设定值的分辨率	0.01Hz 数字输入 0.01Hz 串行通信输入 10 位二进制数的模拟输入
数字输入	6 个可自由编程的数字输入，带电位隔离，可以切换为 PNP/NPN 型接线
模拟输入	2 个，可编程 • 0～10V，0～20mA，-10～+10V（AIN1） • 0～10V，0～20mA（AIN2） • 两个模拟输入可以作为第 7 和第 8 个数字输入
继电器输出	3 个，可编程，30V DC/5A（电阻性负载），250V AC/2A（电感性负载）
模拟输出	2 个，可编程（0/4～20mA）
串行接口	RS485，可选 RS232
电动机电缆的长度	7.5～90kW： 不带输出电抗器时　　　最大 50m（带屏蔽的） 　　　　　　　　　　　最大 100m（不带屏蔽的） 带有输出电抗器时　　　参看相关的选件 110～250kW： 不带输出电抗器时　　　最大 200m（带屏蔽的） 　　　　　　　　　　　最大 300m（不带屏蔽的） 带有输出电抗器时　　　参看相关的选件
电磁兼容性	7.5～90kW：　　　　　　变频器带有内置 A 级滤波器 变频器不带滤波器的情况下， 7.5～15.0kW：　　　　　EMC 滤波器，作为选件可采用 B 级，符合 EN55011 标准的要求 18.5～90.0kW：　　　　 EMC 滤波器，作为选件可采用 Schaffner 制造的 B 级滤波器 110～250kW：　　　　　EMC 滤波器，作为选件可采用 A 级
制动	直流注入制动、复合制动
防护等级	IP20
运行温度范围	7.5～90kW：　　　　　-10～+40℃（+14～+104℉） 110～250kW：　　　　0～+40℃（+32～+104℉）
存放温度	-40～+70℃（-40～+158℉）
相对湿度	小于 95% 相对湿度，无结露
工作地区的海拔高度	7.5～90kW：1000m 以下无须降低额定值运行 110～250kW：2000m 以下无须降低额定值运行
标准额定短路电流（SCCR'）	FSC：10kA FSD、FSE、FSF、FSFX、FSGX：42kA

(续表)

项 目	内 容
保护功能	• 欠电压 • 过电压 • 过负载 • 接地故障 • 短路 • 防止电动机失速 • 闭锁电动机 • 电动机过温 • 变频器过温 • 参数互锁

9.5.4　MM440 变频器的主要技术规格

MM440 变频器的主要技术规格见表 9-12。

表 9-12　MM440 变频器的主要技术规格

项　目	内　容		
电源电压和功率范围		CT（恒转矩）	VT（变转矩）
	1AC 200～240V±10%	0.12～3kW	—
	3AC 200～240V±10%	0.12～45kW	5.5～45kW
	3AC 380～480V±10%	0.37～200kW	7.5～250kW
	3AC 500～600V±10%	0.75～75kW	1.5～90kW
输入频率	47～63Hz		
输出频率	0.12～75kW	0～650Hz(V/f方式)	0～200Hz(矢量控制方式)
	90～200kW	0～267Hz(V/f方式)	0～200Hz(矢量控制方式)
功率因数	不小于 0.95		
变频器效率	96%～97%		
过载能力（恒转矩）			
- 恒转矩（CT）: 0.12～75kW	1.5× 额定输出电流（即 150% 过载），持续时间 60s，间隔周期时间 300s；		
	2.0× 额定输出电流（即 200% 过载），持续时间 3s，间隔周期时间 300s		
90～200kW	1.36× 额定输出电流（即 136% 过载），持续时间 57s，间隔周期时间 300s；		
	1.60× 额定输出电流（即 160% 过载），持续时间 3s，间隔周期时间 300s		
- 变转矩（VT）: 5.5～90kW	1.4× 额定输出电流（即 140% 过载），持续时间 3s，间隔周期时间 300s；		
	1.1× 额定输出电流（即 110% 过载），持续时间 60s，间隔周期时间 300s		
110～250kW	1.5× 额定输出电流（即 150% 过载），持续时间 1s，间隔周期时间 300s；		
	1.1× 额定输出电流（即 110% 过载），持续时间 59s，间隔周期时间 300s		
合闸冲击电流	小于额定输入电流		
控制方式	矢量控制、转矩控制、线性 V/f 控制、平方 V/f 控制、多点 V/f 控制（可编程 V/f 控制）、磁通电流控制（FCC）		
脉冲宽度调制（PWM）频率 0.12～75kW	4kHz(标准配置);16kHz(230V，0.12～5.5kW 变频器的标准配置); 2～16kHz（每级调整 2kHz）		
90～200kW	2kHz(VT 运行方式下的标准配置); 4kHz(CT 运行方式下的标准配置); 2～8kHz（每级调整 2kHz）		
固定频率	15 个，可编程		
跳转频率	4 个，可编程		

(续表)

项　目	内　容
设定值的分辨率	0.01Hz 数字输入 0.01Hz 串行通信输入 10 位二进制数的模拟输入
数字输入	6 个，可编程（带电位隔离），可切换为高电平 / 低电平有效（PNP/NPN 线路）
模拟输入	2 个可编程的模拟输入 • 0～10V，0～20mA 和 -10～+10V（AIN1） • 0～10V，0～20mA（AIN2） • 两个模拟输入可以作为第 7 和第 8 个数字输入使用
继电器输出	3 个可编程 30V DC/5A（电阻性负载），250V AC/2A（电感性负载）
模拟输出	2 个，可编程（0～20mA）
串行接口	RS485，可选 RS232
电动机电缆的长度 不带输出电抗器 0.12～75kW 　　　　　　　90～250kW 带有输出电抗器	最长 50m（带屏蔽的），最长 100m（不带屏蔽的） 最长 200m（带屏蔽的），最长 300m（不带屏蔽的） 参看相关的选件
电磁兼容性	可选用 EMC A 级或 B 级滤波器，符合 EN55011 标准的要求，也可以采用带有内置 A 级滤波器的变频器
制动	带直流注入制动的电阻制动、复合制动、集成的制动斩波器（集成的制动斩波器仅限功率为 0.12～75kW 的变频器）
防护等级	IP20
温度范围　0.12～75kW （不降格）　90～200kW	-10～+50℃（CT） -10～+40℃（VT） 0～+40℃
存放温度	-40～+70℃
相对湿度	小于 95%RH，无结露
工作地区的海拔高度 　　0.12～75kW 　　90～200kW	海拔 1000m 以下无须降低额定值运行 海拔 2000m 以下无须降低额定值运行
标准额定短路电流（SCCR'）	FSA、FSB、FSC：10kA FSD、FSE、FSF、FSFX、FSGX：42kA
保护功能	• 欠电压 • 过电压 • 过负载 • 接地故障 • 短路 • 电动机失速保护 • 电动机锁定 • 电动机过温 • 变频器过温 • 参数 PIN 保护

第10章 变频器的典型应用电路

10.1 用变频器输入端子控制电动机正反转和面板键盘调速的电路

具体控制要求如下。

用两个开关控制变频器驱动电动机运行,一个开关控制电动机正转和停转,一个开关控制电动机反转和停转,电动机加速和减速时间均为10s,电动机转速可使用BOP或AOP来调节。

10.1.1 电路接线

用变频器数字量输入端子控制电动机正反转和面板键盘调速的电路如图10-1所示,SA1、SA2分别用于控制电动机正转、反转,电动机调速由BOP或AOP来完成。

图10-1 用变频器数字量输入端子控制电动机正反转和面板键盘调速的电路

10.1.2 参数设置

在参数设置时,一般先将变频器所有参数复位到工厂默认值,然后设置电动机参数,再设置其他参数。

(1)将变频器所有参数复位到工厂默认值。在BOP或AOP上先设置参数P0010=3,再设置工厂复位参数P0970=1,然后按下P键,开始参数复位,大约3min完成复位过程,变频器的参数复位到工厂默认值。

(2)设置电动机的参数。在设置电动机参数时,设置P0100=1,进入参数快速调试,按照电动机铭牌设置电动机的一些主要参数,具体见表10-1。电动机参数设置完成后,再设P0100=0,让变频器退出快速调试,进入准备运行状态。

(3)其他参数设置。其他参数主要用于设置数字量输入端子功能、调速方式和电动机转速的频率范围等,具体见表10-2。

表 10-1 电动机参数的设置

参 数 号	工厂默认值	设置值及说明
P0003	1	1—设用户访问级为标准级
P0010	0	1—快速调试
P0100	0	0—工作地区：功率用 kW 表示，频率为 50Hz
P0304	230	380—电动机额定电压（V）
P0305	3.25	0.95—电动机额定电流（A）
P0307	0.75	0.37—电动机额定功率（kW）
P0308	0	0.8—电动机额定功率因数（$\cos\varphi$）
P0310	50	50—电动机额定频率（Hz）
P0311	0	2800—电动机额定转速（r/min）

表 10-2 其他参数的设置

参 数 号	工厂默认值	设置值及说明
P0003	1	1—设用户访问级为标准级
P0700	2	2—命令源选择由端子排输入
P0701	1	1—ON 接通正转，OFF 停止
P0702	12	2—ON 接通反转，OFF 停止
P1000	2	1—由 BOP 或 AOP 面板键盘（电动电位计）输入频率设定值
P1080	0	0—电动机运行的最低频率（Hz）
P1082	50	50—电动机运行的最高频率（Hz）
P1040	5	30—设置键盘控制的频率值（Hz）

10.1.3 操作过程及电路说明

1．正转控制过程

当 SA1 开关闭合时，变频器的 DIN1 端（5 脚）输入为 ON，驱动电动机开始正转，在 10s 加速到 30Hz（对应电动机转速为 1680r/min），并稳定运行在 30Hz。电动机加速时间（即斜坡上升时间）由参数 P1120=10s（默认值）决定，面板键盘调速前的电动机稳定转速 30Hz 由参数 P1040=30 决定。当 SA1 开关断开时，变频器的 DIN1 端输入为 OFF，电动机在 10s 减速到停止，电动机减速时间（即斜坡下降时间）由参数 P1121=10（默认值）决定。

2．反转控制过程

当 SA2 开关闭合时，变频器的 DIN2 端（6 脚）输入为 ON，驱动电动机开始反转，在 10s 加速到 30Hz（对应电动机转速为 1680r/min），并稳定运行在 30Hz。当 SA2 开关断开时，变频器的 DIN2 端输入为 OFF，电动机在 10s 减速到停止。与正转控制一样，电动机加速时间、稳定转速、减速时间分别由参数 P1120、P1040、P1121 决定。

3．面板键盘调速过程

当操作 BOP 或 AOP 上的 ▽ 键时，变频器输出频率下降，电动机转速下降，转速最低频率由 P1080=0 决定；当操作面板上的 △ 键时，变频器输出频率上升，电动机转速升高，转速最高频率由 P1082=50（对应电动机额定转速 2800r/min）决定。

10.2 变频器输入端子控制电动机正反转和电位器调速的电路

具体控制要求如下。

用变频器外接的两个开关分别控制电动机正转和反转，用变频器外接的电位器对电动机进行调速。

10.2.1 电路接线

用变频器外接开关控制电动机正反转和电位器调速的电路如图 10-2 所示，SA1、SA2 分别控制电动机正转、反转，RP 用于对电动机进行调速。

10.2.2 参数设置

（1）复位变频器所有参数到工厂默认值。同 10.1.2 节（1）。

（2）设置电动机的参数。同 10.1.2 节（2）。

（3）其他参数设置。其他参数主要用于设置数字量输入端子功能、调速方式和电动机转速的频率范围等，具体见表 10-3。

图 10-2 用变频器外接开关控制电动机正反转和电位器调速的电路

表 10-3 其他参数的设置

参数号	工厂默认值	设置值及说明
P0003	1	1—设用户访问级为标准级
P0700	2	2—命令源选择由端子排输入
P0701	1	1—ON 接通正转，OFF 停止
P0702	12	2—ON 接通反转，OFF 停止
P1000	2	2—频率设定值选择为模拟输入
P1080	0	0—电动机运行的最低频率（Hz）
P1082	50	50—电动机运行的最高频率（Hz）

若变频器只有 SOP（无操作按键），就无法进行参数设置，只能让变频器参数按工厂默认值工作，变频器参数的工厂默认值为外部端子操作有效。采取参数工厂默认值是可以使用外部端子操作变频器运行的，但变频器驱动电动机时无法发挥出良好性能。

10.2.3 操作过程及电路说明

1. 正转和调速控制过程

当 SA1 开关闭合时，变频器的 DIN1 端（5 脚）输入为 ON，驱动电动机正转，调节 AIN1 端（3、4 脚）的 RP 电位器，AIN 端的输入电压在 0 ~ 10V 范围内变化，对应变频器输出频率在 0 ~ 50Hz 范围内变化，电动机转速则在 0 ~ 2800 r/min 范围内变化。当 SA1 开关断开时，变频器的 DIN1 端输入为 OFF，电动机停止运转。

2．反转和调速控制过程

当 SA2 开关闭合时，变频器的 DIN2 端（6 脚）输入为 ON，驱动电动机反转，调节 AIN1 端（3、4 脚）的 RP 电位器，AIN 端的输入电压在 0 ~ 10V 范围内变化，对应变频器输出频率在 0 ~ 50Hz 范围内变化，电动机转速则在 0 ~ 2800 r/min 范围内变化。当 SA2 开关断开时，变频器的 DIN2 端输入为 OFF，电动机停止运转。

10.3 变频器的多段速控制功能及应用电路

10.3.1 变频器多段速控制的三种方式

MM440 变频器可以通过 DIN1 ~ DIN6 六个数字量输入端子，控制电动机最多能以 15 种速度运行，并且从一种速度可直接切换到另一种速度，该功能称为变频器的多段速功能（又称多段固定频率功能）。变频器实现多段速控制有以下几种方式。

1．直接选择方式（P0701 ~ P0706=15）

直接选择方式是指用 DIN1 ~ DIN6 端子直接选择固定频率，一个端子可以选择一个固定频率。在使用这种方式时，先设参数 P0701 ~ P0706=15，将各 DIN 端子功能设为直接选择方式选择固定频率，再在各端子的固定频率参数 P1001 ~ P1006 中设置固定频率，最后设置 P1000=3，将频率来源指定为参数设置的固定频率。

在直接选择方式下，变频器各 DIN 端子的对应功能设置参数和固定频率设置参数见表 10-4。例如，DIN1 端子（5 脚）的功能设置参数是 P0701，对应的固定频率设置参数为 P1001。

表 10-4 变频器各 DIN 端子的对应功能设置参数和固定频率设置参数

变频器端子号	端子功能设置参数	对应的固定频率设置参数	说　明
5	P0701	P1001	1. P0701 ~ P0706 参数值均设为 15，将各对应端子的功能设为直接选择固定频率；参数值设为 16 则为直接选择 +ON 命令方式。 2. P1000 应设为 3，将频率设定值选择设为固定频率。 3. 当多个选择同时激活时，选定的频率是它们的总和
6	P0702	P1002	
7	P0703	P1003	
8	P0704	P1004	
16	P0705	P1005	
17	P0706	P1006	

2．直接选择 +ON 命令方式（P0701 ~ P0706=16）

直接选择 +ON 命令方式是指 DIN1 ~ DIN6 端子能直接选择固定频率，还具有启动功能，即用 DIN 端子可直接启动电动机，并按设定的固定频率运行。在使用这种方式时，应设参数 P0701 ~ P0706=16，将各 DIN 端子功能设为直接选择 +ON 命令方式选择固定频率，其他参数设置与直接选择方式相同，见表 10-5。

3. 二进制编码选择 +ON 命令方式（P0701～P0704=17）

二进制编码选择 +ON 命令方式是指用 DIN1～DIN4 四个端子组合来选择固定频率（最多可选择 15 个固定频率），在选择时兼有启动功能。在使用这种方式时，应设参数 P0701～P0704=17，将各 DIN 端子功能设为二进制编码选择 +ON 命令方式选择固定频率，DIN1～DIN4 端子的输入状态与对应选择的固定频率参数见表 10-5，固定频率参数用于设置具体的固定频率值。例如，当 DIN1 端子输入为 ON（表中用 1 表示）时，变频器按 P1001 设置的固定频率输出电源去驱动电动机；当 DIN1、DIN2 端子都输入 ON 时，变频器按 P1003 设置的固定频率输出。

表 10-5 DIN1～DIN4 端子的输入状态与对应选择的固定频率参数

DIN4（端子8）	DIN3（端子7）	DIN2（端子6）	DIN1（端子5）	固定频率参数
0	0	0	1	P1001
0	0	1	0	P1002
0	0	1	1	P1003
0	1	0	0	P1004
0	1	0	1	P1005
0	1	1	0	P1006
0	1	1	1	P1007
1	0	0	0	P1008
1	0	0	1	P1009
1	0	1	0	P1010
1	0	1	1	P1011
1	1	0	0	P1012
1	1	0	1	P1013
1	1	1	0	P1014
1	1	1	1	P1015

10.3.2 变频器多段速控制应用电路

1. 控制要求

用三个开关对变频器进行多段速控制，其中一个开关用于控制电动机的启动和停止，另外两个开关组合对变频器进行 3 段速运行控制。

2. 电路接线

用三个开关对变频器进行多段速控制的电路如图 10-3 所示，SA3 用于控制电动机启动和停止，SA1、SA2 组合对变频器进行 3 段速运行控制。

3. 参数设置

（1）将变频器所有参数复位到工厂默认值。同 10.1.2 节（1）。

图 10-3 用三个开关对变频器进行多段速控制的电路

（2）设置电动机的参数。同 10.1.2 节（2）。

（3）其他参数设置。其他参数主要用于设置 DIN 端子的多段速控制方式和多段固定频率值等，具体见表 10-6。将 DIN 端子设为二进制编码选择 +ON 命令方式控制多段速，3 段速频率分别设为 15Hz、30Hz、50Hz。

表 10-6 DIN 端子的多段速控制方式和多段固定频率值的参数设置

参　数　号	工厂默认值	设置及说明
P0003	1	1—设用户访问级为标准级
P0700	2	2—命令源选择由端子排输入
P0701	1	17—选择固定频率（二进制编码选择 +ON 命令）
P0702	1	17—选择固定频率（二进制编码选择 +ON 命令）
P0703	1	1—ON 接通正转，OFF 停止
P1000	2	3—选择固定频率设定值
P1001	0	15—设定固定频率 1（Hz）
P1002	5	30—设定固定频率 2（Hz）
P1003	10	50—设定固定频率 3（Hz）

4．操作过程及电路说明

当开关 SA3 闭合时，DIN3 端子输入为 ON，变频器启动电动机运行。

1）第 1 段速控制

将 SA2 断开、SA1 闭合，DIN2=0（OFF）、DIN1=1（ON），变频器按 P1001 设置值输出频率为 15Hz 的电源去驱动电动机，电动机的转速为 840r/min（即 2800 r/min×15/50=840r/min）。

2）第 2 段速控制

将 SA2 闭合、SA1 断开，DIN2=1（ON）、DIN1=0（OFF），变频器按 P1002 设置值输出频率为 30Hz 的电源去驱动电动机，电动机的转速为 1680r/min。

3）第 3 段速控制

将 SA2 闭合、SA1 闭合，DIN2=1（ON）、DIN1=1（ON），变频器按 P1003 设置值输出频率为 50Hz 的电源去驱动电动机，电动机的转速为 2800r/min。

4）停止控制

将 SA2、SA1 都断开，DIN2、DIN1 端输入均为 OFF，变频器停止输出电源，电动机停转。另外，在电动机运行任何一个频率时，将 SA3 开关断开，DIN3 端子输入为 OFF，电动机也会停转。

10.4 变频器的 PID 控制电路

PID 控制原理详见 6.16.1 节内容。

10.4.1 MM440 变频器的 PID 原理图及有关参数

西门子 MM440 变频器的 PID 原理图及有关参数如图 10-4 所示，其给定信号由参数

P2253 设定（见表 10-7），反馈信号由参数 P2264 设定（见表 10-8）。

图 10-4　西门子 MM440 变频器的 PID 原理图及有关参数

表 10-7　MM440 变频器 PID 给定源设置参数

PID 给定源参数	设定值	功能解释	说　明
P2253	=2250	BOP	通过改变 P2240 改变目标值
	=755.0	模拟通道 1	通过模拟量大小来改变目标值
	=755.1	模拟通道 2	

表 10-8　MM440 变频器 PID 反馈源设置参数

PID 反馈源参数	设定值	功能解释	说　明
P2264	=755.0	模拟通道 1	当模拟量波动较大时，可适当加大滤波
	=755.1	模拟通道 2	时间（由 P2265 设定），确保系统稳定

10.4.2　MM440 变频器的 PID 控制恒压供水电路

1．电路接线

西门子 MM440 变频器的 PID 控制恒压供水电路如图 10-5 所示，SA1 用于启动/停止电动机，BOP 或 AOP 面板用于设置给定信号源和有关参数，压力传感器用于将水位高低转换成相应大小的电流（0～20mA 范围内），以作为 PID 控制的反馈信号。为了让变频器 AIN2 端为电流输入方式接收反馈信号，须将面板上的 AIN2 设置开关置于"ON"位置。

2．参数设置

（1）将变频器所有参数复位到工厂默认值。同 10.1.2 节（1）。

（2）设置电动机的参数。在设置电动机参数时，设置 P0100=1，进入参数快速调试，按照电动机铭牌设置电动机的一些主要参数，可见表 10-9。电动机参数设置完成后，再设 P0100=0，让变频器退出快速调试，进入准备运行状态。

（3）其他参数设置。PID 控制的参数设置主要有控制参数设置（见表 10-9）、给定参数设置（见表 10-10）、反馈参数设置（见表 10-11）和 PID 参数设置（见表 10-12）。

图 10-5　西门子 MM440 变频器的 PID 控制恒压供水电路

表 10-9　控制参数的设置及说明

参 数 号	工厂默认值	设置值及说明
P0003	1	2—用户访问级为扩展级
P0004	0	0—参数过滤显示全部参数
P0700	2	2—由端子排输入（选择命令源）
*P0701	1	1—端子 DIN1 功能为 ON 接通正转 /OFF 停车
*P0702	12	0—端子 DIN2 禁用
*P0703	9	0—端子 DIN3 禁用
*P0704	0	0—端子 DIN4 禁用
P0725	1	1—端子 DIN 输入为高电平有效
P1000	2	1—频率设定由 BOP（▲▼）设置
*P1080	0	20—电动机运行的最低频率（下限频率）(Hz)
*P1082	50	50—电动机运行的最高频率（上限频率）(Hz)
P2200	0	1—PID 控制功能有效

注：标"*"的参数可根据用户的需要改变。

表 10-10　给定参数（目标参数）的设置及说明

参 数 号	工厂默认值	设置值及说明
P0003	1	3—用户访问级为专家级

(续表)

参数号	工厂默认值	设置值及说明
P0004	0	0—参数过滤显示全部参数
P2253	0	2250—已激活的PID设定值（PID设定值信号源）
*P2240	10	60—由面板BOP（▲▼）设定的目标值（%）
*P2254	0	0—无PID微调信号源
*P2255	100	100—PID设定值的增益系数
*P2256	100	0—PID微调信号增益系数
*P2257	1	1—PID设定值的斜坡上升时间
*P2258	1	1—PID设定值的斜坡下降时间
*P2261	0	0—PID设定值无滤波

注：标"*"的参数可根据用户的需要改变。

表10-11　反馈参数的设置及说明

参数号	工厂默认值	设置值及说明
P0003	1	3—用户访问级为专家级
P0004	0	0—参数过滤显示全部参数
P2264	755.0	755.1—PID反馈信号由AIN2+（即模拟输入2）设定
*P2265	0	0—PID反馈信号无滤波
*P2267	100	100—PID反馈信号的上限值（%）
*P2268	0	0—PID反馈信号的下限值（%）
*P2269	100	100—PID反馈信号的增益（%）
*P2270	0	0—不用PID反馈器的数学模型
*P2271	0	0—PID传感器的反馈形式为正常

注：标"*"的参数可根据用户的需要改变。

表10-12　PID参数的设置及说明

参数号	工厂默认值	设置值及说明
P0003	1	3—用户访问级为专家级
P0004	0	0—参数过滤显示全部参数
*P2280	3	25—PID比例增益系数
*P2285		5—PID积分时间
*P2291	100	100—PID输出上限（%）
*P2292	0	0—PID输出下限（%）
*P2293	1	1—PID限幅的斜坡上升/下降时间（s）

注：标"*"的参数可根据用户的需要改变。

3．操作过程及说明

（1）启动运行。闭合开关SA1，变频器的DIN1端输入为ON，马上输出电源驱动电动机运行，电动机带动水泵往水池中抽水。

（2）PID 控制过程。电动机带动水泵往水池抽水时，水池中的水一部分从出水口流出，另一部分经阀门流向压力传感器，水池的水位越高，压力传感器承受的压力越大，其导通电阻越小，流往变频器 AIN2 端的电流越大（电流途径为：DC 24V+ → AIN2+ 端子 → AIN2 内部电路 → AIN2- 端子 → 压力传感器 → DC 24V-）。

如果 AIN2 端输入的反馈电流小于给定值 12mA（给定值由 P2240 设定，其值设为 60，表示为最大电流 20mA 的 60%），表明水池水位低于要求的水位，变频器在内部将反馈电流与给定值进行 PID 运算，再控制电动机升速，水泵抽水量增大，水位快速上升。如果水位超过了要求的水位，AIN2 端输入的反馈电流大于给定值 12mA，变频器控制电动机降速，水泵抽水量减少（少于出水口流出的水量），水位下降。总之，当水池水位超过了要求的水位时，通过变频器 PID 电路的比较运算，控制电动机升速；反之，控制电动机降速，让水池的水位在要求的水位上下小幅波动。

（3）停止运行。断开开关 SA1，变频器的 DIN1 端输入为 OFF，会停止输出电源，电动机停转。

更改参数 P2240 的值可以改变给定值（也称目标值），从而改变水池水位（也即改变水压高低）。P2240 的值是以百分比表示的，可以用 BOP 或 AOP 上的增、减键改变。当设置 P2231=1 时，用增、减键改变的 P2240 值会被保存到变频器；当设置 P2232=0 时，用增、减键可将 P2240 的值设为负值。

第 11 章 变频器与 PLC 的综合应用

11.1 PLC 控制变频器驱动电动机延时正反转的电路

具体控制要求如下。

用三个开关操作 PLC 控制变频器驱动电动机延时正反转运行,一个开关用于正转控制,一个开关用于停转控制,一个开关用于反转控制。当正转开关闭合时,延时 20s,然后电动机正转运行,运行频率为 30Hz(对应电动机转速为 1680r/min);当停转开关闭合时,电动机停转;当反转开关闭合时,延时 15s 电动机反转运行,运行频率为 30Hz(对应电动机转速为 1680r/min)。

11.1.1 PLC 输入/输出(I/O)端子的分配

PLC 采用西门子 S7-200 系列中的 CPU221 DC/DC/DC,其输入/输出端子的分配见表 11-1。

表 11-1 PLC 输入/输出(I/O)端子的分配

输入			输出		
输入端子	外接部件	功能	输出端子	外接部件	功能
I0.1	SB1	正转控制	Q0.1	连接变频器的 DIN1 端子	正转/停转控制
I0.2	SB2	反转控制	Q0.2	连接变频器的 DIN2 端子	反转/停转控制
I0.3	SB3	停转控制			

11.1.2 电路接线

用三个开关操作 PLC 控制变频器驱动电动机延时正反转的电路如图 11-1 所示,SB1 为正转开关,控制电动机正转;SB2 为反转开关,控制电动机反转;SB3 为停转开关,控制电动机停转。

图 11-1 PLC 控制变频器驱动电动机延时正反转的电路

11.1.3 变频器参数设置

在参数设置时,一般先将变频器所有参数复位到工厂默认值,然后设置电动机参数,再设置其他参数。

(1)将变频器所有参数复位到工厂默认值。同 10.1.2 节(1)。

(2)设置电动机的参数。同 10.1.2 节(2)。

(3)其他参数设置。其他参数主要用于设置数字量输入端子功能、调速方式和电动机转速的频率范围等，具体见表 11-2。

表 11-2　其他参数的设置

参　数　号	工厂默认值	设置值及说明
P0003	1	1—设用户访问级为标准级
P0700	2	2—命令源由端子排输入
P0701	1	1—ON 接通正转，OFF 停止
P0702	1	2—ON 接通反转，OFF 停止
P1000	2	1—频率设定值为键盘（MOP）设定值
P1080	0	0—电动机运行的最低频率（Hz）
P1082	50	50—电动机运行的最高频率（Hz）
P1120	10	5—斜坡上升时间（s）
P1121	10	10—斜坡下降时间（s）
P1040	5	30—设定键盘控制的频率值（Hz）

11.1.4　PLC 控制程序及说明

用三个开关操作 PLC 控制变频器驱动电动机延时正反转的 PLC 程序及说明见表 11-3。

表 11-3　用三个开关操作 PLC 控制变频器驱动电动机延时正反转的 PLC 程序及说明

程序及操作说明	梯　形　图
1. 正转和停转控制过程 按下正转开关 SB1，PLC 的 I0.1 端子输入为 ON，这会使 PLC 程序中的 [网络 1]I0.1 常开触点闭合，辅助继电器 M0.0 线圈得电，同时定时器 T37 得电开始 20s 计时。M0.0 线圈得电，一方面使 [网络 1]M0.0 自锁常开触点闭合，锁定 M0.0 线圈得电；另一方面使 [网络 2]M0.0 常开触点闭合，为 Q0.1 线圈得电做准备。20s 后，定时器 T37 计时时间到而产生动作，[网络 2]T37 常开触点闭合，Q0.1 线圈得电，Q0.1 端子内部的硬件触点闭合，变频器 DIN1 端子输入为 ON，变频器输出电源启动电动机正转，电动机在 5s（由 P1120=5 决定）运行频率达到 30Hz（由 P1040=30 决定），对应的电动机转速为 1680r/min（2800 r/min×30/50）。 按下停转开关 SB3，PLC 的 I0.3 端子输入为 ON，这会使 PLC 程序中的 [网络 1]I0.3 常闭触点断开，辅助继电器 M0.0 线圈失电，同时定时器 T37 失电。M0.0 线圈失电，一方面使 [网络 1]M0.0 自锁常开触点断开，解除自锁；另一方面使 [网络 2]M0.0 常开触点断开，Q0.1 线圈失电，Q0.1 端子内部的硬件触点断开，变频器 DIN1 端子输入为 OFF，变频器输出电源频率下降，电动机减速，在 10s（由 P1121=10 决定）内频率下降到 0Hz，电动机停转。	网络1 I0.1——I0.3——I0.2——(M0.0) M0.0 　　　　　　　　　　T37 　　　　　　　　　　IN TON 　　　　　　　200—PT 100ms 网络2 M0.0——T37——(Q0.1) 网络3 I0.2——I0.3——I0.1——(M0.1) M0.1 　　　　　　　　　　T38 　　　　　　　　　　IN TON 　　　　　　　150—PT 100ms 网络4 M0.1——T38——(Q0.2)

(续表)

程序及操作说明	梯 形 图
2. 反转和停转控制过程 按下反转开关 SB2，PLC 的 I0.2 端子输入为 ON，PLC 程序中的 [网络 3]I0.2 常开触点闭合，辅助继电器 M0.1 线圈得电，同时定时器 T38 得电开始 15s 计时。M0.1 线圈得电，一方面使 [网络 3]M0.1 自锁常开触点闭合，锁定 M0.1 线圈得电；另一方面使 [网络 4]M0.1 常开触点闭合，为 Q0.2 线圈得电做准备。15s 后，定时器 T38 计时时间到而产生动作，[网络 4]T38 常开触点闭合，Q0.2 线圈得电，Q0.2 端子内部的硬件触点闭合，变频器 DIN2 端子输入为 ON，变频器输出电源启动电动机反转，电动机在 5s 运行频率达到 30Hz，对应的电动机转速为 1680r/min。 按下停转开关 SB3，PLC 的 I0.3 端子输入为 ON，这会使 PLC 程序中的 [网络 3]I0.3 常闭触点断开，辅助继电器 M0.1 线圈失电，同时定时器 T38 失电。M0.1 线圈失电，一方面使 [网络 3]M0.1 自锁常开触点断开，解除自锁；另一方面使 [网络 4]M0.1 常开触点断开，Q0.2 线圈失电，Q0.2 端子内部的硬件触点断开，变频器 DIN2 端子输入为 OFF，变频器输出电源频率下降，电动机减速，在 10s 内频率下降到 0Hz，电动机停转	

11.2 PLC 控制变频器实现多段速运行的电路

具体控制要求如下。

用两个开关操作 PLC 来控制变频器驱动电动机多段速运行，一个开关用作启动开关，另一个开关用作停止开关。当启动开关闭合时，电动机启动并按第 1 段速运行，30s 后，电动机按第 2 段速运行，再延时 30s 后，电动机按第 3 段速运行。当停止开关闭合时，电动机停转。

11.2.1 PLC 输入/输出（I/O）端子的分配

PLC 采用西门子 S7-200 系列中的 CPU221 DC/DC/DC，其输入/输出端子的分配见表 11-4。

表 11-4 PLC 输入/输出（I/O）端子的分配

输 入			输 出		
输入端子	外接部件	功 能	输出端子	外接部件	功 能
I0.1	SB1	启动控制	Q0.1	连接变频器的 DIN1 端子	用于 3 段速控制
I0.2	SB2	停止控制	Q0.2	连接变频器的 DIN2 端子	用于 3 段速控制
			Q0.3	连接变频器的 DIN3 端子	用于启/停控制

11.2.2 电路接线

用两个开关操作 PLC 控制变频器驱动电动机多段速运行的电路如图 11-2 所示，SB1 为启动开关，用于启动电动机运转；SB2 为停止开关，用于控制电动机停转。

图 11-2　用两个开关操作 PLC 控制变频器驱动电动机多段速运行的电路

11.2.3 变频器参数设置

（1）将变频器所有参数复位到工厂默认值。同 10.1.2 节（1）。

（2）设置电动机的参数。同 10.1.2 节（2）。

（3）其他参数设置。其他参数主要用于设置 DIN 端子的多段速控制方式和多段固定频率值等，具体见表 11-5，将 DIN 端子设为二进制编码选择 +ON 命令方式控制多段速，3 段速频率分别设为 15Hz、30Hz、50Hz。

表 11-5　DIN 端子的多段速控制方式和多段固定频率值的参数设置

参　数　号	工厂默认值	设置值及说明
P0003	1	1—设用户访问级为标准级
P0700	2	2—命令源选择由端子排输入
P0701	1	17—选择固定频率（二进制编码选择 +ON 命令）
P0702	1	17—选择固定频率（二进制编码选择 +ON 命令）
P0703	1	1—ON 接通正转，OFF 停止
P1000	2	3—选择固定频率设定值

(续表)

参 数 号	工厂默认值	设置值及说明
P1001	0	15—设定固定频率 1（Hz）
P1002	5	30—设定固定频率 2（Hz）
P1003	10	50—设定固定频率 3（Hz）

11.2.4　PLC 控制程序及说明

用两个开关操作 PLC 控制变频器驱动电动机多段速运行的 PLC 程序及说明见表 11-6。

表 11-6　用两个开关操作 PLC 控制变频器驱动电动机多段速运行的 PLC 程序及说明

程序及操作说明	梯　形　图
当启动开关 SB1 闭合时，PLC 的 I0.1 端子输入为 ON，PLC 程序［网络 1］中的 I0.1 常开触点闭合，线圈 Q0.3 被置位为 1（得电），这会使：①［网络 2］中的 Q0.3 常开触点闭合，定时器 T37 得电，开始 30s 计时；② PLC 的 Q0.3 端子内部的硬件触点闭合，变频器 DIN3 端子输入为 ON，由于变频器参数设置时已将 DIN3 端子设为启/停功能，该端子输入为 ON 时，变频器输出电源，启动电动机运转；③［网络 4］中的 Q0.3 常开触点闭合，Q0.1 线圈得电，PLC 的 Q0.1 端子内部的硬件触点闭合，变频器 DIN1 端子输入为 ON，此时 PLC 的 Q0.2 端子内部的硬件触点处于断开状态，变频器 DIN2 端子输入为 OFF。DIN2=0、DIN1=1 使变频器输出第 1 段 15Hz 的频率，电动机转速为 840r/min。 30s 后，定时器 T37 计时时间到而动作，这会使：①［网络 3］中的 T37 常开触点闭合，定时器 T38 得电开始 30s 计时；②［网络 4］中的 T37 常闭触点断开，Q0.1 线圈失电，PLC 的 Q0.1 端子内部的硬件触点断开，变频器 DIN1 端子输入为 OFF；③［网络 5］中的 T37 常开触点闭合，Q0.2 线圈得电，PLC 的 Q0.2 端子内部的硬件触点闭合，变频器 DIN2 端子输入为 ON。DIN2=1、DIN1=0 使变频器输出第 2 段 30Hz 的频率，电动机转速为 1680r/min。 再过 30s 后，定时器 T38 计时时间到而动作，［网络 4］中的 T38 常开触点闭合，Q0.1 线圈得电，PLC 的 Q0.1 端子内部的硬件触点闭合，变频器 DIN1 端子输入为 ON，由于此时 Q0.2 线圈处于得电状态，PLC 的 Q0.2 端子内部的硬件触点闭合，变频器 DIN2 端子输入为 ON。DIN2=1、DIN1=1 使变频器输出第 3 段 50Hz 的频率，电动机转速为 2800r/min。 当停止开关 SB2 闭合时，网络 6 中的 I0.2 常开触点闭合，线圈 Q0.3 被复位为 0（失电），这会使：① PLC 的 Q0.3 端子内部的硬件触点断开，变频器 DIN3 端子输入为 OFF，变频器停止输出电源，电动机停转；②［网络 2］中的 Q0.3 常开触点断开，定时器 T37 失电，［网络 3］中的 T37 常开触点马上断开，定时器 T38 失电，［网络 4］、［网络 5］中的 T38、T37 常开触点均断开，Q0.1、Q0.2 线圈都会失电，变频器的输入端子 DIN1=0、DIN2=0	

286

11.3 PLC 以 USS 协议通信控制变频器的应用实例

USS 协议（Universal Serial Interface Protocol，通用串行接口协议）是西门子公司所有传动产品的通用通信协议，是一种基于串行总线进行数据通信的协议。S7-200 PLC 通过 USS 协议与西门子变频器通信，不但可以控制变频器，还可以对变频器的参数进行读写。

11.3.1 S7-200 PLC 与 MM440 变频器串口通信的硬件连接

1. 硬件连接

S7-200 PLC 有一个或两个 RS485 端口（Port 0、Port 1），利用该端口与 MM440 变频器的 RS485 端口连接，可以使用 USS 协议与变频器进行串行通信，从而实现对变频器的控制。S7-200 PLC 与 MM440 变频器的串行通信硬件连接一般只用两根导线，具体如图 11-3 所示。

图 11-3　S7-200 PLC 与 MM440 变频器的串行通信硬件连接

2. 注意事项

为了得到更好的通信效果，S7-200 PLC 与变频器连接时应了解以下要点。

❶ 在条件允许的情况下，USS 主站尽量选用直流供电型的 S7-200 CPU。

❷ USS 通信电缆一般采用双绞线（如网线）即可，如果干扰比较大，可采用屏蔽双绞线。

❸ 在采用屏蔽双绞线作为通信电缆时，把具有不同电位参考点的设备互连会在互连电缆中产生不应有的电流，从而造成通信口的损坏。要确保通信电缆连接的所有设备共用一个公共电路参考点，或者各设备间相互隔离，以防止不应有的电流产生。屏蔽线必须连接到机箱接地点或 9 针端口的插针 1。建议将变频器 0V 端子连接到机箱的接地点。

❹ 通信最好采用较高的波特率，通信速率只与通信距离有关，与干扰没有直接关系。

❺ 终端电阻的作用是防止信号反射，并不用来抗干扰。在通信距离很近、波特率较低或点对点通信情况下，可不用终端电阻。在多点通信的情况下，一般也只需在 USS 主站上加终端电阻就可以取得较好的通信效果。

❻ 如果使用交流供电型的 CPU22X 和单相变频器进行 USS 通信，CPU22X 和变频器的电源必须接同一相交流电源。

❼ 如果条件允许，建议使用 CPU226（或 CPU224+EM277）来调试 USS 通信程序。

❽ 严禁带电插拔 USS 通信电缆，特别是正在通信中，否则易损坏变频器和 PLC 的通

信端口。如果使用大功率变频器，即使切断变频器的电源，也要等几分钟以让内部电容放电，再去插拔通信电缆。

11.3.2 USS 协议通信知识

USS 协议是主-从结构的协议，规定了在 USS 总线上可以有一个主站和最多 31 个从站；总线上的每个从站都有一个站地址（在从站参数中设定），主站依靠地址识别每个从站；每个从站也只对主站发来的报文做出响应并回送报文，从站之间不能直接进行数据通信。另外，还有一种广播通信方式，主站可以同时给所有从站发送报文，从站在接收到报文并做出相应的响应后可不回送报文。

S7-200 PLC 的 USS 协议通信主要用于 PLC 与西门子系列变频器之间，可实现的功能主要有：

❶ 控制变频器的启动、停止等运行状态。
❷ 更改变频器的转速等参数。
❸ 读取变频器的状态和参数。

1．USS 通信的报文帧格式

在 USS 通信时，报文是一帧一帧传送的，一个报文帧由很多字节组成，包括起始字节（固定为 02H）、报文长度字节、从站地址字节、净数据区和 BCC 校验字节。USS 通信的报文帧的格式如下。

起始字节	报文长度字节	从站地址字节	净数据区					BCC 校验字节
02H	1 字节	1 字节	字节 1	字节 2	⋯	⋯	字节 $n-1$	字节 n	1 字节
			PKW 区			PZD 区		

报文帧的净数据区由 PKW 区和 PZD 区组成。

PKW 区：用于读写参数值、参数定义或参数描述文本，并可修改和报告参数的改变。

PZD 区：用于在主站和从站之间传送控制和过程数据。控制参数按设定好的固定格式在主、从站之间对应往返。

2．USS 通信主站轮询从站的过程

USS 通信通常有一个主站和多个从站（比如一台 PLC 控制多台变频器），各从站的地址为 $0 \sim n$ 不重复的值，中间可以不连续。主站在轮询从站时，主站（PLC）发送数据给 0 号从站，0 号从站应答（从站回送一个特定代码给主站，表示已接收到数据）；然后又发送给 1 号从站，1 号从站再应答；一直到发送给 n 号从站，n 号从站应答。对于某一个特定的站点，如果 PLC 发送完数据以后，接不到该站点的应答，则再发送一包数据；如果仍然接收不到应答，则放弃该站，开始对下一站点进行发送。

USS 通信主站轮询从站的过程如图 11-4 所示。

USS 通信时，主站轮询从站的时间间隔与两者通信的波特率有关，具体见表 11-7。比如，通信波特率是 2400bps，那么访问单个从站大概需要 130ms。波特率越大，主站轮询从站所需要的时间间隔就会越小。

图 11-4 USS 通信主站轮询从站的过程

表 11-7 USS 通信波特率与主站轮询从站的时间间隔

波特率 /bps	主站轮询从站的时间间隔
2400	130ms× 从站个数
4800	75ms× 从站个数
9600	50ms× 从站个数
19200	35ms× 从站个数
38400	30ms× 从站个数
57600	25ms× 从站个数
115200	25ms× 从站个数

11.3.3 在 S7-200 PLC 编程软件中安装 USS 通信库

S7-200 PLC 与西门子变频器进行 USS 通信时，除两者要硬件上连接外，还要用 STEP 7-Micro/WIN 编程软件给 PLC 编写 USS 通信程序。如果用普通的指令编写通信程序，非常麻烦且容易出错，而利用 USS 通信指令编写 USS 通信程序则方便快捷。STEP 7-Micro/WIN 编程软件本身不带 USS 通信库，需要另外安装 Toolbox_V32-STEP 7-Micro WIN 的软件包，才能使用 USS 通信指令。S7-200 SMART 型 PLC 的编程软件 STEP 7-Micro/WIN SMART 软件自带 USS 通信库，无须另外安装。

在安装 USS 通信库时，打开 Toolbox_V32-STEP 7-Micro WIN 安装文件夹，双击其中的"Setup.exe"文件，如图 11-5 所示，即开始安装 USS 通信库，安装过程与大多数软件安装一样。安装完成后，打开 STEP 7-Micro/WIN 编程软件，在指令树区域的"库"内可找到"USS Protocol Port 0"和"USS Protocol Port 1"，如图 11-6 所示，分别为 PLC 的 Port 0、Port 1 端口的 USS 通信库。在每个库内都有 8 个 USS 通信库指令，可以像使用普通指令一样用这些指令编写 USS 通信程序。

图 11-5 双击"Setup.exe"文件安装 USS 通信库

图 11-6 在 STEP 7-Micro/WIN 软件中可看到 Port 0 和 Port 1 的 USS 通信库各有 8 个 USS 通信指令

11.3.4 USS 通信指令说明

1. USS_INIT（或 USS_INIT_P1）指令

USS_INIT 为 Port 0 端口指令，USS_INIT_P1 为 Port 1 端口指令，两者功能相同。

USS_INIT 指令用于启用、初始化或禁止变频器通信。在使用任何其他 USS 通信指令之前，必须先执行 USS_INIT 指令，且执行无错。一旦该指令完成，立即将"Done(完成)"位置 1，然后才能继续执行下一条指令。

1）指令说明

USS_INIT 指令的符号和参数如图 11-7 所示。

输入/输出	操作数	数据类型
模式	VB、IB、QB、MB、SB、SMB、LB、AC、常数、*VD、*AC、*LD	字节
波特、激活	VD、ID、QD、MD、SD、SMD、LD、AC、常数、*VD、*AC、*LD	双字
完成	I、Q、M、S、SM、T、C、V、L	布尔
错误	VB、IB、QB、MB、SB、SMB、LB、AC、*LD	字节

图 11-7 USS_INIT 指令的符号和参数

当 EN 端输入为 ON 时，PLC 每次扫描时都会执行一次 USS_INIT 指令。为了保证每次通信时仅执行一次该指令，需要在 EN 端之前使用边缘检测指令，以脉冲方式打开 EN 输入。在每次通信或者改动了初始化参数时，需要执行一条新 USS_INIT 指令。

Mode（模式）端的数值用于选择通信协议。当 Mode=1 时，将端口分配给 USS 协议，并启用该协议；当 Mode=0 时，将端口分配给 PPI 通信，并禁止 USS 协议。

Baud（波特）端用于设置通信波特率（速率）。USS 通信可用的波特率主要有 1200、2400、4800、9600、19200、38400、57600 和 115200（单位为 bps）。

Active（激活）端用于设置激活站点的地址。有些驱动器站点的地址仅支持 0～31，该端地址用 32 位（双字）二进制数表示，如图 11-8 所示。例如，地址的 D0 位为 1 表示站点的地址为 0，D1 位为 1 表示站点的地址为 1。

Done（完成）端为完成标志输出。当 USS_INIT 指令完成且无错误时，该端输出 ON。
Error（错误）端用于输出包含执行指令出错的结果。

图 11-8 USS_INIT 指令的 Active（激活）端的地址表示方法

2）指令使用举例

USS_INIT 指令的使用如图 11-9 所示，当 I0.0 常开触点闭合时，USS_INIT 指令的 EN 端输入一个脉冲上升沿，指令马上执行，将 PLC 的 Port 0 端口用于 USS 通信（Mode=1），端口通信的速率为 9600bps（Band=9600），激活地址为 1 的从站（Active=16#00000001）。指令执行完成且无错误则将 M0.0 置 1（Done=M0.0）；如果指令执行出错，则将错误信息存入 VB10（Error=VB10）。

图 11-9 USS_INIT 指令的使用

2. USS_CTRL（或 USS_CTRL_P1）指令

USS_CTRL 为 Port 0 端口指令，USS_CTRL_P1 为 Port 1 端口指令，两者功能相同。

USS_CTRL 指令用于控制 Active（激活）的西门子变频器。USS_CTRL 指令将选择的命令放在通信缓冲区，然后送给已用 USS_INIT 指令的 Active 参数激活选中的变频器。只能为每台变频器指定一条 USS_CTRL 指令。某些变频器仅将速度作为正值报告，若速度为负值，变频器将速度作为正值报告，但会逆转 D_Dir（方向）位。

1）指令说明

USS_CTRL 指令的符号和参数如图 11-10 所示。

EN 端必须输入为 ON 才能执行 USS_CTRL 指令，在通信程序运行时，应当让 USS_CTRL 指令始终执行（即 EN 端始终为 ON）。

RUN（运行）端用于控制变频器运行（ON）或停止（OFF）。当 RUN 端输入为 ON 时，PLC 会往变频器发送命令，让变频器按指定的速度和方向开始运行。为了控制变频器运行，必须满足：①被控变频器已被 USS_INIT 指令的 Active 参数选中激活；② OFF2、OFF3 端输入均为 OFF；③ Fault（故障）和 Inhibit（禁止）端均为 0。

OFF2（停止方式二）端输入为 ON 时，控制变频器按惯性自由停止。

OFF3（停止方式三）端输入为 ON 时，控制变频器迅速停止。

F_ACK（故障确认）端用于确认变频器的故障。当 F_ACK 端从 0 转为 1 时，变频器清除故障信息。

图 11-10 USS_CTRL 指令的符号和参数

DIR（方向）端用于控制变频器的旋转方向。

Drive（驱动器地址）端用于输入被控变频器的地址，有效地址为 0～31。

Type（驱动器类型）端用于输入被控变频器的类型。MM3 型（或更早版本）变频器的类型设为 0，MM4 型变频器的类型设为 1。

Speed_SP（速度设定值）端用于设置变频器的运行速度，该速度为变频器全速运行的速度百分比数值。Speed_SP 为负值会使变频器反向旋转，数值范围为 -200.0%～200.0%。

Resp_R（收到应答）端用于确认被控变频器收到应答。主站对所有激活的变频器从站进行轮询，查找最新变频器状态信息。当主站 S7-200 PLC 收到从站变频器应答时，Resp_R 位会打开（输出 ON），进行一次扫描，并更新所有相应的值。

Error（错误）是一个包含对变频器最新通信请求结果的错误字节。USS 指令执行错误主题定义了可能因执行指令而导致的错误条件。

Status（驱动器状态）是变频器返回的反映变频器状态的字值。MM4 变频器的状态字各位含义如图 11-11 所示。

Speed（驱动器速度）以全速百分比反映变频器的速度。速度值范围为 -200.0%～200.0%。

Run_EN（运行启用）用于反映变频器的工作状态是运行（1）还是停止（0）。

D_Dir（驱动器旋转方向）用于反映变频器的旋转方向。

Inhibit（禁止）表示变频器的禁止位状态（0—不禁止，1—禁止）。如果要清除禁止位，故障位必须关闭，RUN、OFF2 和 OFF3 输入也必须关闭。

图 11-11　MM4 变频器的状态字各位含义

Fault（故障）表示故障位的状态（0—无错误，1—有错误）。故障代码的含义可查看变频器使用手册，要清除故障位，应先纠正引起故障的原因，并打开 F_ACK 位。

2）指令使用举例

USS_CTRL 指令的使用如图 11-12 所示。PLC 运行时，SM0.0 触点始终闭合，USS_CTRL 指令的 EN 端输入为 ON 而一直执行。当 I0.0 常开触点闭合时，USS_CTRL 指令 RUN 端的输入为 ON，控制变频器启动运行；当 I0.1 常开触点闭合时，USS_CTRL 指令 OFF2 端的输入为 ON，控制变频器按惯性自由停车；当 I0.2 常开触点闭合时，USS_CTRL 指令 OFF3 端的输入为 ON，控制变频器迅速停车；当 I0.3 常开触点闭合时，USS_CTRL 指令 F_ACK 端的输入为 ON，控制变频器清除故障信息；当 I0.4 常开触点闭合时，USS_CTRL 指令 DIR 端的输入为 ON，控制变频器驱动电动机正向旋转。

Drive=0 表示控制对象为 0 号变频器；Type=1 表示受控驱动器类型为 MM4 型变频器；Speed_SP=100.0 表示将变频器设为全速运行；Resp_R=M0.0 表示如果 PLC 收到变频器的应答，则置位 M0.0；Error=VB2 表示与变频器通信出现错误时，将反映错误信息的字节存入 VB2；Status=VW4 表示将变频器送来的反映变频器状态的字数据存入 VW4；Speed=VD6 表示将变频器的当前运行速度值（以全速的百分比值）存入 VD6；Run_EN=Q0.0 表示将变频器的运行状态赋值给 Q0.0，变频器运行时，将 Q0.0 置位 1，变频器停止时 Q0.0=0；D_Dir=Q0.1 表示将变频器的运行方向赋值给 Q0.1，正向运行时，将

Q0.1 置位 1，反向运行时 Q0.1=0；Inhibit=Q0.2 表示将变频器的禁止位状态赋值给 Q0.2；Fault=Q0.3 表示将变频器的故障位状态赋值给 Q0.3。

图 11-12　USS_CTRL 指令的使用

3．USS_RPM_x（或 USS_RPM_x_P1）指令

USS_RPM_x 为 Port 0 端口指令，USS_RPM_x_P1 为 Port 1 端口指令，两者功能相同。

USS_RPM_x 具体可分为 USS_RPM_W、USS_RPM_D 和 USS_RPM_R 三条指令，USS_RPM_W 指令用于读取不带符号的字参数，USS_RPM_D 指令用于读取不带符号的双字参数，USS_RPM_R 指令用于读取浮点参数。

1）指令说明

USS_RPM_x 指令的符号和参数如图 11-13 所示。

在使用时，一次只能让一条 USS_RPM_x 指令激活。当变频器确认收到命令或返回一条错误信息时，USS_RPM_x 事项完成。当该进程等待应答时，逻辑扫描继续执行。在启动请求传送（XMT_REQ=ON）前，EN 位必须先打开（EN=ON），并应当保持打开，直至设置"完成"位（Done=ON），表示进程完成。例如，当 XMT_REQ 输入打开时，每次扫描都会向变频器传送一条 USS_RPM_x 请求，因此 XMT_REQ 输入应当以边沿检测脉冲方式打开。

Drive（驱动器）端用于输入要读取数据的变频器的地址。变频器的有效地址是 0～31。

Param（参数）端用于输入要读取数值的参数号。

Index（索引）端用于输入要读取的参数的索引号。

Value（数值）端为返回的参数值。

DB_Ptr（数据缓存）端用于输入 16 字节的缓冲区地址。该缓冲区被 USS_RPM_x 指令用于存放向变频器发出的命令结果。

第 11 章 变频器与 PLC 的综合应用

输入／输出	操 作 数	数据类型
XMT_REQ	I, Q, M, S, SM, T, C, V, L, 使能位受上升边缘检测元素条件限制	布尔
Drive	VB, IB, QB, MB, SB, SMB, LB, AC, 常数, *VD, *AC, *LD	字节
Param, Index	VW, IW, QW, MW, SW, SMW, LW, T, C, AC, AIW, 常数, *VD, *AC, *LD	字
DB_Ptr	&VB	双字
Done	I, Q, M, S, SM, T, C, V, L	布尔
Error	VB, IB, QB, MB, SB, SMB, LB, AC, *VD, *AC, *LD	字节
Value	VW, IW, QW, MW, SW, SMW, LW, T, C, AC, AQW, *VD, *AC,*LD	字
	VD, ID, QD, MD, SD, SMD, LD, *VD, *AC, *LD	双字, 实数

图 11-13　USS_RPM_x 指令的符号和参数

Done（完成）端在 USS_RPM_x 指令完成时输出为 ON。

Error（错误）端和 Value（数值）端输出包含执行指令的结果。在"Done"输出打开之前，"Error"和"Value"输出无效。

2）指令使用举例

USS_RPM_x 指令的使用如图 11-14 所示。当 I0.0 常开触点闭合时，USS_RPM_x 指令的 EN 端输入为 ON 且 XMT_REQ 端输入上升沿，指令执行，读取 0 号（Drive=0）变频器的 P0003 参数（Param=3）的第 0 组参数（Index=0），指令执行完成后 Done 输出 ON 将 M0.0 置 1，出错信息存放到 VB10（Error=VB10），读取的参数值存放到 VW200（Value=VW200）。USS_RPM_x 指令执行时，使用 VB100～VB115 作为数据缓存区（DB_Ptr=&VB100）。

图 11-14　USS_RPM_x 指令的使用

4. USS_WPM_x（或 USS_ WPM_x_P1）指令

USS_WPM_x 为 Port 0 端口指令，USS_ WPM_x_P1 为 Port 1 端口指令，两者功能相同。

295

USS_WPM_x 具体可分为 USS_WPM_W、USS_WPM_D 和 USS_WPM_R 三条指令，USS_WPM_W 指令用于写入不带符号的字参数，USS_WPM_D 指令用于写入不带符号的双字参数，USS_WPM_R 指令用于写入浮点参数。

1）指令说明

USS_WPM_x 指令的符号和参数如图 11-15 所示。

在使用时，一次只能让一条 USS_WPM_x 指令或 USS_RPM_x 指令激活，即两者不能同时执行。当变频器确认收到命令或返回一条错误信息时，USS_WPM_x 事项完成。当该进程等待应答时，逻辑扫描继续执行。在启动请求传送（XMT_REQ=ON）前，EN 位必须先打开（EN=ON），并应保持打开，直至设置"完成"位（Done=ON），表示进程完成。例如，当 XMT_REQ 输入打开时，每次扫描都会向变频器传送一条 USS_WPM_x 请求，因此 XMT_REQ 输入应当以边沿检测脉冲方式打开。

图 11-15　USS_WPM_x 指令的符号和参数

EEPROM（电可擦写只读存储器）端用于启用对变频器的 RAM 和 EEPROM 的写入，当输入关闭时，仅启用对 RAM 的写入。MM3 变频器不支持该功能，因此该输入必须关闭。

Drive（驱动器）端用于输入要写入数据的变频器的地址。变频器的有效地址是 0～31。

Param（参数）端用于输入要写入数值的参数号。

Index（索引）端用于输入要写入的参数的索引值。

Value（数值）端为写入变频器 RAM 中的参数值。通过设置参数 P971（RAM 到

EEPROM 传输方式）的值可将该数值在写入变频器 RAM 的同时送到 EEPROM，这样断电后数值可以保存下来。

DB_Ptr（数据缓存）端用于输入 16 字节的缓冲区地址。该缓冲区被 USS_WPM_x 指令用于存放向变频器发出的命令结果。

Done（完成）端在 USS_WPM_x 指令完成时输出为 ON。

Error（错误）端和 Value（数值）端输出包含执行指令的结果。

2）指令使用举例

USS_WPM_x 指令的使用如图 11-16 所示。当 I0.1 常开触点闭合时，USS_WPM_x 指令的 EN 端输入为 ON 且 XMT_REQ 端输入上升沿，指令执行，将数值 1（Value=1）作为参数值写入 0 号（Drive=0）变频器的 P971 参数（Param=971）的第 0 组参数（Index=0），指令执行完成后，Done 输出 ON 将 M0.1 置 1，出错信息存放到 VB11（Error=VB11）。USS_WPM_x 指令执行时，使用 VB120～VB135 作为数据缓存区（DB_Ptr=&VB120）。

图 11-16　USS_WPM_x 指令的使用

11.3.5　S7-200 PLC 以 USS 协议通信控制 MM440 变频器的应用实例

1. 控制要求

S7-200 PLC 用 RS485 端口连接 MM440 变频器，使用 USS 协议通信控制变频器启动、停止、正转和反转，以及读写变频器参数。

2. 电路连接

S7-200 PLC 用 RS485 端口连接控制 MM440 变频器的电路如图 11-17 所示。

3. 变频器参数设置

（1）将变频器所有参数复位到工厂默认值。同 10.1.2 节（1）。

（2）设置电动机的参数。同 10.1.2 节（2）。

（3）其他参数设置。其他参数主要是与变频器与 USS 通信有关的参数，具体设置见表 11-8。

图 11-17　S7-200 PLC 用 RS485 端口连接控制 MM440 变频器的电路

表 11-8　与 USS 通信有关的参数设置

参数号	工厂默认值	设置值及说明
P0003	1	3—设置用户访问级为专家级
P0700	2	5—COM 链路的 USS 通信（RS485 端口）
P1000	2	5—通过 COM 链路的 USS 通信设置频率
P2010.0	6	7—设置 USS 通信的波特率为 19200bps
P2011.0	0	0—设置 USS 通信站地址为 0
P2012.0	2	2—设置 USS 报文的 PZD 长度为 2 个字长
P2013.0	127	127—设置 USS 报文的 PKW 长度是可变的
P2014.0	0	0—设置 USS 报文停止传送时不产生故障信号

4．PLC 通信程序及说明

S7-200 PLC 以 USS 协议通信控制 MM440 变频器及读写参数的 PLC 程序及说明见表 11-9。

表 11-9　S7-200 PLC 以 USS 协议通信控制 MM440 变频器及读写参数的 PLC 程序及说明

程序说明	梯形图
Network 1（网络1）： PLC 上电第一次扫描时，SM0.1 触点闭合一个扫描周期，USS_INIT（USS 初始化）指令执行，启用 USS 协议通信，激活 0 号变频器，将通信波特率设为 19200bps，执行完成后 Done 输出将 Q0.0 置 1，若执行出错，将错误信息存放到 VB1 中	Network 1 SM0.1—| |—USS_INIT 　　　　　　　EN 　　　　1—Mode　　Done—Q0.0 　　19200—Baud　Error—VB1 16#00000001—Active

(续表)

程序说明	梯形图
Network2（网络2）： PLC运行时SM0.0触点始终闭合，USS_CTRL指令的EN端输入为ON而一直执行。 当I0.0触点闭合时，RUN端输入为ON，启动变频器运行。 当I0.1触点闭合时，OFF2端输入为ON，控制变频器按惯性自由停车。 当I0.2触点闭合时，OFF3端输入为ON，控制变频器迅速停车。 当I0.3触点闭合时，F_ACK端输入为ON，控制变频器清除故障信息。 当I0.4触点闭合时，DIR端输入为ON，控制变频器驱动电动机改变旋转方向。 Drive=0意为控制对象为0号变频器。 Type=1意为受控驱动器类型为MM4型变频器。 Speed_SP=100.0意为将变频器设为全速运行。 Resp_R=M0.0意为如果PLC收到变频器的应答，则置位M0.0。 Error=VB2意为与变频器通信出现错误时，将反映错误信息的字节存入VB2。 Status=VW4意为将变频器送来的反映变频器状态的字数据存入VW4。 Speed=VD6意为将变频器的当前运行速度值（以全速的百分比值）存入VD6。 Run_EN=Q0.1意为将变频器的运行状态赋值给Q0.1（运行：Q0.1=1；停止：Q0.1=0）。 D_Dir=Q0.2意为将变频器的运行方向赋值给Q0.2（正向：Q0.2=1；反向：Q0.2=0）。 Inhibit=Q0.3意为将变频器的禁止位状态赋值给Q0.3。 Fault=Q0.4意为将变频器的故障位状态赋值给Q0.4。 Network 3（网络3）： 当I0.5常开触点闭合时，USS_RPM_W指令的EN端输入为ON且XMT_REQ端输入上升沿，指令执行，读取0号（Drive=0）变频器的P0005参数（Param=5）的第0组参数（Index=0），指令执行完成后Done输出ON将M0.1置1，出错信息存放到VB10（Error=VB10），读取的参数值存放到VW12（Value=VW12）。USS_RPM_W指令执行时，使用VB20～VB35作为数据缓存区（DB_Ptr=&VB20）	Network 2 SM0.0 —— USS_CTRL — EN I0.0 —— RUN I0.1 —— OFF2 I0.2 —— OFF3 I0.3 —— F_ACK I0.4 —— DIR 0 — Drive　　Resp_R — M0.0 1 — Type　　 Error — VB2 100.0 — Speed_SP　Status — VW4 　　　　　　　Speed — VD6 　　　　　　　Run_EN — Q0.1 　　　　　　　D_Dir — Q0.2 　　　　　　　Inhibit — Q0.3 　　　　　　　Fault — Q0.4 Network 3 I0.5 —— USS_RPM_W — EN I0.5 ——｜P｜—— XMT_REQ 0 — Drive　　Done — M0.1 5 — Param　 Error — VB10 0 — Index　　Value — VW12 &VB20 — DB_Ptr

（续表）

程序说明	梯形图
Network 4（网络 4）： 当 I0.6 常开触点闭合时，USS_WPM_R 指令的 EN 端输入为 ON 且 XMT_REQ 端输入上升沿，指令执行，将数值 50.0（Value=50.0）作为参数值写入 0 号（Drive=0）变频器 P2000（Param=2000）的第 0 组参数（Index=0），同时保存在 EEPROM 中（EEPROM 端输入为 ON），指令执行完成后 Done 输出 ON 将 M0.2 置 1，出错信息存放到 VB14（Error=VB14）。USS_WPM_R 指令执行时，使用 VB40～VB55 作为数据缓存区（DB_Ptr=&VB40）	

第 12 章 西门子精彩系列触摸屏（SMART LINE）介绍

12.1 触摸屏基础知识

触摸屏是一种带触摸显示功能的数字输入/输出设备，又称人机界面（HMI）。利用触摸屏不但可以在触摸屏上对 PLC 进行操作，还可在触摸屏上实时监视 PLC 的工作状态，使人们直观方便地进行人机交互。要使用触摸屏操作和监视 PLC，必须用专门的软件为触摸屏制作（又称组态）相应的操作和监视画面。

12.1.1 基本组成

图 12-1 触摸屏的基本结构

触摸屏主要由触摸检测部件和触摸屏控制器组成。触摸检测部件安装在显示器屏幕前面，用于检测用户触摸位置，然后送给触摸屏控制器；触摸屏控制器的功能是从触摸点检测装置上接收触摸信号，并将它转换成触点坐标，再送给有关电路或设备。

触摸屏的基本结构如图 12-1 所示。触摸屏的触摸有效区域被分成类似坐标的 X 轴和 Y 轴，当触摸某个位置时，该位置对应坐标一个点，不同位置对应的坐标点不同。触摸屏上的检测部件将触摸信号送到控制器，控制器将其转换成相应的触摸坐标信号，再送给其他电路或设备。

12.1.2 四种类型的触摸屏及工作原理

根据工作原理不同，触摸屏主要分为电阻式、电容式、红外线式和表面声波式四种。

1. 电阻式触摸屏

电阻式触摸屏的基本结构如图 12-2（a）所示，它由一块两层透明复合薄膜屏组成，下面是由玻璃或有机玻璃构成的基板，上面是一层外表面经过硬化处理的光滑防刮塑料层，在基板和塑料层的内表面都涂有透明金属导电层 ITO（氧化铟），在两导电层之间有许多细小的透明绝缘支点把它们隔开，当按压触摸屏某处时，该处的两导电层会接触。

触摸屏的两个金属导电层是触摸屏的两个工作面，在每个工作面的两端各涂有一条银胶，称为该工作面的一对电极。为分析方便，这里认为上工作面左右两端接 X 电极，下工作面上下两端接 Y 电极，X、Y 电极都与触摸屏控制器连接，如图 12-2（b）所示。当两个 X 电极上施加一固定电压，如图 12-3（a）所示，而两个 Y 电极不加电压时，在两个 X 电极之间的导电涂层各点电压由左至右逐渐降低，这是因为工作面的金属涂层有一定的电阻，越往右的点与左 X 电极电阻越大。这时若按下触摸屏上某点，上工作面触点处的电压经触摸点和下工作面的金属涂层从 Y 电极（Y+ 或 Y-）输出。触摸点在 X 轴方面越往右，从 Y 电极输出的电压越低，即将触点在 X 轴的位置转换成不同的电压。同样，如果给两个 Y 电极施加一固定电压，如图 12-3（b）所示，当按下触摸屏某点时，会从 X 电极输出电压，触摸点越往上，从 X 电极输出的电压越高。

图 12-2 电阻式触摸屏的基本结构与连接

(a) X电极加电压，Y电极取X轴坐标电压　　(b) Y电极加电压，X电极取Y轴坐标电压

图 12-3 电阻式触摸屏工作原理

电阻式触摸屏采用分时工作，先给两个 X 电极加电压而从 Y 电极取 X 轴坐标信号，再给两个 Y 电极加电压，从 X 电极取 Y 轴坐标信号。分时施加电压和接收 X、Y 轴坐标信号都由触摸屏控制器来完成。

电阻式触摸屏除了有四线式外，常用的还有五线式电阻触摸屏。五线式电阻触摸屏内部也有两个金属导电层，与四线式不同的是，五线式电阻触摸屏的四个电极分别加在内层金属导电层的四周，工作时分时给两对电极加电压，外金属导电层用作纯导体，在触摸时，触摸点的 X、Y 轴坐标信号分时从外金属层送出（触摸时，内金属层与外金属层会在触摸点处接通）。五线式电阻触摸屏内层 ITO 需四条引线，外层只做导体，仅需一条引线，

触摸屏的引线共有五条。

2．电容式触摸屏

电容式触摸屏是利用人体的电流感应进行工作的。

电容式触摸屏是一块四层复合玻璃屏，玻璃屏的内表面和夹层各涂有一层透明导电金属层 ITO（氧化铟），最外层是一薄层矽土玻璃保护层，夹层 ITO 涂层作为工作面，从它四个角上引出四个电极，内层 ITO 为屏蔽层，以保证良好的工作环境。电容式触摸屏工作原理如图 12-4 所示，当手指触碰触摸屏时，人体手指、触摸屏最外层和夹层（金属涂层）形成一个电容，由于触摸屏的四角都加有高频电流，四角送入高频电流经导电夹层和形成的电容流往手指（人体相当于一个零电势体）。触摸点不同，从四角流入的电流会有差距，利用控制器精确计算四个电流的比例，就能得出触摸点的位置。

3．红外线式触摸屏

红外线式触摸屏通常在显示器屏幕的前面安装一个外框，在外框的 **X、Y** 方向有排布均匀的红外发射管和红外接收管，一一对应形成横竖交错的红外线矩阵，如图 12-5 所示。在工作时，由触摸屏控制器驱动红外线发射管发射红外光，当手指或其他物体触摸屏幕时，就会挡住经过该点的横竖红外线，由控制器判断出触摸点在屏幕的位置。

图 12-4　电容式触摸屏工作原理

图 12-5　红外线式触摸屏工作原理

4．表面声波式触摸屏

表面声波是超声波的一种，它可以在介质（如玻璃、金属等刚性材料）表面浅层传播。表面声波式触摸屏的触摸屏部分可以是一块平面、球面或柱面的玻璃平板，安装在显示器屏幕的前面。玻璃屏的左上角和右下角都安装了竖直和水平方向的超声波发射器，右上角则固定了两个相应的超声波接收换能器，如图 12-6 所示，玻璃屏的四个周边则刻有由疏到密间隔非常精密的 45°反射条纹。

表面声波式触摸屏的工作原理说明（以右下角的超声波发射器为例）如下。

右下角的超声波发射器将触摸屏控制器送来的电信号转化为表面声波，向左方表面传

图 12-6　表面声波式触摸屏工作原理

播，声波在经玻璃板的一组精密45°反射条纹时，反射条纹把水平方面的声波反射成垂直向上的声波，声波经玻璃板表面传播给上方45°反射条纹，再经上方这些反射条纹聚成向右的声波传播给右上角的超声波接收换能器，超声波接收换能器将返回的表面声波变为电信号。

当超声波发射器发射一个窄脉冲后，表面声波经不同途径到达超声波接收换能器，最右边的声波最先到达超声波接收换能器，最左边的声波最后到达。先到达的和后到达的这些声波叠加成一个连续的波形信号，不难看出，接收信号集合了所有在X轴方向历经长短不同路径回归的声波，它们在Y轴走过的路程是相同的，但在X轴上，最远的比最近的多走了两倍X轴最大距离。在没有触摸屏幕时，接收信号的波形与参照波形完全一样。当手指或其他能够吸收或阻挡声波的物体触摸屏幕某处时，X轴途经手指部位向上传播的声波在触摸处被部分吸收，反映在接收波形上即某一时刻位置上的波形有一个衰减缺口，控制器通过分析计算接收信号缺口位置就可得到触摸处的X轴坐标。同样，利用左上角的超声波发射器和右上角的超声波接收换能器，可以判定出触摸点的Y轴坐标。确定触摸点的X、Y轴坐标后，控制器就将该坐标信号送给主机。

12.1.3 常用类型触摸屏的性能比较

各类触摸屏性能比较见表12-1。

表12-1 各类触摸屏性能比较

性能	名称					
	RED TOUCH 红外屏	国产声波屏	进口声波屏	四线电阻屏	五线电阻屏	电容屏
价格	较高	低	较高	低	高	较高
寿命	10年以上	2年以上	3年以上	1年以上	3年	2年以上
维护性	免	经常	经常	温度、湿度较高下经常	温度、湿度较高下经常	经常
防爆性	好	较好	好	差	较差	一般
稳定性	高	较差	较高	不高	高	一般
透明度	好	好	好	差	差	一般
安装形式	内外两种	内置	内置	内置	内置	内置
触摸物限制	硬物均可	硬物不可	硬物不可	无	无	导电物方可
输出分辨率	4096×4096	4096×4096	4096×4096	4096×4096	4096×4096	4096×4096
抗强光干扰性	好	好	好	好	好	好
响应速度	<15ms	<15ms	<10ms	15ms	15ms	<15ms
跟踪速度	好	第二点速度慢	第二点速度慢	较好	较好	慢
多点触摸问题	已解决	未解决	未解决	未解决	未解决	未解决
传感器损伤影响	没有	很大	很大	很大	较小	较小
污物影响	没有	较大	较大	基本没有	基本没有	基本没有
防水性能	可倒水试验	不行	不行	很少量行	很少量行	不行
防震、防碎裂性能	不怕震、不怕碎裂，玻璃碎裂不影响正常触摸	换能器怕震裂，玻璃碎后触摸屏已报废	换能器怕震裂，玻璃碎后触摸屏已报废	怕震裂，玻璃碎后触摸屏已报废	怕震裂，玻璃碎后触摸屏已报废	换能器怕震裂，玻璃碎后触摸屏已报废

(续表)

性 能	名 称					
	RED TOUCH 红外屏	国产声波屏	进口声波屏	四线电阻屏	五线电阻屏	电容屏
防刮防划性能	不怕	不怕	不怕	怕	怕	怕
智能修复功能	有	没有	没有	没有	没有	没有
漂移	没有	较小	较小	基本没有	基本没有	较大
适用显示器类别	纯平、液晶效果最好	均可	均可	均可	均可	均可

12.2 西门子精彩系列触摸屏（SMART LINE）简介

12.2.1 SMART LINE 触摸屏的特点

SIMATIC 精彩系列触摸屏（SMART LINE）是西门子根据市场需求新推出的具有触摸操作功能的 HMI（人机界面）设备，具有人机界面的标准功能，且经济适用，具备高性价比。最新一代精彩系列触摸屏——SMART LINE V3 的功能更是得到了大幅度提升，与西门子 S7-200 SMART PLC 一起，可组成完美的自动化控制与人机交互平台。

西门子精彩系列触摸屏（SMART LINE）主要有以下特点。

- 屏幕尺寸有宽屏 7 英寸、10 英寸两种，支持横向和竖向安装。
- 屏幕高分辨率有 800×480（7 英寸）、1024×600（10 英寸）两种，64K 色，LED 背光。
- 集成以太网接口（俗称网线接口），可与 S7-200 SMART 系列 PLC、LOGO！等进行通信（最多可连接 4 台）。
- 具有隔离串口（RS422/485 自适应切换），可连接西门子、三菱、施耐德、欧姆龙及部分台达系列 PLC。
- 支持 Modbus RTU 协议通信。
- 具有硬件实时时钟功能。
- 集成 USB 2.0 host 接口，可连接鼠标、键盘、Hub 及 USB 存储器。
- 具有数据和报警记录归档功能。
- 具有强大的配方管理、趋势显示、报警功能。
- 通过 Pack & Go 功能，可轻松实现项目更新与维护。
- 编程绘制画面使用全新的 WinCC Flexible SMART 软件（SMART LINE 触摸屏的组态软件），简单直观，功能强大。

12.2.2 常用型号及外形

在用 WinCC Flexible SMART 软件组态项目选择设备时，可以发现 SMART LINE 触摸屏有 8 种型号，7 英寸和 10 英寸屏各 4 种，如图 12-7 所示，其中 Smart 700 IE V3 型和 Smart 1000 IE V3 型两种最为常用，其外形如图 12-8 所示。

图 12-7 SMART LINE 触摸屏有 8 种型号

图 12-8 两种常用的 SMART LINE 触摸屏外形

12.2.3 触摸屏主要部件说明

SMART LINE 触摸屏的各型号外形略有不同,但组成部件大同小异,如图 12-9 所示为 Smart 700 IE V3 型触摸屏的组成部件及说明。

(a) 俯视、前视和侧视图

图 12-9 Smart 700 IE V3 型触摸屏的组成部件及说明

(b) 后视图

图 12-9　Smart 700 IE V3 型触摸屏的组成部件及说明（续）

12.2.4　技术规格

西门子 SMART LINE 触摸屏的技术规格见表 12-2。

表 12-2　西门子 SMART LINE 触摸屏的技术规格

设　　备		Smart 700 IE V3	Smart 1000 IE V3
显示尺寸		7 英寸宽屏	10.1 英寸宽屏
开孔尺寸 $W×H$（mm×mm）		192×138	259×201
前面板尺寸 $W×H$（mm×mm）		209×155	276×218
安装方式		横向 / 竖向	
显示类型		LCD-TFT	
分辨率（$W×H$，像素）		800×480	1024×600
颜色		65536	
亮度		$250cd/m^2$	
背光寿命（25℃）		最大 20000h	
触屏类型		高灵敏度 4 线电阻式触摸屏	
CPU		ARM，600MHz	
内存		128MB DDR 3	
项目内存		8MB Flash	
供电电源		24V DC	
电压允许范围		19.2 ～ 28.8V DC	
蜂鸣器		√	
时钟		硬件实时时钟	
串口通信		1×RS422/485，带隔离串口，最大通信速率 187.5Kbps	
以太网接口		1×RJ45，最大通信速率 100Mbps	
USB		USB 2.0 host，支持 U 盘、鼠标、键盘、Hub	
认证		CE、RoHS	
环境条件	操作温度	0 ～ 50℃（垂直安装）	
	存储 / 运输温度	−20 ～ 60℃	
	最大相对湿度	90%（无冷凝）	
	耐冲击性	15g/11ms	

(续表)

设备		Smart 700 IE V3	Smart 1000 IE V3
防护等级	前面	IP65	
	背面	IP20	
软件功能	组态软件	WinCC Flexible Smart V3	
	可连接的西门子 PLC	S7-200/S7-200 SMART/LOGO!	
	第三方 PLC	Mitsubishi FX/Protocol 4；Modicon Modbus；Omron CP/CJ	
	变量	800	
	画面数	150	
	报警缓存(掉电保持)	256	
	配方	10×100	
	趋势曲线	√	
	掉电保持	√	
	变量归档	5个变量	
	报警归档	√	

12.3 触摸屏与其他设备的连接

12.3.1 触摸屏的供电接线

Smart 700 IE V3 型触摸屏的供电电压为直流 24V，允许范围为 19.2～28.8V，其电源接线如图 12-10 所示，电源连接器为触摸屏自带，无须另外购置。

图 12-10　Smart 700 IE V3 型触摸屏的电源接线

12.3.2 触摸屏与组态计算机（PC）的以太网连接

SMART LINE 触摸屏中的控制和监控画面是使用安装在计算机中的 WinCC Flexible SMART 组态软件制作的，画面制作完成后，计算机通过电缆将画面项目下载到触摸屏。计算机与 SMART LINE 触摸屏一般使用以太网连接通信，具体连接如图 12-11 所示，将一根网线的两个 RJ45 头分别插入触摸屏和计算机的以太网端口（LAN 口）。

图 12-11　SMART LINE 触摸屏与组态计算机用网线连接通信

12.3.3 触摸屏与西门子 PLC 的连接

对于具有以太网端口（或安装了以太网通信模块）的西门子 PLC，可采用网线与 SMART LINE 触摸屏连接；对于没有以太网端口的西门子 PLC，可采用 RS485 端口与 SMART LINE 触摸屏连接。SMART LINE 触摸屏支持连接的西门子 PLC 及支持的通信协议见表 12-3。

表 12-3　SMART LINE 触摸屏支持连接的西门子 PLC 及支持的通信协议

SMART LINE 面板支持连接的西门子 PLC	支持的通信协议
SIEMENS S7-200	以太网、PPI、MPI
SIEMENS S7-200 CN	以太网、PPI、MPI
SIEMENS S7-200 Smart	以太网、PPI、MPI
SIEMENS LOGO!	以太网

1. 触摸屏与西门子 PLC 的以太网连接

SMART LINE 触摸屏与西门子 PLC 的以太网连接如图 12-12 所示，对于无以太网端口的西门子 PLC，需要先安装以太网通信模块，再将网线头插入通信模块的以太网端口。

图 12-12　SMART LINE 触摸屏与西门子 PLC 的以太网连接

2. 触摸屏与西门子 PLC 的 RS485 串行连接

SMART LINE 触摸屏与西门子 PLC 的 RS485 串行连接如图 12-13 所示，两者连接使用 9 针 D-Sub 接口，但通信只用到了其中的第 3 针和第 8 针。

图 12-13　SMART LINE 触摸屏与西门子 PLC 的 RS485 串行连接

12.3.4　触摸屏与三菱、施耐德和欧姆龙 PLC 的连接

SMART LINE 触摸屏除了可以与西门子 PLC 连接外，还可以与三菱、施耐德、欧姆龙及部分台达 PLC 进行 RS422/485 串行连接，如图 12-14 所示。

SMART LINE 面板支持连接的其他PLC类型	支持的协议
Mitsubishi FX	点对点串行通信
Mitsubishi Protocol 4	多点串行通信
Schneider Modicon Modbus PLC	点对点串行通信
Omron CP/CJ	多点串行通信

图 12-14　SMART LINE 触摸屏与其他 PLC 的 RS422/485 串行连接

1. 触摸屏与三菱 PLC 的 RS422/485 串行连接

SMART LINE 触摸屏与三菱 PLC 的 RS422/485 串行连接如图 12-15 所示，图 12-15（a）为触摸屏与三菱 FX PLC 的 RS422/485 串行连接，图 12-15（b）为触摸屏与三菱 Protocol 4 PLC

的 RS422/485 串行连接。

图 12-15 SMART LINE 触摸屏与三菱 PLC 的 RS422/485 串行连接

2. 触摸屏与施耐德 PLC 的 RS422/485 串行连接

SMART LINE 触摸屏与施耐德 PLC 的 RS422/485 串行连接如图 12-16 所示。

图 12-16 SMART LINE 触摸屏与施耐德 PLC 的 RS422/485 串行连接

3. 触摸屏与欧姆龙 PLC 的 RS422/485 串行连接

SMART LINE 触摸屏与欧姆龙 PLC 的 RS422/485 串行连接如图 12-17 所示。

图 12-17　SMART LINE 触摸屏与欧姆龙 PLC 的 RS422/485 串行连接

12.4　触摸屏的操作设置

12.4.1　触摸屏的屏幕键盘

在触摸屏上输入字符时,屏幕上会自动出现键盘,触摸屏幕键盘上的按键即可输入字符。SMART LINE 触摸屏有字母数字键盘和数字键盘两种,如图 12-18 所示,出现何种键盘由输入对象的类型决定。

图 12-18　两种屏幕键盘

12.4.2　触摸屏的启动

SMART LINE 触摸屏接通电源后开始启动,出现图 12-19 所示的启动界面,有 3 个按钮,其功能见图标注说明(图中的 HMI 意为人机界面,此处是指 SMART LINE 触摸屏),可以直接触摸按钮进行操作,也可以外接鼠标或键盘进行操作。

图 12-19　SMART LINE 触摸屏通电后出现启动界面

12.4.3　触摸屏的控制面板

SMART LINE 触摸屏接通电源启动后，会出现启动界面，按下其中的"Control Panel（控制面板）"按钮，出现"Control Panel"窗口，如图 12-20 所示，窗口中有 7 个设置项，其功能如图标注说明，利用这些设置项可对触摸屏进行各种设置。

图 12-20　触摸屏的"Control Panel"窗口

12.4.4　触摸屏的数据备份和恢复

1. 备份数据

在"Control Panel"窗口中按下"Service & Commissioning"，打开"Service &

Commissioning"对话框,选择"Backup"选项卡,可将设备数据保存到外部的 USB 存储设备中,具体操作过程如图 12-21 所示。在备份数据时,需要将 USB 存储器插入触摸屏的 USB 接口。

图 12-21 将数据备份到外部 USB 存储设备

2. 恢复数据

在"Control Panel"窗口中按下"Service & Commissioning",打开"Service & Commissioning"对话框,选择"Restore"选项卡,可将先前备份在 USB 存储设备中的数

据加载恢复到触摸屏中，具体操作过程如图 12-22 所示。在恢复数据时，需要将 USB 存储器（含有备份数据）插入触摸屏的 USB 接口。

图 12-22　将 USB 存储设备的备份数据恢复到触摸屏

12.4.5　触摸屏的以太网参数设置

如果 SMART LINE 触摸屏与其他设备使用以太网连接通信，需要进行以太网参数设置，具体设置过程如图 12-23 所示。同一网络中的设备应设置不同的 IP 地址，否则会产生冲突而无法通信。

图 12-23 触摸屏的以太网参数设置

12.4.6 触摸屏的画面方向、设备信息、触摸位置校准和许可信息的设置与查看

利用"Control Panel"窗口中的"OP"项可以设置触摸屏画面显示方向，进行屏幕触摸位置校准，还可查看触摸屏的设备信息和许可信息。

1．触摸屏画面显示方向和启动延迟时间的设置

SMART LINE 触摸屏画面显示方向默认为横向，可以将画面设为纵向显示。如果组态软件绘制的画面是横向，而触摸屏显示的画面是纵向，画面可能会有部分内容无法显示。触摸屏画面显示方向和启动延迟时间的设置如图 12-24 所示。

2．触摸屏设备信息的查看

SMART LINE 触摸屏设备信息的查看如图 12-25 所示。

图 12-24　触摸屏画面显示方向和启动延迟时间的设置

图 12-25　触摸屏设备信息的查看

3．触摸屏的触摸位置校准

SMART LINE 触摸屏的触摸位置校准如图 12-26 所示。

图 12-26　SMART LINE 触摸屏的触摸位置校准

4. 触摸屏设备许可信息的查看

SMART LINE 触摸屏的设备许可信息的查看如图 12-27 所示。

图 12-27　SMART LINE 触摸屏的设备许可信息的查看

12.4.7　触摸屏屏幕保护程序的设置

触摸屏的屏幕内容显示时间过长，就有可能在背景中留下模糊的影像（虚像），一段时间后"虚像"会自动消失。相同的内容在画面中显示的时间越长，残影消失所需的时间就越长。屏幕保护程序有助于防止出现残影滞留，因此尽量始终使用屏幕保护程序。触摸屏屏幕保护程序的设置如图 12-28 所示。

图 12-28　触摸屏屏幕保护程序的设置

12.4.8　触摸屏密码的设置

触摸屏设置密码可以防止对启动中心进行未经授权的访问。设置密码时，不能包含空格或特殊字符 *、?、、、%、/、\、'、"。如果忘记启动中心的密码，则必须更新触摸屏的操作系统，才能在启动中心进行更改。在更新操作系统时，触摸屏的所有数据都将被覆盖。

1. 设置密码保护

触摸屏设置密码保护的操作如图 12-29 所示。

2. 取消密码保护

触摸屏取消密码保护的操作如图 12-30 所示。

图 12-29　触摸屏设置密码保护的操作

图 12-30　触摸屏取消密码保护的操作

12.4.9　触摸屏传送通道的开启

触摸屏的数据传送通道必须开启才能接受组态计算机传送过来的项目，完成项目传送后，可以通过关闭所有数据通道来保护触摸屏，以免无意中覆盖原有的项目及映像数据。触摸屏传送通道的开启如图 12-31 所示，不选择"Enable Channel（允许传送通道）"和"Remote Control（远程控制）"，即可关闭传送通道。

12.4.10　触摸屏声音的设置

图 12-31　触摸屏传送通道的开启

触摸屏声音的设置如图 12-32 所示，选择"Sound ON"开启声音，不选则关闭声音。

图 12-32　触摸屏声音的设置

第13章 西门子 WinCC 组态软件快速入门

WinCC 软件是西门子人机界面（HMI）设备的组态（意为设计、配置）软件，根据使用方式不同，可分为 SIMATIC WinCC V14（TIA 博途平台中的组态软件）、WinCC V7.4（单独使用的组态软件）和 WinCC flexible SMART V3（SMART LINE 触摸屏的组态软件）。以上版本均为目前最新版本，前两种 WinCC 安装文件体积庞大（接近10GB），而 WinCC flexible SMART V3 安装文件体积小巧（1GB 左右），可直接下载使用，无须授权且使用容易上手。由于这三种 WinCC 软件在具体使用上大同小异，故这里以 WinCC flexible SMART V3 为例来介绍西门子 WinCC 软件的使用。

13.1 WinCC flexible SMART V3 软件的安装与卸载

13.1.1 系统要求

WinCC flexible SMART V3 软件安装与使用的系统要求见表13-1。

表 13-1 WinCC flexible SMART V3 软件安装与使用的系统要求

操作系统	Windows 7/Windows 10
RAM	最小 1.5GB，推荐 2GB
处理器	最低要求 Pentium IV 或同等 1.6GHz 的处理器；推荐使用 Core 2 Duo
图形	XGA 1024×768 WXGA 用于笔记本 16 位色深
硬盘 空闲存储空间	最小 3GB 如果 WinCC flexible SMART V3 未安装在系统分区中，则所需存储空间的分配如下： • 大约 2.6GB 分配到系统分区 • 大约 400MB 分配到安装分区 例如，确保留出足够的剩余硬盘空间用于页面文件。更多信息请查阅 Windows 文档
可同时安装的西门子其他软件	• STEP 7（TIA Portal）V14 SP1 • WinCC（TIA Portal）V13 SP2 • WinCC（TIA Portal）V14 SP1 • WinCC（TIA Portal）V15 • WinCC flexible 2008 SP3 • WinCC flexible 2008 SP5 • WinCC flexible 2008 SP4 CHINA

13.1.2 软件的免费下载

WinCC flexible SMART V3 软件安装包可在西门子自动化官网（www.ad.siemens.com.cn）搜索免费下载，具体操作如图 13-1 所示。为了使软件安装顺利进行，安装前请关闭计算机的安全软件（如 360 安全卫士）和其他正在运行的软件。

图 13-1　从西门子自动化官网下载 WinCC flexible SMART V3 软件

13.1.3 软件的安装

1. 解压文件

在西门子自动化官网下载的 WinCC flexible SMART V3 软件安装包是一个压缩的可执行文件，如图 13-2 所示，双击该文件即开始解压，出现第 1 个对话框，如图 13-3（a）所示；单击"下一步"按钮，出现第 2 个对话框，如图 13-3（b）所示，选择安装语言为"简体中文"；单击"下一步"按钮，出现第 3 个对话框，如图 13-3（c）所示，选择解压文件的存放位置；单击"下一步"按钮即开始解压文件，出现第 4 个对话框，如图 13-3（d）所示；解压完成后，出现第 5 个对话框，如图 13-3（e）所示，单击"完成"按钮就开始安装 WinCC flexible SMART V3 软件。

图 13-2　双击 WinCC flexible SMART V3 安装包文件先解压

(a) 欢迎对话框

(b) 选择安装语言

(c) 选择解压文件存放位置

(d) 开始解压

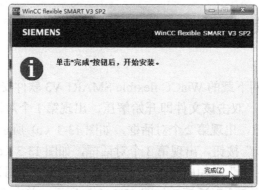
(e) 解压完成后单击"完成"按钮即开始安装软件

图 13-3 WinCC flexible SMART V3 安装包文件的解压

2. 无法安装的解决方法

WinCC flexible SMART V3 安装包文件解压完成，开始安装时，如果出现图 13-4 所示的对话框，请重新启动计算机，再重新解压安装包；如果重新解压的文件存放位置未改变，由于现在解压的文件与先前已解压文件相同，会弹出图 13-5 所示的对话框，询问是否覆盖文件，单击"全部皆是"按钮，重新解压的文件会全部覆盖先前解压的文件。

如果启动计算机后重新解压仍无法安装 WinCC flexible SMART V3，可删除注册表有关项后再进行安装。单击计算机桌面左下角的"开始"按钮，在弹出的菜单最下方的框内输入"regedit",回车后弹出"注册表编辑器"窗口,如图 13-6 所示。在窗口的左方依次展开 HKEY_LOCAL_MACHINE → System → CurrentControlSet → Control → SessionManager,再在窗口的右边找到"PendingFileRenameOperations"项,如图 13-7 所示,将其删除,不要重新启动计算机,继续安装或重新解压安装。

图 13-4 安装时提示重新启动计算机

图 13-5 重新解压安装包时选择"全部皆是"按钮以覆盖先前解压的相同文件

图 13-6 输入"regedit"打开"注册表编辑器"窗口

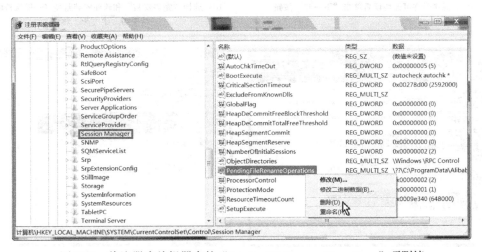

图 13-7 将注册表编辑器中的"PendingFileRenameOperations"项删掉

3. 安装软件

WinCC flexible SMART V3 安装包文件解压完成后开始安装,具体安装过程如图 13-8 (a) ~ (g) 所示。

(a) 单击"下一步"按钮

(b) 单击"下一步"按钮

(c) 选择接受许可证协议后单击"下一步"按钮

(d) 选择"完整安装"和软件安装路径（一般保持默认）后单击"下一步"按钮

(e) 选择接受系统的设置更改后单击"下一步"按钮

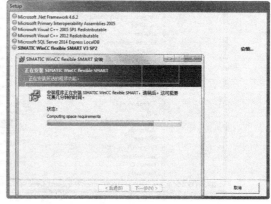
(f) 按顺序安装软件和需要的组件

图 13-8　WinCC flexible SMART V3 软件的安装过程

第 13 章　西门子WinCC组态软件快速入门

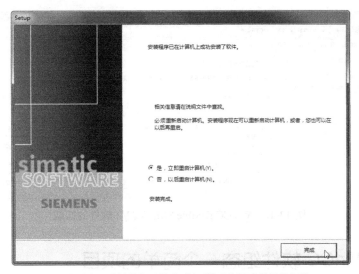

(g) 选择重启计算机后单击"完成"按钮结束软件的安装

图 13-8　WinCC flexible SMART V3 软件的安装过程（续）

13.1.4　软件的启动及卸载

1. 软件的启动

软件安装后，单击计算机桌面左下角的"开始"按钮，从"程序"中找到"WinCC flexible SMART V3"，如图 13-9 所示，单击即可启动该软件。也可以直接双击计算机桌面上的"WinCC flexible SMART V3"图标来启动软件。

图 13-9　WinCC flexible SMART V3 软件的启动

2. 软件的卸载

WinCC flexible SMART V3 软件可以使用计算机控制面板的"卸载或更改程序"来卸载。单击计算机桌面左下角的"开始"按钮，在弹出的菜单中找到"控制面板"，单击打开"控制面板"窗口，在其中找到并打开"程序和功能"，出现"卸载或更改程序"，如图 13-10 所示。找到 WinCC flexible SMART V3 项，单击鼠标右键，在弹出的快捷菜单中选择"卸载"，即可将软件从计算机中卸载掉。

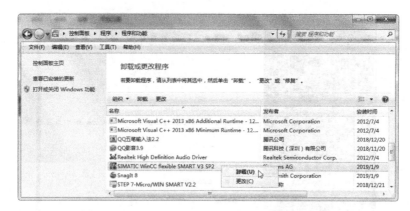

图 13-10　WinCC flexible SMART V3 软件的卸载

13.2　用 WinCC 软件组态一个简单的项目

WinCC flexible SMART V3 软件功能强大，下面通过组态一个简单的项目来快速了解该软件的使用。图 13-11 所示是组态完成的项目画面，当单击画面中的"开灯"按钮时，圆形（代表指示灯）颜色变为红色；单击画面中的"关灯"按钮时，圆形颜色变为灰色。

图 13-11　组态完成的项目画面

13.2.1　项目的创建与保存

1. 软件的启动和创建项目

WinCC flexible SMART V3 软件可使用"开始"菜单启动，也可以直接双击计算机桌面上的 WinCC 图标启动。启动后出现图 13-12（a）所示的对话框，可以选择打开已有的或者以前编辑过的项目，这里选择"创建一个空项目"；接着出现图 13-12（b）所示的对话框，从中选择要组态的触摸屏的型号，单击"确定"按钮；一段时间后，WinCC 启动完成，出现 WinCC flexible SMART V3 软件窗口，并自动创建了一个文件名为"项目"的项目，如图 13-12（c）所示。

WinCC flexible SMART V3 软件界面由标题栏、菜单栏、工具栏、项目视图、工作区、工具箱和属性视图组成。

第 13 章 西门子WinCC组态软件快速入门

(a) 选择创建空项目

(b) 选择要组态的触摸屏型号

(c) 软件启动完成并自动创建一个文件名为"项目"的项目

图 13-12　WinCC flexible SMART V3 的启动和创建项目

2．项目的保存

为了防止计算机断电造成组态的项目丢失，也为了以后查找管理项目方便，建议创建项目后将项目更名并保存下来。在 WinCC flexible SMART V3 软件中执行菜单命令"项目"→"保存",出现项目保存对话框,将当前项目保存在"灯控制"文件夹(该文件夹位于 D 盘的"WinCC 学习例程"文件夹中),项目更名为"灯亮灭控制",如图 13-13 所示。"灯控制"文件夹和"WinCC 学习例程"文件夹均可以在项目保存时新建。项目保存后,打开"灯控制"文件夹,可以看到该文件夹中有 4 个含"灯亮灭控制"文字的文件,如图 13-14 所示,第 1 个是项目文件,后面 3 个是软件自动建立的与项目有关的文件。

图 13-13　项目的更名及保存

图 13-14　项目文件及相关文件

13.2.2　组态变量

项目创建后,如果组态的项目是传送到触摸屏来控制 PLC 的,需要建立通信连接,以设置触摸屏连接的 PLC 类型和通信参数。为了让无触摸屏和 PLC 的用户快速掌握 WinCC 的使用,本项目仅在计算机中模拟运行,无须建立通信连接(建立通信连接的方法在后面的实例中会介绍),可直接进行变量组态。

1. 组态变量的操作

组态变量是指在 WinCC 中定义项目要用的变量。组态变量的操作过程见表 13-2。

表 13-2 组态变量的操作过程

序号	操作说明
1	在项目视图区依次打开"设备"→"通讯",双击"通讯"下的"变量",在右边的工作区出现变量表
2	在变量表的"名称"列下方空白格处双击,会自动生成一个默认变量名为"变量_1"的变量,该变量的其他各项内容也会自动生成
3	将变量名改为"指示灯",数据类型由默认的"Int(整数型)"改为"Bool(位型)",这样就定义了一个名称为"指示灯"的位型变量

2. 变量说明

变量分为内部变量和外部变量,变量都有一个名称和数据类型。触摸屏内部有一定的存储空间,组态一个变量就是从存储空间分出一个区块,变量名就是这个区块的名称,区块大小由数据类型确定,Byte(字节)型变量就是一个 8 位的存储区块。

定义为内部变量的存储区块只能供触摸屏自身使用,与外部的 PLC 没有关联。定义为外部变量的存储区块可供触摸屏使用,也可供外部连接的 PLC 使用。例如,当触摸屏连接 S7-200 PLC 时,如果组态一个变量名为 I0.0 的位型外部变量,当在触摸屏中让变量 I0.0=1 时,与触摸屏连接的 PLC 的 I0.0 值会随之变成 1,相当于 PLC 的 I0.0 端子输入 ON;如果将变量 I0.0 设为内部变量,触摸屏的 I0.0 值变化时 PLC 中的 I0.0 值不会随之变化。WinCC 可组态的变量数据类型及取值范围见表 13-3。

表 13-3 WinCC 可组态的变量数据类型及取值范围

变量类型	符　　号	位数 /b	取值范围
字符	Char	8	—
字节	Byte	8	0～255
有符号整数	Int	16	−32768～32767
无符号整数	Unit	16	0～65535
长整数	Long	32	−2147483648～2147483647
无符号长整数	Ulong	32	0～4294967295
实数（浮点数）	Float	32	±1.175495e−38～±3.402823e+38
双精度浮点数	Double	64	—
布尔（位）变量	Bool	1	True（1）、False（0）
字符串	String	—	—
日期时间	Date Time	64	日期 / 时间

13.2.3 组态画面

触摸屏项目是由一个个画面组成的，组态画面就是先建立画面，然后在画面上放置一些对象（如按钮、图形、图片等），并根据显示和控制要求对画面及对象进行各种设置。

1. 新建或打开画面

在 WinCC 软件的项目视图区双击"画面"下的"添加画面"即可新建一个画面，右边的工作区会出现该画面。在创建空项目时，WinCC 会自动建立一个名称为"画面_1"的画面，在项目视图区双击"画面_1"，工作区就会打开该画面，如图 13-15 所示。在下方的属性视图窗口有"常规"、"属性"、"动画"和"事件"4 个设置项，默认打开"常规"项，可以设置画面的名称、背景色等。

图 13-15 新建或打开画面

2. 组态按钮

1）组态"开灯"按钮

组态"开灯"按钮的操作过程见表 13-4。

表 13-4 组态"开灯"按钮的操作过程

序号	操作说明
1	在 WinCC 软件窗口右边的工具箱中找到按钮工具
2	将按钮拖放到工作区画面合适的位置,在下方属性视图窗口选择"常规"项,将按钮的"'OFF'状态文本"改为"开灯","'ON'状态文本"框清空,或取消勾选"'ON'状态文本"框,这样按钮在 ON 状态时不会显示文本
3	在属性视图窗口选中"事件"项中的"单击",在右边选择函数 SetBit(置位)

(续表)

序号	操作说明
4	在函数 SetBit 下方的变量栏单击右边的向下三角按钮,弹出变量选择框,选择"指示灯"变量,再单击选择框右下角的勾按钮
5	这样就将"开灯"按钮的单击事件设为"SetBit 指示灯",即将变量"指示灯"的值置 1

2）组态"关灯"按钮

在 WinCC 软件中,将工具箱中的按钮拖放到画面中,在下方属性视图窗口打开"常规"项,并在按钮的"'OFF'状态文本"框输入"关灯",将"'ON'状态文本"框清空,如图 13-16（a）所示；再将"关灯"按钮"单击"事件设为"ResetBit 指示灯",如图 13-16（b）所示。

3. 组态指示灯图形

在 WinCC 软件窗口右边的工具箱中找到圆形工具,如图 13-17（a）所示；将其拖放到工作区画面的合适位置,如图 13-7（b）所示；在下方属性视图窗口选中"动画"项下的"外观",如图 13-7(c) 所示,在右边勾选"启用",变量选择"指示灯",类型选择"位",再在值表中分别设置值"0"的背景色为灰色,值"1"的背景色为红色。这样设置后,当"指示灯"变量的值为"0"时,圆形（指示灯图形）的颜色为灰色；当"指示灯"变量的值为"1"时,圆形的颜色为红色。

(a) 在画面中放置一个按钮并设其"OFF"状态文本为"关灯"

(b) 将"关灯"按钮"单击"事件设为"ResetBit 指示灯"

图 13-16 组态"关灯"按钮

(a) 在工具箱中找到圆形工具

图 13-17 组态指示灯图形

(b) 将工具箱中的圆形拖放到画面合适的位置

(c) 将圆形的颜色与"指示灯"变量的值关联起来

图 13-17 组态指示灯图形（续）

13.2.4 项目的模拟运行

变量和画面组态后，一个简单的项目就完成了。在 WinCC 中可以执行模拟运行操作，来查看项目运行效果。在 WinCC 软件的工具栏中单击 （启动运行系统）工具，也可执行菜单命令"项目"→"编译器"→"启动运行系统"，软件马上对项目进行编译，如图 13-18（a）所示。在下方的输出窗口出现编译信息，如果项目编译未出错，显示编译完成后，会弹出一个类似触摸屏的窗口，显示项目画面。单击其中的"开灯"按钮，圆形指示灯颜色变为红色，如图 13-18（b）所示；再单击"关灯"按钮，圆形指示灯颜色变为灰色，如图 13-18（c）所示。

(a) 启动模拟运行

(b) 单击"开灯"按钮时圆形指示灯变为红色

(c) 单击"关灯"按钮时圆形指示灯变为灰色

图 13-18　项目的模拟运行

第 14 章　WinCC 软件常用对象及功能的使用举例

14.1　IO 域的使用举例

IO 域的 I 意为输入（Input），O 意为输出（Output），IO 域可分为三种：输入域、输出域和输入/输出域。输入域为数据输入的区域，输出域为显示数据的区域，输入/输出域可以用于数据输入，也可以用于显示数据。下面通过一个例子来说明 IO 域的使用。

14.1.1　组态任务

要求在一个画面上组态三个 IO 域，如图 14-1 所示。第一个 IO 域用于输入三位十进制整数，第二个 IO 域用于显示三位十进制整数，第三个 IO 域用于输入或显示 10 个字符串。

图 14-1　IO 域组态完成画面

14.1.2　组态过程

1. 组态变量

在 WinCC 软件的项目视图区双击"通讯"下的"变量"，在工作区打开变量表，如图 14-2（a）所示。在变量表的第一行双击，会自动建立一个名为"变量_1"的变量，将其数据类型设为 Int（整型数据）；在变量表的第二行双击，自动建立一个名为"变量_2"的变量，将其数据类型也设为 Int（整型数据）；用同样的方法在变量表第三行建立一个名为"变量_3"的变量，将其数据类型设为 String（字符串型数据），如图 14-2（b）所示。

第 14 章 WinCC软件常用对象及功能的使用举例

(a) 双击项目视图区"通讯"下的"变量"来打开变量表

(b) 建立三个变量并设置各自的数据类型

图 14-2 组态三个变量

2. 组态 IO 域

组态 IO 域的过程见表 14-1。

表 14-1 组态 IO 域的过程

序号	操作说明
1	将工作区切换到画面_1（在工作区的左上角单击"画面_1"标签），在 WinCC 软件的工具箱中单击 IO 域工具

(续表)

序号	操作说明
2	将鼠标移到工作区画面合适的位置单击，即在画面中放置了一个 IO 域
3	在下方的 IO 域属性视图窗口，将类型模式设为"输入"，格式类型设为"十进制"，过程变量设为"变量_1"，格式样式设为"999"，这样该 IO 域就设为输入域，该区域可以输入三位十进制整数，输入的数据保存在"变量_1"中

(续表)

序号	操作说明
4	用同样的方法在画面上放置第二个 IO 域，在下方的 IO 域属性视图窗口，将类型模式设为"输出"，格式类型设为"十进制"，过程变量设为"变量_2"，格式样式设为"999"，这样该 IO 域就设为输出域，该区域可以显示三位十进制整数，显示的数据取自"变量_2"
5	最后在画面上放置第三个 IO 域，将类型模式设为"输入/输出"，格式类型设为"字符串"，过程变量设为"变量_3"，格式样式设为默认样式（显示 10 个字符），这样该 IO 域就设为输入/输出域，该区域可以输入或显示 10 个字符，字符存入或取自"变量_3"

14.1.3 运行测试

在 WinCC 软件的工具栏中单击 (启动运行系统) 工具，也可以执行菜单命令"项目"→"编译器"→"启动运行系统"，软件马上对项目进行编译，出现图 14-3（a）所示的运行测试画面。画面上有三个 IO 域，第一个为输入域，可以输入数据。在该 IO 域上单击，出现屏幕键盘，如图 14-3（b）所示；输入"123"后回车，即在第一个 IO 域输入数据"123"，如图 14-3（c）所示，该数据会保存到"变量_1"中。第二个 IO 域为输出域，无法输入数据，只能显示"变量_2"的值，当前"变量_2"的值为 0。第三个 IO 域为输入/输出域，可以输入数据，也可以显示数据。在该 IO 域上单击，会出现屏幕键盘，输入"ABCDE12345"后回车，即在第三个 IO 域输入了数据（字符串）"ABCDE12345"，如图 14-3（d）所示，该数据会保存到"变量_3"中。如果用其他方法改变"变量_3"的值，该 IO 域会将其值显示出来。

(a) 运行测试画面

(b) 在第一个 IO 域上单击出现屏幕键盘

(c) 在第一个 IO 域输入"123"

(d) 在第三个 IO 域输入"ABCDE12345"

图 14-3　运行测试

14.2　按钮的使用举例

14.2.1　组态任务

要求在一个画面上组态两个按钮和一个 IO 域，如图 14-4 所示。当单击"加 5"按钮时，IO 域的值加 5；当单击"减 3"按钮时，IO 域的值减 3。

图 14-4　组态完成画面

14.2.2　组态过程

1. 组态变量

在 WinCC 软件的项目视图区双击"通讯"下的"变量",在工作区打开变量表,在变量表的第一行双击,会自动建立一个名为"变量_1"的变量,将其数据类型设为 Int(整型数据),其他项保持不变,如图 14-5 所示。

图 14-5　组态一个名为"变量_1"的变量

2. 组态按钮

组态按钮的操作过程见表 14-2。

表 14-2　组态按钮的操作过程

序号	操作说明
1	在工作区的左上角单击"画面_1"标签,将工作区切换到画面_1,在工具箱中单击按钮工具

(续表)

序号	操作说明
2	将鼠标移到工作区画面合适的位置单击,即在画面中放置了一个按钮
3	在下方的按钮属性视图窗口的左方选择"常规",再在右方的"'OFF'状态文本"中输入"加5","'ON'状态文本"则清空
4	在按钮属性视图窗口的左方选择"属性"中的"文本",在右方将文本字体设为"宋体,20pt(默认为12pt)"
5	在按钮属性视图窗口的左方选择"事件"中的"单击",在右方选择单击事件为触发函数"IncreaseValue(加值)"

(续表)

序号	操作说明
6	将 IncreaseValue 函数的变量设为"变量_1",值设为"5"
7	用同样的方法在画面_1上放置一个"减3"按钮,按钮单击事件设为执行函数"DecreaseValue(减值)",并将"DecreaseValue"的变量设为"变量_1",值设为"3"

3. 组态 IO 域

在工具箱中单击 IO 域工具,将鼠标移到工作区合适的位置单击,即放置一个 IO 域,再在下方的 IO 属性视图窗口的左方选择"常规",将过程变量设为"变量_1",如图 14-6(a)所示;然后在左方选择"属性"中的"文本",将文本样式设为"宋体,20pt(默认为12pt)",如图 14-6(b)所示。

(a) 在画面上放置一个IO域并将其过程变量设为"变量_1"

图 14-6 组态 IO 域

343

(b) 将IO域显示的字体设为"宋体，20pt"

图 14-6　组态 IO 域（续）

14.2.3　运行测试

在 WinCC 软件的工具栏中单击 (启动运行系统) 工具，也可以执行菜单命令"项目"→"编译器"→"启动运行系统"，软件马上对项目进行编译，出现图 14-7（a）所示的运行测试画面；IO 域初始显示值为 0，单击"加 5"按钮，IO 域的数值变为 5，如图 14-7（b）所示；单击"减 3"按钮，IO 域的数值变为 2，如图 14-7（c）所示。

(a) 运行测试画面

(b) 单击"加5"按钮时IO域值变为5　　(c) 单击"减3"按钮时IO域值变为2

图 14-7　运行测试

14.3 文本列表和图形列表的使用举例

14.3.1 组态任务

在一个画面上组态一个 IO 域、一个文本 IO 域和一个图形 IO 域，如图 14-8 所示。当在 IO 域输入"0"时，文本 IO 域显示"中国国旗"文字，图形 IO 域显示中国国旗图片；当在 IO 域输入"1"时，文本 IO 域显示"美国国旗"文字，图形 IO 域显示美国国旗图片；当在 IO 域输入"2"时，文本 IO 域显示"日本国旗"文字，图形 IO 域显示日本国旗图片。

图 14-8　组态完成画面

14.3.2 组态过程

1．组态变量

在 WinCC 软件的项目视图区双击"通讯"下的"变量"，在工作区打开变量表，在变量表的第一行双击，会自动建立一个名为"变量_1"的变量，将其数据类型设为 Int（整型数据），其他项保持不变，如图 14-9 所示。

图 14-9　组态一个变量

2．组态文本列表

组态文本列表的过程见表 14-3。

表 14-3 组态文本列表的过程

序号	操作说明
1	在项目视图区双击"文本和图形列表"中的"文本列表",在工作区打开文本列表
2	在文本列表的第一行双击,会自动建立一个名为"文本列表_1"的文本列表
3	在文本列表下方的列表条目的第一行双击,自动建立一个条目
4	在第一个条目的数值栏输入"0",条目栏输入"中国国旗"

(续表)

序号	操作说明
5	用上述同样的方法再建立两个条目,数值项分别为"1""2",条目项分别为"美国国旗""日本国旗"

3. 组态图形列表

组态图形列表的过程见表 14-4。

表 14-4　组态图形列表的过程

序号	操作说明
1	在项目视图区双击"文本和图形列表"中的"图形列表",在工作区打开图形列表
2	在图形列表的第一行双击,会自动建立一个名为"图形列表_1"的图形列表

(续表)

序号	操作说明
3	在图形列表下方的列表条目的第一行双击，自动建立一个条目
4	在第一个条目的数值栏输入"0"，再单击条目栏右边的下拉箭头，出现小窗口，如图（a）所示；单击其中的"从文件创建新图形"按钮，弹出"打开"对话框，如图（b）所示；找到中国国旗图片，然后单击"打开"按钮，即可将选中的图片插入到图形列表条目中

(续表)

序号	操作说明
5	中国国旗图片被插入到图形列表的第 1 个条目中
6	在图形列表的列表条目中再建立两个条目,数值分别设为"1"、"2",再将美国国旗和日本国旗图片分别插入到这两个条目中

4. 组态 IO 域

在工具箱中单击 IO 域工具,将鼠标移到工作区合适的位置单击,即放置一个 IO 域;再在下方的 IO 域属性视图窗口的左边选择"常规",在右边将过程变量设为"变量_1",格式样式设为"9",如图 14-10 所示。

图 14-10　组态 IO 域

5. 组态符号 IO 域

在工具箱中单击符号 IO 域工具,将鼠标移到工作区合适的位置单击,即放置一个符号 IO 域;再在下方的符号 IO 域属性视图窗口的左边选择"常规",在右边将模式设为"输入 /

输出",将显示文本列表设为"文本列表_1",将过程变量设为"变量_1",如图14-11所示。

图14-11 组态符号IO域

6. 组态图形IO域

在工具箱中单击图形IO域工具,将鼠标移到工作区合适的位置单击,即放置一个图形IO域;再在下方的图形IO域属性视图窗口的左边选择"常规",在右边将模式设为"输入/输出",将显示图形列表设为"图形列表_1",将过程变量设为"变量_1",如图14-12所示。

图14-12 组态图形IO域

14.3.3 运行测试

在WinCC软件的工具栏中单击 (启动运行系统)工具,也可以执行菜单命令"项目"→"编译器"→"启动运行系统",软件马上对项目进行编译,出现如图14-13(a)所示的运行测试画面;在IO域上单击,出现屏幕键盘,如图14-13(b)所示;给IO域输入数值"1",文本IO域的文本变为"美国国旗",图形IO域的图片变为美国国旗图片,如图14-13(c)所示;在文本IO域上单击,会出现文本列表,如图14-13(d)所示,可以从中选择不同的文本条目，切换文本条目时，IO 域的数值和图形 IO 域的图形会同时变化；在图形 IO 域上单击，会出现图形列表，如图 14-13（e）所示。

(a) 运行测试画面

(b) 在IO域上单击时出现屏幕键盘

(c) IO域的值设为1时

(d) 在文本IO域上单击时会出现文本列表

(e) 在图形IO域上单击时会出现图形列表

图 14-13　运行测试

14.4　变量控制对象动画的使用举例

14.4.1　组态任务

在一个画面上组态一个图形对象、一个 IO 域和一个按钮，如图 14-14 所示。当在 IO 域输入 0～20 范围内的数值时，图形对象会往右移到一定的位置，数值越大，右移距离越大；当单击"右移"按钮时，图形对象也会往右移动一些距离，同时 IO 域数值增 1，不断单击"右移"按钮，图形对象不断右移，IO 域数值则不断增大。

图 14-14　组态完成画面

14.4.2　组态过程

1. 组态变量

在 WinCC 软件的项目视图区双击"通讯"下的"变量"，在工作区打开变量表，在变量表的第一行双击，会自动建立一个名为"变量_1"的变量，将其数据类型设为 Int（整型数据），其他项保持不变，如图 14-15 所示。

图 14-15　组态一个变量

2. 组态图形对象

组态图形对象的过程见表 14-5。

表 14-5　组态图形对象的过程

序号	操作说明
1	先使用工具箱中的矩形工具在画面上放置一个矩形，然后使用圆形工具在靠近矩形的右边放置一个圆形

（续表）

序号	操作说明
2	用鼠标拉选框的方式将矩形和圆形都选中，然后在图形上右击，弹出快捷菜单，选择其中的"组合"，矩形和圆形会组合成一个图形组对象
3	在画面中选中图形组对象，然后在下方的组对象属性视图窗口中，选择"动画"中的"水平移动"
4	在设置组对象的水平移动时，勾选"启用"，变量设为"变量_1"，变量值的范围设为 0～20，起始位置和结束位置坐标设置如图所示，由于是水平移动，所以起始和结束的 Y 轴坐标是一样的

3. 组态 IO 域

在工具箱中单击 IO 域工具，再将鼠标移到工作区画面合适的位置单击，放置一个 IO 域；然后在 IO 域的属性视图窗口的左边选中"常规"项，在右边将模式设为"输入 / 输出",过程变量设为"变量_1",如图 14-16 所示。

图 14-16 组态 IO 域

4. 组态按钮

在工具箱中单击选中按钮工具,将鼠标移到工作区画面合适的位置单击,放置一个按钮;然后在按钮的属性视图窗口左边选中"常规"项,在右边将其中的"OFF"状态文本设为"右移",如图 14-17(a)所示;再切换到"事件"项中的"单击",在右方设置单击事件为触发函数"IncreaseValue(加值)",函数的变量设为"变量_1",值设为"1",如图 14-17(b)所示。

(a) 在画面上放置一个按钮并设置其常规属性

(b) 设置按钮的单击事件为触发函数"IncreaseValue(加值)"

图 14-17 组态按钮

14.4.3 运行测试

在 WinCC 软件的工具栏中单击 ![] (启动运行系统) 工具，也可以执行菜单命令"项目"→"编译器"→"启动运行系统"，软件马上对项目进行编译，出现如图 14-18 (a) 所示的运行测试画面；在 IO 域上单击，出现屏幕键盘，给 IO 域输入数值"10"，回车后，图形对象从画面左端移到中间，如图 14-18 (b) 所示；单击一次"右移"按钮，图形对象往右移动一些距离，同时 IO 域的数值增 1，不断单击按钮，图形对象不断右移，IO 域的数值不断增大，直到数值达到 20 时，图形对象不再往右移动，如图 14-18 (c) 所示。

(a) 运行测试画面

(b) IO域输入10时图形对象右移到中间　　(c) 单击"右移"按钮时图形对象右移（IO域数值增大）

图 14-18　运行测试

14.4.4 仿真调试

如果画面上未组态改变变量值的对象（如 IO 域、按钮等），要想查看变量值变化时与之关联对象的动画效果，可使用 WinCC 的仿真调试功能。

在 WinCC 软件的工具栏中单击 ![] (使用仿真器启动运行系统) 工具，也可以执行菜单命令"项目"→"编译器"→"使用仿真器启动运行系统"，会出现如图 14-19 (a) 所示的运行画面与仿真调试窗口；在调试窗口变量栏选择"变量_1"，在模拟栏选择变量的变化方式为"增量"，再将变量的最小值设为 5，最大值设为 15，然后在开始栏勾选即启动仿真运行，如图 14-19(b) 所示。"变量_1"的值在 5～15 范围内每 1s 增 1，循环反复，画面中与"变量_1"关联的对象则在一定的范围内循环移动。

图 14-19 仿真调试

14.5 指针变量的使用举例

14.5.1 组态任务

组态一个水箱选择与液位显示的画面，如图 14-20 所示。当在水箱选择项选择"1 号水箱"时，液位值项显示该水箱的液位值为 3；当选择"2 号水箱"时，液位值项则显示 2 号水箱的液位值为 6。

图 14-20 组态完成画面

14.5.2 组态过程

1. 组态变量

组态变量的过程见表 14-6。

表 14-6 组态变量的过程

序号	操作说明
1	在 WinCC 软件的项目视图区双击"通讯"中的"变量",在工作区打开变量表,然后按图所示建立 5 个变量 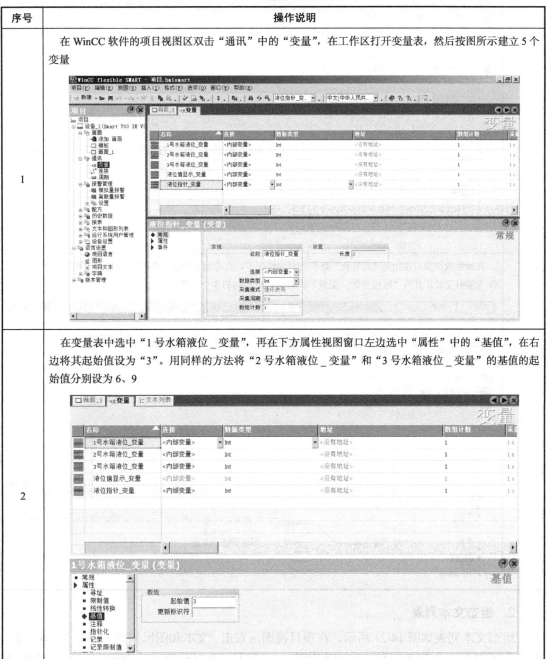
2	在变量表中选中"1 号水箱液位_变量",再在下方属性视图窗口左边选中"属性"中的"基值",在右边将其起始值设为"3"。用同样的方法将"2 号水箱液位_变量"和"3 号水箱液位_变量"的基值的起始值分别设为 6、9

357

(续表)

序号	操作说明
3	在变量表中选中"液位值显示_变量",再在下方属性视图窗口左边选中"属性"中的"指针化"
4	在属性视图窗口左边的"指针化"处于选中的情况下,在右边先勾选"启用",再选择"液位指针_变量"作为索引变量,并给"液位指针_变量"设置指针可指向的3个变量

2. 组态文本列表

组态文本列表如图 14-21 所示。在项目视图区双击"文本和图形列表"中的"文本列表",在工作区打开文本列表,在文本列表的第一行双击,会自动建立一个名为"文本列表_1"的文本列表,将名称改为"水箱号";在文本列表下方的列表条目的第一行双击,自动建立一个条目,在第一个条目的数值栏输入"0",条目栏输入"1号水箱"。用上述同样的方法再建立两个条目,数值项分别为"1"、"2",条目项分别为"2号水箱"、"3号水箱"。

图 14-21 组态文本列表

3. 组态文本域

在工具箱中单击文本域工具,将鼠标移到工作区画面合适的位置单击,放置一个文本域;在下方属性视图窗口左边选中"常规"项,在右边将文本设为"水箱选择:";然后用同样的方法在画面上放置一个"液位值:"文本,如图 14-22 所示。

图 14-22 组态文本域

4. 组态符号 IO 域

在工具箱中单击符号 IO 域工具,将鼠标移到工作区画面"水箱选择:"文本右边合适的位置单击,放置一个符号 IO 域;在下方属性视图窗口左边选中"常规"项,在右边将显示的文本列表设为"水箱号",将过程变量设为"液位指针_变量",如图 14-23 所示。这样就将水箱号列表的 3 个条目按顺序与"液位指针_变量"指向的 3 个变量一一对应起来。

图 14-23 组态符号 IO 域

5. 组态 IO 域

在工具箱中单击 IO 域工具,将鼠标移到工作区画面"液位值:"文本右边合适的位置单击,放置一个 IO 域;在下方属性视图窗口左边选中"常规"项,在右边将过程变量设为"液位值显示_变量",如图 14-24 所示。

图 14-24 组态 IO 域

14.5.3 运行测试

在 WinCC 软件的工具栏中单击 (启动运行系统)工具,也可以执行菜单命令"项目"→"编译器"→"启动运行系统",软件马上对项目进行编译,出现如图 14-25(a)所示的运行测试画面;在"水箱选择:"文本右边的符号 IO 域上单击,出现水箱号文本列表的 3 个条目,选择"2 号水箱",如图 14-25 (b) 所示;回车后,"液位值:"文本右边的 IO 域显示 2 号水箱的液位值,如图 14-25 (c) 所示。

(a) 运行测试画面

(b) 在水箱选择项选择"2号水箱"

(c) 在液位值项显示2号水箱的初始液位为6

图 14-25 运行测试

运行原理:当选择水箱号文本列表的第 2 个条目"2 号水箱"时,会使其过程变量"液位指针_变量"的指针指向第 2 个位置,即指向"2 号水箱液位_变量",该变量的值马上传送给"液位值显示_变量","液位值:"文本右边的 IO 域的过程变量为"液位值显示_变量",故该 IO 域就显示出 2 号水箱的液位值。

14.6 开关和绘图工具的使用举例

14.6.1 组态任务

组态一个开关控制灯亮灭的画面,如图 14-26 所示。当单击开关时,开关显示闭合图形,灯变亮(白色变成红色);再次单击开关时,开关显示断开图形,灯熄灭。

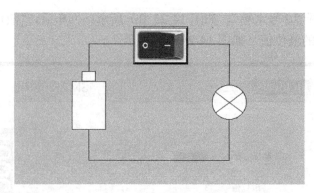

图 14-26 组态完成画面

14.6.2 组态过程

1. 组态变量

在 WinCC 软件的项目视图区双击"通讯"下的"变量",在工作区打开变量表,在变量表的第一行双击,会自动建立一个名为"变量_1"的变量,将其更名为"变量_灯",其他项保持不变,如图 14-27 所示。

图 14-27 组态变量

2. 绘制图形

用工具箱中的矩形、圆形和直线工具,在画面上绘制电池、灯和导线,具体绘制过程见表 14-7。

表 14-7 用矩形、圆形和直线工具在画面上绘制电池、灯和导线的过程

序号	操作说明
1	用工具箱中的矩形工具在画面上先绘制一个小矩形,再在下方绘制一个较大的矩形,这样就绘制了一个电池的图形

(续表)

序号	操作说明
2	用工具箱中的圆形工具在画面上先绘制一个圆形,再用直线工具在圆形内部绘出两根斜线,这样就绘制了一个灯的图形
3	选中组成灯的圆形(不要选中内部的直线),在下方属性视图窗口的左边选择"外观"项,在右边勾选"启用",变量选择"变量_灯",类型选择"位",在变量值表中,将"0"值的背景色设为白色,将"1"值的背景色设为红色
4	用工具箱中的矩形工具按图示绘制一个大矩形,在下方属性视图窗口的"外观"项中将填充样式设为"透明的",这样矩形中间透明,只显示四周的线条

3. 组态开关

组态开关的过程见表 14-8。

表 14-8 组态开关的过程

序号	操作说明
1	在工具箱中打开 WinCC 软件自带的图形库，找到开关断开图形（Off，○端按下）和开关闭合图形（On，－端按下），将其拖放到画面上
2	在工具箱中单击开关工具，再将鼠标移到画面的矩形线上单击，放置一个开关

(续表)

序号	操作说明
3	选中画面上的开关,在下方属性视图窗口的"常规"项中,将设置类型设为"通过图形切换",将过程变量设为"变量_灯","'ON'状态图"选择开关闭合图形,"'OFF'状态图"选择开关断开图形。如果先前没有把图形库中的 On、Off 开关图形拖放到画面上,在此选择图形时,选择框内将不会出现 On、Off 图形文件
4	将画面上的开关断开图形和开关闭合图形删掉,再将大矩形上的开关调到合适的大小,然后选中大矩形并单击鼠标右键,在弹出的快捷菜单中依次选择"顺序"→"移到背景",这样就将大矩形移到了底层
5	大矩形被移到底层后,矩形线相应的部位就被上层的对象遮住了,就好像导线将各对象连接起来一样

14.6.3 运行测试

在 WinCC 软件的工具栏中单击 (启动运行系统)工具,也可以执行菜单命令"项目"→"编译器"→"启动运行系统",软件马上对项目进行编译,出现如图 14-28(a)所示的运行测试画面;在开关上单击,开关变为开关闭合图形,灯变亮,如图 14-28(b)所示;在开关上再次单击,开关变为开关断开图形,灯熄灭,如图 14-28(c)所示。

(a) 运行测试画面

(b) 单击开关灯变亮

(c) 再次单击开关灯熄灭

图 14-28 运行测试

14.7 报警功能的使用举例

14.7.1 报警基础知识

1. 分类

报警可分为自定义报警和系统报警。

自定义报警是用户设置的报警,分为离散量报警和模拟量报警,用来在 HMI 设备上显示过程状态。

系统报警用来显示 HMI 设备或 PLC 中特定的系统状态,是在这些设备中预先定义的。在 WinCC 软件的项目视图区默认是看不到系统报警图标的,如果要显示该图标,可执行菜单命令"选项"→"设置",在"设置"对话框中展开"工作台",选择其中的"项目视图设置",在右边将"更改项目树显示的模式"由"显示主要项"改为"显示所有项",如图 14-29 所示,这样就会在项目视图区出现"系统事件(即系统报警)"。

图 14-29 在项目视图区显示系统报警图标的操作方法

2. 报警的状态与确认

1) 报警的状态

自定义报警有下列报警状态。

❶ 满足触发报警的条件时，该报警的状态为"已激活"。操作员确认报警后，该报警的状态为"已激活/已确认"。

❷ 当触发报警的条件消失时，该报警的状态为"已激活/已取消激活"。如果操作人员确认了已取消激活的报警，该报警的状态为"已激活/已取消激活/确认"。

2) 报警的确认

对于一些提示系统处于关键性或危险性运行状态的报警，要求操作人员进行确认。确认报警可以在 HMI 设备上进行，也可以用 PLC 程序将指定变量中的一个特定位进行置位来确认离散量报警。

操作员可以用以下方式进行报警确认。

❶ 操作 HMI 面板上的确认按键。

❷ 操作 HMI 画面上的相关按钮。

❸ 在报警窗口或报警视图中进行确认。

报警类型决定了是否需要确认该报警。在组态报警时，可设定报警由操作员逐个确认，也可以对同一报警组内的所有报警进行集中确认。

3. 报警的类型

报警类型有以下 4 种。

❶ 错误。用于指示紧急或危险的操作和过程状态，这类报警必须确认，用于模拟量报警和离散量报警。

❷ 诊断事件。用于指示常规操作状态、过程状态和过程顺序，这类报警不需要确认，用于模拟量报警和离散量报警。

❸ 警告。用于指示不是太紧急或危险的操作和过程状态，这类报警必须确认，用于模拟量报警和离散量报警。

❹ 系统。用于指示关于 HMI 和 PLC 的操作状态信息,用于系统报警,不能用于模拟量报警和离散量报警。

14.7.2 组态任务

组态一个温度和开关状态报警画面,如图 14-30 所示。当温度值低于 20℃时会出现报警信息,温度值高于 60℃时也会出现报警信息,开关状态值由 00 变为 01 时会出现开关 A 断开报警,00 变为 10 时会出现开关 B 断开报警。单击右下角的"确认"按钮,会清除问题已排除的报警信息。

图 14-30 组态完成画面

14.7.3 组态过程

1. 组态变量

在 WinCC 软件的项目视图区双击"通讯"中的"变量",在工作区打开变量表;然后按图 14-31 所示建立两个变量,并将"温度值_变量"的起始值设为 30。

图 14-31 打开变量表建立两个变量

2. 组态模拟量报警

模拟量报警组态过程见表 14-9。

表 14-9 模拟量报警组态过程

序号	操作说明
1	在 WinCC 软件的项目视图区双击"报警管理"中的"模拟量报警",在工作区打开模拟量报警表
2	在模拟量报警表的第一行双击,建立一条报警,在报警的文本列输入"温度超过60度报警",报警类别设为"错误",触发变量设为"温度值_变量",限制设为"60",触发模式设为"上升沿时",这些内容可在表中直接设置,也可在下方的属性视图窗口设置。这样设置的效果是当"温度值_变量"的值大于60时会发出报警,报警显示的文本为"温度超过60度报警"
3	在模拟量报警表的第二行双击,建立一条报警,在报警的文本列输入"温度低于20度报警",报警类别设为"警告",触发变量设为"温度值_变量",限制设为"20",触发模式设为"下降沿时"。这样设置的效果是当"温度值_变量"的值低于20时会发出报警,报警显示的文本为"温度低于20度报警"

3. 组态离散量报警

离散量报警组态过程见表 14-10。

表 14-10 离散量报警组态过程

序号	操作说明
1	在 WinCC 软件的项目视图区双击"报警管理"中的"离散量报警",在工作区打开离散量报警表
2	在离散量报警表的第一行双击,建立一条报警,在报警的文本列输入"开关 A 断开报警",报警类别设为"错误",触发变量设为"开关状态_变量",触发器位设为"0",这些内容可在表中直接设置,也可在下方的属性视图窗口设置。这样设置的效果是当"开关状态_变量"的第 0 位(变量的最低位)置 1 时会发出报警,报警显示的文本为"开关 A 断开报警"
3	在离散量报警表的第二行双击,建立一条报警,在报警的文本列输入"开关 B 断开报警",报警类别设为"错误",触发变量设为"开关状态_变量",触发器位设为"1"。这样设置的效果是当"开关状态_变量"的第 1 位置 1 时会发出报警,报警显示的文本为"开关 B 断开报警"

4. 组态文本域

在工具箱中单击文本域工具,将鼠标移到工作区画面合适的位置单击,放置一个文本域;在属性视图窗口的"常规"项中将文本设为"温度值:";再用同样的方法在画面上放置一个"开关状态:"和"报警信息:"文本,如图 14-32 所示。

图 14-32　组态文本域

5. 组态 IO 域

在工具箱中单击 IO 域工具,将鼠标移到工作区画面"温度值:"文本右边单击,放置一个 IO 域;在下方属性视图窗口的"常规"项中将过程变量设为"温度值_变量",格式类型设为"十进制",格式样式设为"999",如图 14-33(a)所示;再用同样的方法

(a) 在"温度值:"文本右边放置一个IO域

图 14-33　组态 IO 域

(b) 在"开关状态:"文本右边放置一个IO域

图 14-33 组态 IO 域 (续)

在画面"开关状态:"文本右边放置一个 IO 域,在下方属性视图窗口的"常规"项中将过程变量设为"开关状态_变量",格式类型设为"二进制",格式样式设为"11",如图 14-33 (b) 所示。

6. 组态报警视图

组态报警视图的过程见表 14-11。

表 14-11 组态报警视图的过程

序号	操作说明
1	在工具箱中打开"增强对象",单击其中的"报警视图",将鼠标移到工作区画面"报警信息:"文本下边单击,在画面上放置一个报警视图,可用鼠标调整报警视图的大小

(续表)

序号	操作说明
2	在报警视图属性视图窗口选择"属性"中的"显示",在右边勾选"'确认'按钮",这样会在报警视图中出现"确认"按钮
3	在报警视图属性视图窗口选择"属性"中的"列",在右边勾选"时间"、"报警文本"和"日期"

14.7.4 运行测试

在 WinCC 软件的工具栏中单击 (启动运行系统)工具,也可以执行菜单命令"项目"→"编译器"→"启动运行系统",软件马上对项目进行编译,出现图 14-34(a)所示的运行测试画面,温度值默认为 30,开关状态值为 00。在画面中,将温度值改为 68,超过了"温度超过 60 度报警"报警事件设定的上限值 60(上升沿触发),故报警视图中出现了该报警信息,如图 14-34(b)所示;将温度设为 12,其值小于"温度低于 20 度报警"报警事件设定的下限值 20(下降沿触发),该报警信息文本马上出现在报警视图中,如图 14-34(c)所示;由于此时温度未超过 60,单击报警视图右下角的"确认"按钮,"温度超过 60 度报警"报警信息会消失,如图 14-34(d)所示;画面中的开关状态值默认为00,将其改成 01,"开关状态_变量"的第 0 位(最低位)被置 1,马上触发"开关 A 断开报警",如图 14-34(e)所示;将其改成 10,"开关状态_变量"的第 1 位被置 1,会触发"开关 B 断开报警";将其改成 11,则开关 A、B 断开报警均会被触发。

(a) 运行测试画面

(b) 温度值高于60会触发"温度超过60度报警"

(c) 温度低于20会触发"温度低于20度报警"

(d) 按"确认"键会清除已排除问题的报警

(e) 开关状态值设为01时触发"开关A断开报警"

图 14-34 运行测试

14.8 棒图和趋势图的使用举例

14.8.1 组态任务

在画面上组态一个棒图和一个趋势图,用来监视 IO 域中的变量,如图 14-35 (a) 所示。当单击"增5"按钮时,IO 域的变量值由 0 变为 5,棒图中出现高度为 5 的竖条,趋势图的线条纵坐标由 0 变为 5，如图 14-35（b）所示；当单击"减 5"按钮时，IO 域的变量值由 5 变为 0，棒图中竖条消失，趋势图的线条纵坐标由 5 变为 0，如图 14-35(c) 所示。

(a) 组态完成画面

(b) 变量增5时棒图和趋势图的变化

(c) 变量减5时棒图和趋势图的变化

图 14-35　组态完成的棒图和趋势图画面

14.8.2　组态过程

1. 组态变量

在 WinCC 软件的项目视图区双击"通讯"中的"变量"，在工作区打开变量表；在变量表的第一行双击，建立一个名为"变量_1"的变量，如图 14-36 所示。

图 14-36　组态变量

2. 组态 IO 域

在工具箱中单击 IO 域工具，将鼠标移到工作区合适的位置单击，放置一个 IO 域；在下方属性视图窗口的"常规"项中将过程变量设为"变量_1"，格式类型设为"十进制"，格式样式设为"999"，如图 14-37 所示。

图 14-37　组态 IO 域

3. 组态按钮

在工具箱中单击按钮工具，将鼠标移到工作区合适的位置单击，放置一个按钮；在下方属性视图窗口的"常规"项中将"'OFF'状态文本"设为"增5"，再选择"事件"项下的"单击"，在右边的函数列表中选择"IncreaseValue(变量值加指定值)"函数，变量栏选择"变量_1"，值栏输入 5，如图 14-38（a）所示，这样单击本按钮时，变量_1 的值会增加 5。

(a) 组态"增5"按钮

图 14-38　组态按钮

(b) 组态"减5"按钮

图 14-38　组态按钮（续）

用按钮工具在画面上再放置一个按钮，在下方属性视图窗口的"常规"项中将"'OFF'状态文本"设为"减5"，然后选择"事件"项下的"单击"，在右边的函数列表中选择"DecreaseValue（变量值减指定值）"函数，变量栏选择"变量_1"，值栏输入5，如图 14-38（b）所示，这样单击本按钮时，变量_1 的值会减 5。

4．组态棒图

棒图以竖条的伸缩长度来直观反映变量的变化。在工具箱中单击棒图工具，将鼠标移到工作区合适的位置单击，放置一个棒图；在下方属性视图窗口的"常规"项中将棒图的刻度最小值设为"0"，最大值设为"100"，再在变量栏选择变量"变量_1"，如图 14-39 所示。

图 14-39　组态棒图

5. 组态趋势图

棒图可以直观地反映变量当前值的情况；趋势图不但可以反映变量当前值的情况，还能反映之前一段时间内变量的变化情况。在工具箱中展开"增强对象"，单击其中的趋势图工具，将鼠标移到工作区合适的位置单击，放置一个趋势图，如图14-40（a）所示；在下方属性视图窗口的"属性"项中选中"趋势"，然后在右边趋势表的第一行双击，建立一个默认名为"趋势_1"的趋势，再在"源设置"栏选择"[变量_1]"，如图14-40(b)所示。

(a) 在画面上放置一个趋势图

(b) 建立并设置一条趋势

图14-40 组态趋势图

14.8.3 运行测试

在 WinCC 软件的工具栏中单击 ▣（启动运行系统）工具，也可以执行菜单命令"项目"→"编译器"→"启动运行系统"，软件马上对项目进行编译，出现图 14-41（a）所示的运行测试画面；单击"增 5"按钮，IO 域的变量值由 0 变为 5，棒图出现高度为 5 的竖条，趋势图的线条当前时刻（最右端）的纵坐标由 0 变为 5，如图 14-41（b）所示；再次单击"增 5"按钮，IO 域的变量值由 5 变为 10，棒图的竖条高度变为 10，趋势图的线条当前时刻的纵坐标变为 10，如图 14-41（c）所示；单击"减 5"按钮，IO 域的变量值由 10 变为 5，棒图的竖条高度变为 5，趋势图的线条当前时刻的纵坐标变为 5，如图 14-41（d）所示。

(a) 运行测试画面

(b) 第一次单击"增5"按钮

(c) 第二次单击"增5"按钮

图 14-41　运行测试

(d) 单击"减5"按钮

图 14-41 运行测试（续）

14.9 画面的切换使用举例

14.9.1 建立画面

建立画面的操作见表 14-12。

表 14-12 建立画面的操作

序号	操作说明
1	在启动 WinCC 软件时，会自动建立一个默认名称为"画面_1"的画面，画面编号为1
2	如果要再建立一个画面，可在项目视图区双击"画面"中的"添加 画面"，会建立一个名为"画面_2"的画面，画面编号为2。在下方画面属性视图窗口将画面名称改为"电机控制画面"，背景色设为绿色，然后用文本域工具在画面上放置文字"电动机正反转控制操作"

(续表)

序号	操作说明
2	
3	用同样的方法建立名为"画面_3"的画面，画面编号为3，将画面名称改为"报警画面"。在项目视图区的"画面"中可以看到所有建立的画面名称，在画面名称上双击即可在工作区打开相应的画面。在工作区上方有已打开画面的标签，单击画面标签也可在工作区打开相应的标签。单击工作区右上角的"×"按钮，可关闭工作区当前打开的画面

14.9.2　用拖放生成按钮的方式设置画面切换

在项目视图区的"画面"中选择要切换的画面名称，用鼠标将其拖到工作区画面的合适位置，会自动生成一个切换按钮，按钮文本为画面名称。在项目运行时单击该按钮，会从当前画面切换到该画面。用这种方法在"画面_1"画面上放置"电机控制画面"按钮和"报警画面"按钮，如图14-42所示。

图 14-42 用拖放生成按钮的方式设置画面切换

14.9.3 用按钮配合画面切换函数来实现指定画面的切换

用按钮配合画面切换函数来实现指定画面切换的操作见表 14-13。

表 14-13 用按钮配合画面切换函数来实现指定画面切换的操作

序号	操作说明
1	在工作区单击上方的标签,切换到"电机控制画面",用工具箱中的"按钮"工具在画面上放置一个按钮,在下方的按钮属性视图窗口将按钮文本设为"返回首画面"
2	在按钮属性视图窗口展开"事件",选择"单击",在窗口右方函数列表中展开"画面",可以看到 3 个画面切换函数,分别是" ActivatePreviousScreen(后退)"、" ActivateScreen(返回指定的画面)"、" Activate-ScreenByNumber(返回指定编号的画面)"

(续表)

序号	操作说明
3	选择"ActivateScreen"函数,再在函数的画面名称一栏选择"画面_1"。这样当单击"返回首画面"按钮时,会切换到"画面_1"画面

14.9.4 用按钮配合画面切换函数来实现任意编号画面的切换

1. 组态一个存放画面编号的变量

在 WinCC 软件的项目视图区双击"通讯"下的"变量",在工作区打开变量表;在变量表的第一行双击,建立一个名为"变量_1"的变量,将名称改为"画面编号_变量",其他项保持默认不变,如图 14-43 所示。

图 14-43 建立一个存放画面编号的变量

2. 组态一个用于输入画面编号的 IO 域

在工作区单击上方的标签切换到"报警画面",先用工具箱中的文本域工具在画面上放置"跳到画面:"文本,再用 IO 域工具在"跳到画面:"文本右边放置一个 IO 域;在下方 IO 域属性视图窗口中选择"常规",将过程变量设为"画面编号_变量",如图 14-44 所示,这样在 IO 域输入的数值会存放到"画面编号_变量"中。

3. 组态按钮

用工具箱中的按钮工具在画面的 IO 域右边放置一个按钮,在下方的按钮属性视图窗口将按钮文本设为"确定",如图 14-45(a)所示;在按钮属性视图窗口展开"事件",选择"单击",在右方函数列表中选择"ActivateScreenByNumber"函数,再在函数画面编号一栏选择"画面编号_变量",如图 14-45(b)所示。

图 14-44　组态一个用于输入画面编号的 IO 域

(a) 在IO域的右边放置一个"确定"按钮

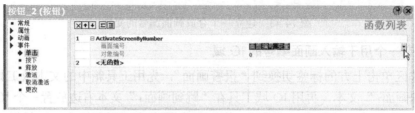

(b) 选择按钮单击触发函数"ActivateScreenByNumber"

图 14-45　组态按钮及画面切换函数

这样,当在 IO 域输入某画面编号时,再单击右边的"确定"按钮,会切换到指定编号的画面。

第 15 章　用触摸屏操作和监控 PLC 实战

单独一台触摸屏是没有多大使用价值的，如果将其与 PLC 连接起来使用，则不但可以当作输入设备，给 PLC 输入指令或数据，还能用作显示设备，将 PLC 内部软元件的状态和数值直观地显示出来。也就是说，使用触摸屏可以操作 PLC，也可以监视 PLC。

要使用触摸屏操控 PLC，一般过程是：①明确系统的控制要求，考虑需要用到的变量，再绘制电气线路图；②在计算机中用编程软件为 PLC 编写相应的控制程序，再把程序下载到 PLC；③在计算机中用组态软件为触摸屏组态操控 PLC 的画面项目，并将项目下载到触摸屏；④将触摸屏和 PLC 用通信电缆连接起来，然后通电对触摸屏和 PLC 进行各种操作和监控测试。本章以触摸屏连接 PLC 控制电动机正转、反转和停转，并监视 PLC 输出状态为例，来介绍上述各个过程。

15.1　明确要求、规划变量和线路

15.1.1　控制要求

用触摸屏上的 3 个按钮分别控制电动机正转、反转和停转，当单击触摸屏上的正转按钮时，电动机正转，画面上的正转指示灯亮；当单击反转按钮时，电动机反转，画面上的反转指示灯亮；当单击停转按钮时，电动机停转，画面上的正转和反转指示灯均熄灭。另外，在触摸屏的一个区域可以实时查看 PLC 的 Q0.7～Q0.0 端的输出状态。

15.1.2　选择 PLC 和触摸屏型号并分配变量

触摸屏是通过改变 PLC 内部的变量值来控制 PLC 的。本例中的 PLC 选用西门子 CPU ST20 DC/DC/ 晶体管型（属于 S7-200 SMART 型 PLC），触摸屏选用 Smart 700 IE V3 型（属于西门子精彩系列触摸屏 SMART LINE）。PLC 变量分配见表 15-1。

表 15-1　PLC 变量分配

变量或端子	外接部件	功　　能
M0.0	无	正转 / 停转控制
M0.1	无	反转 / 停转控制
Q0.0	外接正转接触器线圈	正转控制输出
Q0.1	外接反转接触器线圈	反转控制输出

15.1.3　设备连接与电气线路

触摸屏与 PLC 的连接及电动机正反转控制线路如图 15-1 所示，触摸屏与 PLC 之间可

使用普通网线连接通信，也可以用 9 针串口线连接通信，但两种通信不能同时进行。

图 15-1 触摸屏与 PLC 的连接及电动机正反转控制线路

该线路的软、硬件完成后，可达到以下控制功能。

当单击触摸屏画面上的"正转"按钮时，画面上的"正转指示"灯亮，画面上状态监视区显示值为 00000001，同时 PLC 上的 DQa.0 端（即 Q0.0 端）指示灯亮，该端内部触点导通，有电流流过 KM1 接触器线圈，线圈产生磁场吸合 KM1 主触点，三相电源送到三相异步电动机，电动机正转；当单击触摸屏画面上的"停转"按钮时，画面上的"正转指示"灯熄灭，画面上状态监视区显示值为 00000000，同时 PLC 上的 DQa.0 端指示灯也熄灭，DQa.0 端内部触点断开，KM1 接触器线圈失电，KM1 主触点断开，电动机失电停转；当单击触摸屏画面上的"反转"按钮时，画面上的"反转指示"灯亮，画面上状态监视区显示值为 00000010，PLC 上的 DQa.1 端（即 Q0.1 端）指示灯同时变亮，DQa.1 端内部触点导通，KM2 接触器线圈有电流流过，KM2 主触点闭合，电动机反转。

15.2 编写和下载 PLC 程序

15.2.1 编写 PLC 程序

在计算机中启动 STEP 7-Micro/WIN SMART 软件（S7-200 SMART 型 PLC 的编程软件），编写电动机正反转控制的 PLC 程序，如图 15-2 所示。

程序说明：当辅助继电器 M0.0 状态置 1 时，M0.0 常开触点闭合，Q0.0 线圈得电（即输出继电器 Q0.0 状态变为 1），一方面通过 PLC 的 Q0.0 端子控制电动机正转，另一方面 Q0.0 常开自锁触点闭合，确保辅助继电器 M0.0 状态复位为 0，M0.0 常开触点断开时，Q0.0 线圈能继续得电；当 M0.1 状态置 1 时，M0.1 常开触点闭合，Q0.1 线圈得电（即输出继电器 Q0.1 状态变为 1），通过 PLC 的 Q0.1 端子控制电动机反转；当辅助继电器 M0.2 状态置 1 时，两个 M0.2 常闭触点均断开，Q0.0、Q0.1 线圈都失电（状态变为 0），电动机停转。M0.0、M0.1 常闭触点为联锁触点，分别串接在 Q0.1、Q0.0 线圈所在的程序段中，保证两线圈不能同时得电。

图 15-2 在 STEP 7-Micro/WIN SMART 软件中编写电动机正反转控制程序

15.2.2 PLC 与计算机的连接与设置

1. 硬件连接

如果要将计算机中编写好的程序传送到 PLC，应把 PLC 和计算机连接起来。STEP 7-Micro/WIN SMART 软件只支持以太网与 S7-200 SMART 型 PLC 建立通信连接，即两者只能通过网线连接才能下载程序。

S7-200 SMART 型 PLC 与计算机的硬件连接如图 15-3 所示，网线为普通网线，内部有 8 根线，两端均为 RJ45 头，下载程序时，PLC 需要接通电源。

图 15-3 S7-200 SMART 型 PLC 与计算机的硬件连接

2. 通信设置

在进行以太网通信时,需要为通信的各个设备分配不同的 IP 地址,如果通信的各个设备属于同一网段(比如用网线直连的两台设备就属于同一网段),则要求各设备的 IP 地址前三组值相同,后一组值不同。在通信设置时,先查看 PLC 的 IP 地址,再设置计算机的 IP 地址,使之与 PLC 的 IP 地址前三组值相同,后一组值不同,然后两者就可以进行通信,下载或上传程序了。

1)查看 PLC 的 IP 地址

S7-200 SMART 型 PLC 的 CPU 模块都有一个 IP 地址,在用网线将计算机与 PLC 连接好后,可以在编程软件中查看 PLC 的 IP 地址。在 STEP 7-Micro/WIN SMART 软件中,双击项目指令树中的"通信"图标,弹出"通信"窗口;如图 15-4 所示,单击左下角的"查找 CPU"按钮,等待一段时间后,在上方"找到 CPU"下面会出现 PLC 的 IP 地址(192.168.2.200),右方有 PLC 更详细的地址信息。如果在系统块中没有设置 PLC 的固定 IP 地址(参见图 15-6),也可以单击右边 IP 地址旁的"编辑"按钮,IP 地址栏处于可编辑状态,可在此处更改 PLC 的 IP 地址。

图 15-4 查看 PLC 的 IP 地址

2)设置计算机的 IP 地址

在计算机键盘上同时按下 Win 键(在 Alt 键旁边)和 R 键,弹出"运行"对话框;如图 15-5(a)所示,在其中输入"ncpa.cpl"后回车,出现右边的"网络连接"窗口,在"本地连接"图标上右击,在弹出的快捷菜单中选择"属性",马上弹出图 15-5(b)所示对话框,选择"Internet 协议版本 4 (TCP/IPv4)";再单击"属性"按钮,会出现图 15-5(c)所示对话框,将 IP 地址前三组值设置得与 PLC 一样,第四组值与 PLC 不能相同,子网掩码会自动生成,不用设置,网关前三组值与 IP 地址相同,第四组数一般为 1,如果仅与 PLC 通信,网关也可不设置。

(a) 使用"运行"对话框调出"网络连接"窗口

(b) 在对话框中选择"Internet 协议版本4 (TCP/IPv4)"

(c) 将计算机IP地址前三组值设置与PLC相同

图 15-5　设置计算机的 IP 地址

15.2.3　下载和上传 PLC 程序

1. 设置和查看系统块

PLC 的通信地址等系统参数保存在系统块中，在编程软件中设置系统块的某些参数后，下载到 PLC 就可以修改 PLC 的这些参数。如果将 PLC 内的系统块上传到计算机编程软件，查看系统块就可以了解 PLC 的一些系统参数。

在 STEP 7-Micro/WIN SMART 软件中，双击项目指令树中的"系统块"，弹出"系统块"窗口，如图 15-6 所示，在此可以设置 PLC 以太网通信的 IP 地址和 RS485 串口通信的地址及通信速率（波特率）。如果要修改 PLC 的 IP 地址，尽量将 IP 地址前三组值与计算机做相同设置，否则系统块下载到 PLC 后，PLC 新 IP 地址前三组值与计算机不同，两者将无法通信。虽然重新修改计算机 IP 地址的前三组值，将其与 PLC 新 IP 地址前三组值做相同设置可以恢复通信，但操作麻烦。如果不勾选"IP 地址数据固定为下面的值，不能通过其他方式更改"，下载系统块就不会覆盖 PLC 内的原 IP 地址，且可在"通信"窗口（如图 15-4 所示）中修改 PLC 的 IP 地址。

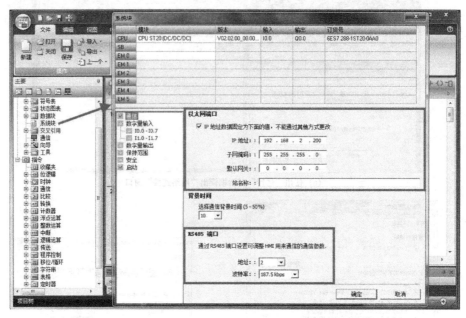

图 15-6 在系统块中可以查看或设置 PLC 的通信参数

S7-200 SMART 型 PLC 可用以太网端口与 Smart 700 IE V3 型触摸屏进行以太网连接通信，两者也可以用 RS485 端口进行串行通信。PLC 以太网通信的 IP 地址和 RS485 串口通信的地址及通信速率由系统块的设置决定，系统块下载到 PLC 后这些设置在 PLC 中生效。

2．下载和上传程序

在 STEP 7-Micro/WIN SMART 软件中单击工具栏上的"下载"工具，弹出"下载"对话框，如图 15-7（a）所示；选择要下载到 PLC 的内容（程序块、数据块和系统块），然后单击"下载"按钮，即将编程软件中的程序下载到 PLC。如果单击工具栏上的"上传"工具，则弹出"上传"对话框，如图 15-7（b）所示；选择所有的块后，单击"上传"按钮，PLC 内的程序会上传到编程软件，打开系统块可以查看 PLC 的一些系统信息（如通信参数）。

(a)"下载"对话框

(b)"上传"对话框

图 15-7 下载和上传程序

15.3 组态和下载触摸屏画面项目

15.3.1 创建触摸屏画面项目文件

在计算机中启动 WinCC flexible SMART 软件（西门子 SMART LINE 触摸屏的组态软件），选择创建一个空项目，并在随后出现的"设备选择"对话框中选择所用触摸屏的型号和版本号，如图 15-8（a）所示；确定后会自动创建一个名为"项目 .hmismart"的触摸屏画面项目文件，将其保存并更名为"电动机正反转控制画面 .hmismart"，如图 15-8（b）所示。

(a) 选择触摸屏的型号和版本号

(b) 创建一个名为"电动机正反转控制画面.hmismart"的项目文件

图 15-8 创建触摸屏画面项目文件

15.3.2 组态触摸屏与 PLC 的连接

在 WinCC flexible SMART 软件的项目视图区双击"通讯"下的"连接",在右边的工作区出现连接表,如图 15-9(a)所示;在连接表的"名称"列下方空白格处双击,自动会生成一个默认名为"连接_1"的连接,将"通讯驱动程序"设为" SIMATIC S7 200 Smart",将"在线"设为"开",如图 15-9(b)所示。

西门子 SMART LINE 触摸屏和 S7-200 Smart PLC 都有一个 9 针串口和一个以太网端口,两者之间既可以使用 9 针串口连接通信,也可以使用以太网端口连接通信,但两种通信方式不能同时使用。

如果触摸屏和 PLC 使用 9 针串口连接通信,可按图 15-9(b)所示,在接口项选择"IF1B",HMI 设备波特率(通信速率)选择 187500,地址为 1,网络配置选择"MPI",PLC 设备的地址设为 2。项目文件下载到触摸屏后,触摸屏就按此参数与 PLC 通信。如果触摸屏和 PLC 使用以太网端口连接通信,可按图 15-9(c)所示,在接口项选择"以太网",HMI、PLC 设备的 IP 地址前三组值要设成相同,第四组值要设成不同。

(a) 建立一个连接表

(b) 触摸屏和PLC使用9针串口连接通信时的通信参数设置

图 15-9 建立连接表并设置触摸屏与 PLC 的通信参数

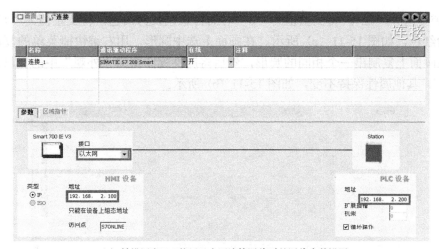

(c) 触摸屏和PLC使用以太网连接通信时的通信参数设置

图 15-9　建立连接表并设置触摸屏与 PLC 的通信参数（续）

15.3.3　组态变量

在项目视图区双击"通讯"下的"变量"，在右边的工作区出现变量表；在变量表按如图 15-10（a）所示建立 6 个变量，其中"变量_QB0"的数据类型为 Byte（字节型，8 位），其他变量的数据类型均为 Bool（布尔型，1 位），这些变量都属于"连接_1"。

图 15-10　组态变量

15.3.4　组态指示灯

在工具箱中单击圆形工具，将鼠标移到工作区合适的位置单击，放置一个圆形；在下方属性视图窗口选择"动画"中的"外观"，在右边勾选"启用"，变量选择"变量_

Q0.0",类型选择"位",将变量值为"0"时的背景色设为白色,将变量值为"1"时的背景色设为红色,如图 15-11(a)所示。在画面上选中圆形,用右键快捷菜单的复制和粘贴功能,在画面上复制出一个相同的圆形,然后将属性视图窗口"外观"中的变量改为"变量_Q0.1",其他属性保持不变,如图 15-11(b)所示。

(a) 在画面上放置一个圆形并设置属性

(b) 复制出一个相同的圆形(仅变量项改变)

图 15-11 组态指示灯

15.3.5 组态按钮

1. 组态"正转"按钮

在工具箱中单击按钮工具,将鼠标移到工作区合适的位置单击,放置一个按钮;在下方属性视图窗口的"常规"项中将"'OFF'状态文本"设为"正转",然后选择"事件"中的"按下",在右边的函数列表中选择"SetBit(置位)"函数,变量栏选择"变量_

M0.0",如图 15-12(a)所示;再选择"事件"中的"释放",在右边的函数列表中选择"ResetBit(复位)"函数,变量栏选择"变量_M0.0",如图 15-12(b)所示。这样按下"正转"按钮时,变量_M0.0 被置位,M0.0=1;松开按钮时,变量_M0.0 被复位,M0.0=0。单击触摸屏画面上的按钮时,相当于先按下按钮,再松开(释放)按钮。

(a) 设置按钮按下时执行"SetBit M0.0"

(b) 设置按钮释放时执行"ResetBit M0.0"

图 15-12 组态"正转"按钮

2. 组态"反转"按钮

在画面上选中"正转"按钮,用右键快捷菜单的复制和粘贴功能,在画面上复制出一个相同的按钮;在下方属性视图窗口中先将"'OFF'状态文本"设为"反转",然后将按钮"按下"执行的函数 SetBit 的变量设为"变量_M0.1",如图 15-13(a)所示;再把按钮"释放"执行的函数 ResetBit 的变量也设为"变量_M0.1",如图 15-13(b)所示。这样按下"反转"按钮时,变量_M0.1 被置位,M0.1=1;松开按钮时,变量_M0.1 被复位,M0.1=0。

3. 组态"停转"按钮

在画面上选中"正转"按钮,用右键快捷菜单的复制和粘贴功能,在画面上复制出一个相同的按钮;在下方属性视图窗口中先将"'OFF'状态文本"设为"停转",然后将按钮"按下"执行的函数 SetBit 的变量设为"变量_M0.2",如图 15-14(a)所示;再把按钮"释放"执行的函数 ResetBit 的变量也设为"变量_M0.2",如图 15-14(b)所示。这样按下"停转"按钮时,变量_M0.2 被置位,M0.2=1;松开按钮时,变量_M0.2 被复位,M0.2=0。

(a) 设置按钮按下时执行"SetBit M0.1"

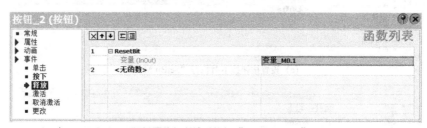

(b) 设置按钮释放时执行"ResetBit M0.1"

图 15-13　组态"反转"按钮

(a) 设置按钮按下时执行"SetBit M0.2"

图 15-14　组态"停转"按钮

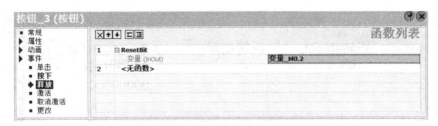

(b) 设置按钮释放时执行"ResetBit M0.2"

图 15-14　组态"停转"按钮（续）

15.3.6　组态状态值监视器

在工具箱中单击 IO 域工具，将鼠标移到工作区合适的位置单击，在画面上放置一个 IO 域；在下方属性视图窗口的"常规"项中将类型模式设为"输入 / 输出"，将过程变量设为"变量 _QB0"，将格式类型设为"二进制"，将格式样式设为"11111111"，如图 15-15 所示。这个 IO 域用于实时显示 PLC 的 Q0.7～Q0.0 的状态值，由于该 IO 域为"输入 / 输出"类型，故也可以在此输入 8 位二进制数，直接改变 PLC 的 Q0.7～Q0.0 的状态值。

图 15-15　组态状态值监视器

15.3.7　组态说明文本

利用工具箱中的文本域工具，按图 15-16 所示，在正转指示灯上方放置"正转指示（Q0.0）"文本，在反转指示灯上方放置"反转指示（Q0.1）"文本，在状态值监视器上方放置"Q0.7～Q0.0 状态（QB0）"文本。

图 15-16 组态说明文本

15.3.8 下载项目到触摸屏

1. 触摸屏与计算机的连接与设置

西门子 Smart 700 IE V3 触摸屏仅支持以太网方式下载画面项目文件，在下载前，用一根网线将触摸屏和计算机连接起来，如图 15-17 所示；然后接通触摸屏电源，进入触摸屏的控制面板，将触摸屏的 IP 地址与计算机 IP 地址的前三组值设置为相同，第四组值设置为不同，具体设置过程见表 15-2。下载项目时，触摸屏一定要接通 24V 电源。

图 15-17 触摸屏与计算机的以太网硬件连接

表 15-2 设置触摸屏的 IP 地址

操 作 图	操作说明
	接通触摸屏电源,出现触摸屏启动界面,单击"Control Panel(控制面板)"按钮,打开"Control Panel"窗口;单击其中的"Transfer(传送)"图标,打开"Transfer Settings(传送设置)"对话框,将"Enable Channel(允许传送通道)"和"Remote Control(远程控制)"两项都选中;再单击"Advance(进一步设置)"按钮,打开"Ethernet Settings(以太网设置)"对话框,将IP地址与计算机IP地址的前三组值设置相同,第四组值不同,子网掩码会自动生成,网关可不用设置

2. 下载项目

在 WinCC flexible SMART 软件的工具栏上单击 工具,或执行菜单命令"项目"→"传送"→"传输",出现如图 15-18(a)所示的对话框;在"计算机名或 IP 地址"一栏输入触摸屏的 IP 地址,然后单击"传送"按钮,开始下载画面项目,其间会出现如图 15-18(b)所示对话框;如果希望保存触摸屏内先前的用户管理数据,应单击"否"按钮,否则单击"是"按钮;在传送过程中,如果在"传送状态"对话框中单击"取消"按钮,可取消下载项目,如图 15-18(c)所示。

(a) 在对话框中输入触摸屏的IP地址

图 15-18 下载项目

(b) 询问是否覆盖触摸屏的原用户管理数据

(c) "传送状态"对话框

图 15-18 下载项目（续）

15.3.9 无法下载项目的常见原因及解决方法

1. 组态的项目有问题

在下载项目时，WinCC 软件会先对项目进行编译，如果项目存在错误，将无法下载，如图 15-19 所示，输出窗口提示"画面 1"中的"按钮 1"有问题。按输出窗口的提示，解决掉问题再重新下载。

图 15-19 输出窗口提示项目有问题导致编译出错而无法下载

2. 无法连接导致无法下载

在下载时，如果触摸屏和计算机之间连接不正常，输出窗口会出现图 15-20 所示的信息，原因可能是硬件连接不正常，比如网线端口接触不良、触摸屏未接通电源；也可能是触摸屏 IP 地址设置错误，比如触摸屏 IP 地址与计算机 IP 地址的前三组值不同、下载时输入的 IP 地址与触摸屏的 IP 地址不同。找出硬件或软件问题并排除后，再重新下载。

图 15-20　输出窗口提示无法连接而下载失败

3．项目版本与触摸屏版本不同导致无法下载

在用 WinCC 创建项目时，要求选择触摸屏的型号及软件版本，如果项目选择的版本与触摸屏的版本不同，将无法下载项目，会出现如图 15-21（a）所示的对话框；单击"是"按钮，触摸屏系统版本开始更新，如果无法更新，会出现如图 15-21（b）所示的对话框。可接通触摸屏电源并进入"Control Pannel（控制面板）"，查看触摸屏的软件版本号，然后在 WinCC 软件的项目视图区选择"设备…"，单击鼠标右键，在右键快捷菜单中选择"更改设备类型"，如图 15-22（a）所示；弹出更改设备类型对话框，如图 15-22（b）所示，在此选择正确的触摸屏型号和版本号，再重新下载项目。

(a) 对话框提示项目版本与触摸屏版本不兼容

(b) 系统无法更新

图 15-21　项目版本与触摸屏版本不同时出现的对话框

(a) 在右键快捷菜单中选择"更改设备类型"

(b) 在对话框中选择正确的设备型号和版本号

图 15-22 更改 WinCC 项目的设备型号和版本号

15.3.10 用 ProSave 软件更新触摸屏版本

ProSave 是一款 SMART LINE 系列人机界面（HMI）的管理软件，用户可登录 www.industry.siemens.com.cn（西门子自动化官网）搜索本软件下载。计算机与 HMI 通过 ProSave 软件可实现：①备份 / 恢复 HMI 数据；②更新操作系统；③恢复出厂设置。

如果在 WinCC 中无法将项目下载到触摸屏，在尝试前面介绍的各种方法后仍无法下载项目，则可以使用 ProSave 软件更新触摸屏的软件版本。如图 15-23（a）所示是启动后的 ProSave 软件界面，默认打开"常规"选项卡，在此可以设置 HMI 的类型、HMI 与计算机通信的方式和 HMI 的地址；这些按实际的 HMI 进行设置，然后切换到"OS（操作系统）更新"选项卡，如图 15-23（b）所示，单击"设备状态"按钮，计算机会与 HMI 进行通信连接（连接时会出现连接提示）；如果要更新 HMI 软件版本，可单击"…"按钮，弹出"打开"对话框，在此选择要更新的 OS 版本文件，如图 15-23（c）所示；然后回到如图 15-23（b）所示窗口，单击右下角的"更新 OS"按钮，ProSave 软件就会将选择的 OS 版本安装到 HMI。

(a) 在"常规"选项卡可设置HMI的类型、与计算机通信的方式和地址

(b) 在"OS更新"选项卡可建立通信连接、选择更新文件和进行更新操作

图 15-23 使用 ProSave 软件更新触摸屏的软件版本

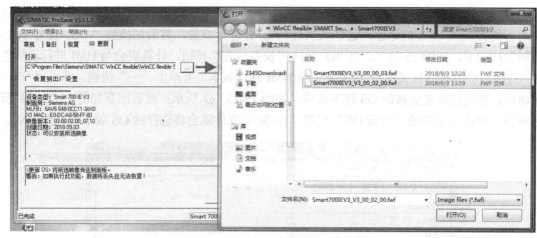

(c) 单击"…"按钮可选择要更新版本的OS文件

图 15-23　使用 ProSave 软件更新触摸屏的软件版本（续）

15.4　触摸屏连接 PLC 实际操作测试

西门子 Smart 700 IE V3 型触摸屏与 S7-200 SMART 型 PLC 有两种通信连接方式，分别是以太网通信连接和串行通信连接，两种通信连接不能同时使用，使用何种通信方式由 WinCC 组态项目时的连接设置决定。

15.4.1　触摸屏和 PLC 用网线通信的硬件连接与通信设置

如图 15-24（a）所示是触摸屏、PLC 和连接用的网线；触摸屏和 PLC 用网线连接如图 15-24（b）所示，24V 电源适配器将 220V 交流电压转换成 24V 的直流电压，分作两路为触摸屏和 PLC 分别提供电源。

触摸屏和 PLC 用网线连接起来后，为了确保两者能进行以太网通信，在 WinCC 组态项目时，需要在连接表设置相关连接的通信接口为"以太网"，并将触摸屏和 PLC 的 IP 地址前三组值设为相同，第四组值不同。这个设置随 WinCC 项目一同下载到触摸屏后，触摸屏就能按此设置与 PLC 进行以太网通信了。

(a) 触摸屏、PLC 和连接用的网线

图 15-24　触摸屏和 PLC 用网线通信的硬件连接

(b) 用网线连接触摸屏和PLC并由电源适配器提供24V直流电压

图 15-24 触摸屏和 PLC 用网线通信的硬件连接（续）

15.4.2 触摸屏和 PLC 用串口线通信的硬件连接与通信设置

如图 15-25（a）所示是触摸屏、PLC 和连接用的 9 针串口线，该线两端均为 9 针 D-Sub 母接头（也称 COM 口），通信时只用到其中的 3、8 号线；触摸屏和 PLC 用 9 针串口线连接如图 15-25（b）所示，24V 电源适配器为触摸屏和 PLC 分别提供电源。

(a) 触摸屏、PLC和连接用的串口线（两端均为9针D-Sub母接头）

图 15-25 触摸屏和 PLC 用串口线通信的硬件连接

(b) 用串口线连接触摸屏和PLC并由电源适配器提供24V直流电源

图 15-25　触摸屏和 PLC 用串口线通信的硬件连接（续）

触摸屏和 PLC 用串口线连接起来后，为了确保两者能进行串行通信，在 WinCC 组态项目时，需要在连接表设置相关连接的通信接口为"IF1B"，再设置触摸屏的地址、波特率（通信速率）和 PLC 的地址，以及两者的网络通信协议（一般为 MPI）。这个设置随 WinCC 项目一同下载到触摸屏后，触摸屏就能按此设置与 PLC 进行串行通信了。

15.4.3　触摸屏连接 PLC 进行操作测试

用网线连接触摸屏和 PLC，接通电源后，触摸屏先显示启动界面，等待几秒（该时间可在触摸屏控制面板中设置）后，会进入组态的项目画面，然后对触摸屏画面的对象进行操作；同时查看画面上的指示灯、状态监视器和 PLC 输出端指示灯，测试操作是否达到了要求。触摸屏连接 PLC 进行操作测试的过程见表 15-3。

表 15-3　触摸屏连接 PLC 进行操作测试的过程

序号	操作说明	操 作 图
1	接通电源后，触摸屏启动，先显示启动界面，单击"Transfer"按钮进入传送模式，单击"Start"按钮进入项目画面，单击"Control Panel"打开控制面板，不做任何操作，几秒后自动进入项目画面	

(续表)

序号	操作说明	操作图
2	触摸屏进入项目画面后，监视器显示"000-00000"，表示 PLC 的 8 个输出继电器 Q0.7～Q0.0 状态均为 0；若触摸屏与 PLC 未建立通信连接，则监视器会显示"########"	
3	单击"正转"按钮，上方的正转指示灯变亮，监视器显示值为"00000001"，说明 PLC 输出继电器 Q0.0 状态为 1；同时 PLC 的 Q0.0 输出端指示灯变亮，表示 Q0.0 端子内部硬触点闭合	
4	单击"停转"按钮，上方的正转指示灯熄灭，监视器显示值为"00000000"，说明 PLC 输出继电器 Q0.0 状态变为 0；同时 PLC 的 Q0.0 输出端指示灯熄灭，表示 Q0.0 端子内部硬触点断开	
5	单击"反转"按钮，上方的反转指示灯变亮，监视器显示值为"00000010"，说明 PLC 输出继电器 Q0.1 状态为 1；同时 PLC 的 Q0.1 输出端指示灯变亮，表示 Q0.1 端子内部硬触点闭合	

(续表)

序号	操作说明	操 作 图
6	单击"停转"按钮,上方的反转指示灯熄灭,监视器显示值为"00000000",说明PLC输出继电器Q0.1状态变为0;同时PLC的Q0.1输出端指示灯熄灭,表示Q0.1端子内部硬触点断开	
7	用手指在画面的监视器上单击,弹出屏幕键盘,输入"11110001",回车,即将该值输入监视器	
8	在监视器输入"11110001",即将PLC的输出继电器Q0.7～Q0.4、Q0.0置1,PLC的这些端子的指示灯均变亮,由于Q0.0状态为1,故画面上的正转指示灯会变亮	
9	单击"停转"按钮,正转指示灯熄灭,监视器的显示值变为"11110000",PLC的Q0.0输出端指示灯熄灭,这说明"停转"按钮不能改变输出继电器Q0.7～Q0.4的状态	

附录 A　西门子 S7-200 SMART CPU SR20/ST20 技术规范

型号	CPU SR20 AC/DC/RLY	CPU ST20 DC/DC/DC
订货号（MLFB）	6ES7 288-1SR20-0AA0	6ES7 288-1ST20-0AA0
常规		
尺寸 $W \times H \times D$/mm	90×100×81	
质量 /g	367.3	320
功耗 /W	14	12
可用电流（24 V DC）	最大 300mA（传感器电源）	
数字输入电流消耗（24V DC）	所用的每点输入 4 mA	
CPU 特征		
用户存储器	12KB 程序存储器 /8KB 数据存储器 / 最大 10KB 保持性存储器	
板载数字 I/O	12 点输入 /8 点输出	
过程映像大小	256 位输入（I）/256 位输出（Q）	
模拟映像	56 个字的输入（AI）/56 个字的输出（AQ）	
位存储器（M）	256 位	
临时（局部）存储	主程序中 64B，每个子程序和中断程序中 64B	
I/O 模块扩展	6 个扩展模块	
信号板扩展	最多 1 个信号板	
高速计数器	共 4 个 单相：4 个 200kHz 正交相位：2 个 100kHz	
脉冲输出	—	2 个 100kHz
脉冲捕捉输入	12	
循环中断	共 2 个，分辨率为 1ms	
沿中断	4 个上升沿和 4 个下降沿（使用可选信号板时，各 6 个）	
存储卡	Micro SDHC 卡（可选）	
实时时钟精度	±120s/ 月	
实时时钟保持时间	通常为 7 天，25℃时最少为 6 天（免维护超级电容）	
性能		
布尔运算	0.15 μs/ 指令	
移动字	1.2μs/ 指令	
实数数学运算	3.6μs/ 指令	
S7-200 SMART 支持的用户程序元素		
POUs	类型 / 数量 • 主程序：1 个 • 子程序：128 个（0～127） • 中断程序：128 个（0～127） 嵌套深度 • 来自主程序：8 个子程序级别 • 来自中断程序：4 个子程序级别	
累加器	4 个	
定时器	类型 / 数量 • 非保持性（TON、TOF）：192 个 • 保持性（TONR）：64 个	
计数器	256 个	
通信		
端口数	以太网：1 串行端口：1（RS485） 附加串行端口：1（带有可选 RS232/485 信号板）	

（续表）

HMI 设备	以太网：8 个连接 串行端口：每个端口 4 个连接	
编程设备（PG）	以太网：1 个连接	
CPU（PUT/GET）	以太网：8 个客户端和 8 个服务器连接	
开放式用户通信	以太网：8 个主动和 8 个被动连接	
数据传输率	以太网：10/100Mbps RS485 系统协议：9600、19200 和 187500bps RS485 自由端口：1200～115200bps	
隔离（外部信号与 PLC 逻辑侧）	以太网：变压隔离器，1500V AC RS485：无	
电缆类型	以太网：CAT 5e 屏蔽电缆 RS485：PROFIBUS 网络电缆	
电源		
电压范围	85~264V AC	20.4~28.8V DC
电源频率	47~63Hz	—
输入电流	最大负载时仅包括 CPU 120V AC 时 210mA（带 300mA 的传感器电源输出） 120V AC 时 90mA（无 300mA 的传感器电源输出） 240V AC 时 120mA（带 300mA 的传感器电源输出） 240V AC 时 60mA（无 300mA 的传感器电源输出） 最大负载时包括 CPU 和所有扩展附件 120V AC 时 290mA 240V AC 时 170mA	最大负载时仅包括 CPU 24V DC 时 160mA（无 300mA 的传感器电源输出） 24V DC 时 430mA（带 300mA 的传感器电源输出） 最大负载时包括 CPU 和所有扩展附件 24V DC 时 720mA
浪涌电流（最大）	264V AC 时 9.3A	28.8V DC 时 11.7A
隔离（输入电源与逻辑侧）	1500V AC	—
漏地电流（AC 线路对功能地）	最大 0.5mA	—
保持时间（掉电）	120V AC 时 30ms 240V AC 时 200ms	24V DC 时 20ms
内部熔丝（用户不可更换）	3A，250V，慢速熔断	3A，250V，慢速熔断
传感器电源		
电压范围	20.4～28.8V DC	
额定输出电流（最大）	300mA（短路保护）	
最大波纹噪声（＜10MHz）	＜1V 峰－峰值	
隔离（CPU 逻辑侧与传感器电源）	未隔离	
数字输入		
输入点数	12	
类型	漏型/源型（IEC 1 类漏型）	漏型/源型（IEC 1 类漏型，I0.0～I0.3 除外）
额定电压	4mA 时 24V DC，额定值	
允许的连续电压	最大 30V DC	
浪涌电压	35V DC，持续 0.5s	
逻辑 1 信号（最小）	2.5mA 时 15V DC	I0.0～I0.3、I0.6～I0.7：8mA 时 4V DC 其他输入：2.5mA 时 15V DC
逻辑 0 信号（最大）	1mA 时 5V DC	I0.0～I0.3、I0.6～I0.7：1mA 时 1V DC 其他输入：1mA 时 5V DC
隔离（现场侧与逻辑侧）	500V AC，持续 1min	
隔离组	1	
滤波时间	每个通道可单独选择（点 I0.0～I1.3）： 0.2、0.4、0.8、1.6、3.2、6.4 和 12.8μs 0.2、0.4、0.8、1.6、3.2、6.4 和 12.8ms	

(续表)

HSC 时钟输入频率（最大）（逻辑 1 电平 =15~26V DC）	单相：4 个 200kHz 正交相位：2 个 100kHz	
同时接通的输入数	12	
电缆长度（最大值）(m)	屏蔽：500m(正常输入)、50m(HSC 输入)；非屏蔽：300m（正常输入）	I0.0～I0.3，屏蔽（仅限此类）：500m（正常输入），50m（HSC 输入） I0.6～I0.7，屏蔽（仅限此类）：500m（正常输入） 所有其他输入，屏蔽：500m（正常输入）；非屏蔽：300m（正常输入）
数字输出		
输出点数	8	
类型	继电器，干触点	固态 -MOSFET（源型）
电压范围	5～30V DC 或 5~250V AC	20.4~28.8V DC
最大电流时的逻辑 1 信号	—	最小 20V DC
具有 10kΩ 负载时的逻辑 0 信号	—	最大 0.1V DC
每点的额定电流（最大）	2.0A	0.5 A
每个公共端的额定电流（最大）	10.0 A	6 A
灯负载	30W DC/200W AC	5W
通态电阻	新设备最大为 0.2 Ω	最大 0.6 Ω
每点的漏电流	—	最大 10μA
浪涌电流	触点闭合时为 7A	8A，最长持续 100ms
过载保护	无	
隔离（现场侧与逻辑侧）	1500V AC，持续 1min（线圈与触点） 无（线圈与逻辑侧）	500V AC，持续 1min
隔离电阻	新设备最小为 100MΩ	—
断开触点间的绝缘	750V AC，持续 1min	—
隔离组	1	2
电感钳位电压	不推荐	L+ -48V DC，1W 损耗
继电器最大开关频率	不推荐	
开关延迟（Qa.0～Qa.3）	最长 10ms	断开到接通最长 1.0μs 接通到断开最长 3.0μs
开关延迟（Qa.0～Qa.7）	最长 10ms	断开到接通最长 50μs 接通到断开最长 200μs
机械寿命（无负载）	10000000 个断开 / 闭合周期	—
额定负载下的触点寿命	100000 个断开 / 闭合周期	—
STOP 模式下的输出状态	上一个值或替换值（默认值为 0）	
同时接通的输出数	8	
电缆长度	屏蔽：500m；非屏蔽：300m	

附录B 西门子S7-200 SMART CPU SR40/ST40/CR40 技术规范

型号	CPU SR40 AC/DC/RLY	CPU ST40 DC/DC/DC	CPU CR40 AC/DC/RLY
订货号（MLFB）	6ES7 288-1SR40-0AA0	6ES7 288-1ST40-0AA0	6ES7 288-1CR40-0AA0
常规			
尺寸 $W\times H\times D$/mm	125×100×81		
质量/g	441.3	410.3	440
功耗/W	23	18	18
可用电流（24V DC）	最大300mA（传感器电源）		
数字输入电流消耗（24V DC）	所用的每点输入4mA		
CPU特征			
用户存储器	24KB程序存储器/16KB数据存储器/10KB保持性存储器		12KB程序存储器/8KB数据存储器/10KB保持性存储器
板载数字I/O	24点输入/16点输出		
过程映像大小	256位输入（I）/256位输出（Q）		
模拟映像	56个字的输入（AI）/56个字的输出（AQ）		
位存储器（M）	256位		
临时（局部）存储	主程序中64B，每个子程序和中断程序中64B		
I/O模块扩展	最多6个扩展模块		—
信号板扩展	最多1个信号板		—
高速计数器	共4个 • 单相4个，200kHz • 正交相位2个，100kHz		共4个 • 单相4个，100kHz • 正交相位2个，50kHz
脉冲输出	—	3路100kHz	—
脉冲捕捉输入	14个		
循环中断	共2个，分辨率为1ms		
沿中断	4个上升沿和4个下降沿（使用可选信号板时，各6个）		4个上升沿和4个下降沿
存储卡	Micro SD卡（选件）		
实时时钟精度	±120s/月		—
实时时钟保持时间	通常为7天，25℃时最少为6天		—
性能			
布尔运算	0.15μs/指令		
移动字	1.2μs/指令		
实数数学运算	3.6μs/指令		
S7-200 SMART支持的用户程序元素			
POUs	类型/数量 • 主程序：1个 • 子程序：128个（0～127） • 中断程序：128个（0～127） 嵌套深度 • 来自主程序：8个子程序级别 • 来自中断程序：4个子程序级别		
累加器	4个		
定时器	类型/数量 • 非保持性（TON、TOF）：192个 • 保持性：64个		

(续表)

计数器		256 个		
通信				
端口数		以太网：1 串行端口：1 (RS485) 附加串行端口：仅在 SR40/ST40 上 1 个（带有可选 RS232/485 信号板）		
HMI 设备		以太网：8 个连接 串行端口：每个端口 4 个连接		
编程设备 (PG)		以太网：1 个连接		
CPU (PUI/GET)		以太网：8 个客户端和 8 个服务器连接		
开放式用户通信		以太网：8 个主动和 8 个被动连接		
数据传输率		以太网：10/100Mbps RS485 系统协议：9600、19200 和 187500bps RS485 自由端口：1200～115200bps		
隔离（外部信号与 PLC 逻辑侧）		以太网：变压器隔离，1500V DC RS485：无		
电缆类型		以太网：CAT5e 屏蔽电视 RS485：PROFIBUS 网络电缆		
电源				
电压范围		85～264V AC	20.4～28.8V DC	85～264V AC
电源频率		47~63Hz	—	47～63Hz
输入电流	仅包括 CPU	120V AC 时 130mA （无 300mA 的传感器输出） 120V AC 时 250mA （带 300mA 的传感器电源输出） 240V AC 时 80mA （无 300mA 的传感器电源输出） 240V AC 时 150mA （带 300mA 的传感器电源输出）	24V DC 时 190mA （无 300mA 的传感器电源输出） 24V DC 时 470mA （带 300mA 的传感器电源输出）	120V AC 时 130mA （无 300mA 的传感器电源输出） 120V AC 时 250mA （带 300mA 的传感器电源输出） 240V AC 时 80mA （无 300mA 的传感器电源输出） 240V AC 时 150mA （带 300mA 的传感器电源输出）
	包括 CPU 和所有扩展附件	120V AC 时 300mA 240V AC 时 190mA	24V DC 时 680mA	—
浪涌电流（最大）		264V AC 时 16.3A	28.8V DC 时 11.7A	264V AC 时 7.3A
隔离（输入电源与逻辑侧）		1500V AC	—	1500V AC
漏地电流（AC 线路对功能地）		0.5mA	—	0.5mA
保持时间（掉电）		120V AC 时 30ms 240V AC 时 200ms	24V DC 时 20ms	120V AC 时 50ms 240V AC 时 400ms
内部熔丝（用户不可更换）		3A，250V，慢速熔断		
传感器电源				
电压范围		20.4~28.8V DC		
额定输出电流（最大）		300mA		
最大波纹噪声（＜10MHz）		＜1V 峰-峰值		
隔离（CPU 逻辑侧与传感器电源）		未隔离		
数字输入				
输入点数		24		
类型		漏型 / 源型 (IEC1 类漏型)	漏型 / 源型 (IEC 1 类漏型，除 I0.0～I0.3)	漏型 / 源型 (IEC 1 类漏型)
额定电压		4 mA 时 24V DC，额定值		
允许的连续电压		最大 30V DC		

(续表)

浪涌电压	35V DC，持续 0.5s		
逻辑 1 信号（最小）	2.5mA 时 15V DC	I0.0 ～ I0.3：8mA 时 4V DC 其他输入：2.5mA 时 15V DC	2.5mA 时 15V DC
逻辑 0 信号（最大）	1mA 时 5V DC	I0.0 ～ I0.3：1mA 时 1V DC 其他输入：1mA 时 5V DC	1mA 时 5V DC
隔离（现场侧与逻辑侧）	500V AC 持续 1min		
隔离组	1		
滤波时间	每个通道可单独选择（仅前 14 个板载输入，包括信号板的数字输入）： 0.2、0.4、0.8、1.6、3.2、6.4 和 12.8 μs 0.2、0.4、0.8、1.6、3.2、6.4 和 12.8 ms		
HSC 时钟输入频率（最大）（逻辑 1 电平 =15~26V DC）	单相：4 个，200kHz 正交相位：2 个，100kHz		单相：4 个，100kHz 正交相位：2 个，50kHz
同时接通的输入数	24		
电缆长度	屏蔽：500m（正常输入）、50m（HSC 输入）；非屏蔽：300m（正常输入）		
数字输出			
输出点数	16		
类型	继电器、干触点	固态 -MOSFET（源型）	继电器、干触点
电压范围	5~30V DC 或 5~250V AC	20.4~28.8V DC	5~30V DC 或 5~250V AC
最大电流时的逻辑 1 信号	—	最小 20V DC	—
具有 10 kΩ 负载时的逻辑 0 信号	—	最大 0.1V DC	—
每点的额定电流（最大）	2.0 A	0.5 A	2.0A
灯负载	30W DC/200W AC	5W	30W DC/200W AC
通态电阻	新设备最大为 0.2Ω	最大 0.6Ω	新设备最大为 0.2 Ω
每点的漏电流	—	最大 10μA	—
浪涌电流	触点闭合时为 7A	8A 最长持续 100ms	触点闭合时为 7 A
过载保护	无		
隔离（现场侧与逻辑侧）	1500V AC 持续 1min（线圈与触点） 无（线圈与逻辑侧）	500V AC 持续 1min	1500V AC 持续 1min（线圈与触点） 无（线圈与逻辑侧）
隔离电阻	新设备最小为 100MΩ	—	新设备最小为 100MΩ
断开触点间的绝缘	750V AC 持续 1min	—	750V AC 持续 1min
隔离组	4	2	4
电感钳位电压	—	L+-48V DC，1W 损耗	—
开关延迟（Qa.0 ～ Qa.3）	最长 10ms	断开到接通最长 1.0μs 接通到断开最长 3.0μs	最长 10ms
开关延迟（Qa.4 ～ Qb.7）	最长 10ms	断开到接通最长 50μs 接通到断开最长 200μs	最长 10ms
机械寿命（无负载）	10000000 断开 / 闭合周期	—	10000000 断开 / 闭合周期
额定负载下的触点寿命	100000 断开 / 闭合周期	—	100000 断开 / 闭合周期
STOP 模式下的输出状态	上一个值或替换值（默认值为 0）		
同时接通的输出数	16		
电缆长度	500m（屏蔽）、150m（非屏蔽）		